# CO$_2$驱油地面工艺技术与原油特性变化

■ 杨 爽◎著

中国石化出版社

·北京·

## 内 容 提 要

随着 CCUS(碳捕集、利用与封存)技术的日益成熟,国内各大油田逐步推广 $CO_2$ 驱油技术,在减排温室气体的同时稳产增产。$CO_2$ 驱油与传统的驱油方式在工艺上存在明显差异,会对原油各项特性带来较为显著的影响,使得地面工程中需要关注的难点、重点有所不同。本书从 $CO_2$ 物性特征、$CO_2$ 管输(液态/超临界态)、$CO_2$ 储罐存储特性、$CO_2$ 驱前后油品特征变化、$CO_2$ 驱前后原油流动性变化、$CO_2$ 驱前后乳状液稳定性变化等角度,系统阐述了 $CO_2$ 驱油的地面工艺技术与原油特性变化,为 $CO_2$ 驱油技术的进一步推广做出贡献。

本书可供从事 CCUS 技术研究的学者与工程设计人员借鉴与参考,也可作为高等院校石油与天然气相关专业学生的参考资料。

**图书在版编目(CIP)数据**

$CO_2$ 驱油地面工艺技术与原油特性变化 / 杨爽著.
北京 : 中国石化出版社, 2024.11. — ISBN
978-7-5114-7666-1

Ⅰ. TE357.45

中国国家版本馆 CIP 数据核字第 2024U5Q881 号

**中国石化出版社出版发行**
地址:北京市东城区安定门外大街 58 号
邮编:100011  电话:(010)57512500
发行部电话:(010)57512575
http://www.sinopec-press.com
E-mail:press@sinopec.com
北京艾普海德印刷有限公司印刷
全国各地新华书店经销
*
710 毫米×1000 毫米 16 开本 19 印张 361 千字
2024 年 11 月第 1 版   2024 年 11 月第 1 次印刷
定价:98.00 元

随着国民经济的迅速发展，我国石油供求矛盾日益突出。一方面，原油新增可采储量无法满足经济发展对石油的需求，原油可采储量的补充，越来越多地依赖于已探明地质储量中采收率的提高。另一方面，工业生产和人类生活消耗大量化石能源导致 $CO_2$ 排放量日益增加，由此产生的温室效应正在严重威胁着地球环境。研究表明，$CO_2$ 等温室气体的排放导致近年来全球平均气温持续上升，极端天气频发，威胁着全人类的生存环境。

$CO_2$ 驱油技术是指将 $CO_2$ 注入油层，使其与原油混相，降低原油黏度和使原油体积膨胀等特性，提高原油采收率的技术。在 $CO_2$ 驱油的过程中，将有一部分 $CO_2$ 滞留地下；还有一部分 $CO_2$ 作为伴生气体随着原油被采出，这部分气体可经过分离(或直接)回注到油层实现反复利用，并最终实现将 $CO_2$ 封存于油层的目标。$CO_2$ 驱油一般可提高原油采收率 7%～15%，延长油井生产寿命 15～20 年。因此，$CO_2$ 驱油技术是实现 $CO_2$ 综合利用和封存相结合的双赢技术。

本书共分 6 章，介绍了 $CO_2$ 驱油的一些地面工艺技术与 $CO_2$ 驱油前后采出液的特性变化，分别为第 1 章 $CO_2$ 的物性特征，第 2 章 $CO_2$ 管道输送(液态/超临界态)，第 3 章 $CO_2$ 储罐存储特性，第 4 章 $CO_2$ 驱采出流体物性变化，第 5 章 $CO_2$ 驱采出原油流动性变化，第 6 章

I

$CO_2$ 驱采出乳状液稳定性。

　　本书的出版获西安石油大学优秀学术著作出版基金资助，在编写过程中得到了中国石油大学(华东)李传宪教授、杨飞教授的支持与帮助，研究生鲁佩瑜协助完成本书部分内容、格式的修正，在此表示衷心的感谢！

　　由于作者水平有限，本书难免存在不足之处，敬请读者批评指正。

CONTENTS | **目录** |

# 3 $CO_2$ 储罐存储特性 …………………………………… （114）

# 0 绪 论

近年来，随着地球大气层中$CO_2$和其他温室气体浓度的不断上升，自然温室效应不断增强，导致全球气候变化异常。这些气候变化的特征、程度和时限是不可确定的，但有一种主要的气候变化是可预测的，即全球平均气温上升。

据气候模型预测，到2100年，全球平均温度将因温室气体排放上升$1.4 \sim 5.8℃$，在所有温室气体中，$CO_2$气体的排放量最大，且对温室效应的贡献超过60%。$CO_2$减排已成为全世界共同关注的焦点。截至2009年2月，一共有183个国家（超过全球排放量的61%）批准了以减少温室气体为宗旨的《〈联合国气候变化框架公约〉京都议定书》。2007年，中国$CO_2$排放量为60亿t，占全球排放量的21%，超过美国成为世界上与能源相关$CO_2$排放第一大国。从1990年到2007年，中国$CO_2$排放量几乎增至3倍，尤其是近几年增长很快[2003年（16%）、2004年（19%）、2005年和2006年（11%）、2007年（8%）]。《世界能源展望》参考情景预测，中国的温室气体排放将以每年2.9%的速度缓慢增长至2030年。但是，即使是以这个速度缓慢增长，到2030年的排放量将几乎是2007年的2倍。

碳捕集、利用与封存（CCUS）及碳捕集与封存（CCS）是实现碳中和的托底技术。"碳中和"不等于零碳排放，而是指各种活动产生的$CO_2$排放与各种碳汇措施吸收的量相等，达到相对"零排放"。在实际生产生活中，即使电力行业实现了全额可再生能源发电，其他行业也很难做到零排放，实现碳中和就需要以林业碳汇、CCUS/CCS为代表的负碳技术提供保障。据IEA预测，实现全球2070年净零排放，其中CCUS/CCS技术封存$CO_2$占累计减排量的15%，对碳中和起托底作用。

碳捕集、驱油与封存（CCUS-EOR）具有大幅度提高采收率和埋碳减排双重效益，最现实可行。根据利用方式的不同，CCUS中的利用又可分为油气藏利用（CCUS-EOR/EGR）、化工利用、生物利用等方式。CCUS-EOR将捕集的$CO_2$注入地质构造完整、封闭性好、基础资料翔实的已开发油藏，通过驱替提高原油采收率并实现$CO_2$封存，技术经济可行，是目前应用规模最大的CCUS技术，应用前景广阔。根据吉林、大庆等油田示范工程结果，CCUS-EOR技术可提高油田采收率10~25个百分点，每注入$CO_2$ 2.0~3.0t可增产1.0t原油，增油与封存优势明显。CCS 没有 $CO_2$ 利用环节，是将捕集的 $CO_2$ 直接封存。全球陆上及海底理论最大封存 $CO_2$ 容量为 $55×10^8t$，其中深部咸水层封存量约占 98%，是较理想的 $CO_2$ 封存场所。

中国 $CO_2$ 排放源主要包括发电、水泥、钢铁和煤化工等行业，以上 4 个行业 $CO_2$ 排放量约占总量的 92%，其中，中低浓度 $CO_2$ 占总量的 90% 以上。由于富煤、油气不足的资源特点，中国煤炭消费在一次能源消费中占比高达 56.8%。因工艺要求和以燃煤为主的高温热处理特点，发电、水泥、钢铁等行业难以在短期内通过大规模节约燃煤、提高替代燃料比例等途径实现减碳目标。这些行业基础设施集中，$CO_2$ 排放规模大，采用 CCUS 等负碳技术是平稳调整能源结构、实现规模减碳的现实途径。

经过多年国际交流与推介，CCUS 概念已在全球范围内得到接受与使用。国际石油工程师协会(SPE)和油气行业气候倡议组织(OGCI)都成立或设置了专门的 CCUS 技术指导委员会或议题，中国也成立了 CCUS 产业技术创新战略联盟。中国政府通过国家自然科学基金、国家重点基础研究发展计划("973"计划)、国家高技术研究发展计划("863"计划)、国家科技支撑计划和国家重点研发计划、国家科技专项等支持 CCUS 领域的基础研究、技术研发和工程示范等。

**1. 国外 CCUS-EOR 产业发展历程**

国外 CCUS-EOR 项目主要在美国、加拿大等国家开展，特别是美国已具有成熟的 CCUS-EOR 工业体系。美国 CCUS-EOR 项目起步于 20 世纪 50 年代，60—70 年代持续开展关键技术攻关，70—90 年代逐步扩大工业试验规模，技术配套逐渐成熟，80 年代以后进入商业化推广阶段。自 20 世纪 80 年代起，美国 CCUS-EOR 技术工业化应用规模持续快速扩大，年产油量于 80 年代初突破 $100×10^4t$，90 年代初突破 $1000×10^4t$，2012 年突破 $1500×10^4t$，并保持稳定。

1958 年，Shell 公司率先在美国 Permain 盆地二叠系储层成功实施了 $CO_2$ 驱油试验。

1972 年，Chevron 公司的前身加利福尼亚标准石油公司在美国得克萨斯州 Kelly-Snyder 油田 SA-CROC 区块投产了世界首个 $CO_2$ 驱油商业项目，初期平均提高单井产量约 3 倍。该项目的成功标志着 $CO_2$ 驱油技术走向成熟。

1970—1990 年发生的 3 次石油危机使人们认识到石油安全对国家经济的重要作用。一些石油消费大国不断调整和更新能源政策和法规，激励强化采油(EOR)技术研发与相关基础设施建设，以降低石油对外依存度。美国在 1979 年通过了石油超额利润税法，促进了 $CO_2$ 驱等 EOR 技术的发展。

1982—1984 年美国大规模开发了 Mk Elmo Domo 和 Sheep Mountain 等多个 $CO_2$ 气田，建设了连接 $CO_2$ 气田和油田的输气管线。这些工作为规模化实施 $CO_2$

驱油项目提供了 $CO_2$ 气源保障。截至 1986 年，美国 $CO_2$ 驱油项目数达到 40 个。

2000 年以来，原油价格持续攀升，给 $CO_2$ 驱油技术发展带来利润空间，吸引了大量投资，新投建项目不断增加。据 2014 年数据，美国已有超过 130 个 $CO_2$ 驱油项目在实施，$CO_2$ 驱年产油量约为 1600 万 t（与中国各类三次采油技术年产油量总和相当），超过 70% 的碳源来自 $CO_2$ 气藏。

2014 年至今，国际油价持续低位徘徊，对相关技术推广带来不利影响，$CO_2$ 驱油项目数基本稳定。加拿大 $CO_2$ 驱油技术研究开始于 20 世纪 90 年代，最具代表性的是国际能源署温室气体封存监测项目资助的 Weyburn 项目。该项目年产油量约为 150 万 t，气源为煤化工碳排放；通过综合监测，查明地下运移规律，以建立 $CO_2$ 地下长期安全封存技术和规范。

巴西有 4 个 $CO_2$ 驱油项目，其中 1 个是深海超深层盐下油藏项目，特立尼达 $CO_2$ 驱油项目数为 5 个。

俄罗斯 $CO_2$ 驱油技术研发始于 20 世纪 50 年代并进行了成功的矿场试验，因其油气资源丰富且经济体量不大，对强化采油技术应用没有迫切需求，油田注气仅为小规模的烃类气驱项目。

据 Chevron 石油公司学者 DonWinslow 对三次采油类项目的统计，北美地区 $CO_2$ 驱提高采收率幅度为 7%~18%，平均值为 12.0%。

东南亚和日本与 $CO_2$ 驱相关的研发和应用开始于 20 世纪 90 年代，至今仅有零星的几个注 $CO_2$ 项目，但随着海上高含 $CO_2$ 天然气藏的大规模开发，$CO_2$ 驱油技术将快速发展。中东和非洲油气资源丰富。2016 年，ADNOC 开始向 Rumaitha 和 Bab 油田注气，2018 年开始将钢厂捕集的 80 万 t $CO_2$ 注入陆上 Habshan 油田；阿尔及利亚仅有 InSalah 一个纯粹的 $CO_2$ 地质封存项目；根据目前资料判断，中东和北非两个地区 CCUS-EOR 技术的大规模商业化应用将于 2025 年前后获得突破。

### 2. 国内 CCUS-EOR 产业发展历程

国内 CCUS-EOR 研究起步较早，石油企业及有关院校早在 20 世纪 60 年代就开始探索 $CO_2$ 驱油技术，但因气源、机理认识、装备等问题产业化发展滞后。进入 21 世纪以来，国家和石油企业相继设立 CCUS-EOR 重大科技攻关和示范工程项目，大大推动了关键技术的突破和矿场试验的成功。目前全国已开展的 CCUS-EOR 矿场项目累计封存 $CO_2$ 超过 $660 \times 10^4$t，其中中国石油天然气集团有限公司（简称"中国石油"）累计封存 $CO_2$ 超过 $450 \times 10^4$t，累计增油超过 $100 \times 10^4$t。

2000 年以来，中国石油加快技术研发与应用步伐，先后牵头承担了国家重点基础研究发展计划（973 计划）、国家高技术研究发展计划（863 计划）、国家科技重大专项等一批国家级 CCUS-EOR 重大科技攻关和示范项目，并配套公司重大科技专项和重大开发矿场试验项目，进行集中攻关和试验，首次发现陆相原油 C$_6$~C$_{15}$组分对混相的重要贡献，构建了较为完整的陆相砂岩油藏 CO$_2$ 驱油封存理论和技术标准体系，在吉林与长庆油田建成了 2 个国家级 CCUS-EOR 示范工程。截至 2021 年，中国石油共开展 11 项 CCUS-EOR 重大开发试验，CO$_2$ 年注入能力达到 100×10$^4$t，2021 年年注入 CO$_2$ 56.7×10$^4$t、年产油量达到 20×10$^4$t，具有显著的增产原油和封存减排效果。吉林油田共建成 5 个 CO$_2$ 驱油与封存示范区，累计注入 CO$_2$ 212×10$^4$t，年注入 CO$_2$ 能力达到 40×10$^4$t，年产油能力超过 10×10$^4$t，其中黑 79 北小井距试验区 CO$_2$ 混相驱预计提高采收率 25 个百分点以上；大庆油田累计注入 CO$_2$ 189×10$^4$t，年注入 CO$_2$ 能力达到 30×10$^4$t，年产油能力10×10$^4$t，其中树 101 特低渗透油藏 CO$_2$ 非混相驱预计提高采收率 10 个百分点以上。目前大庆、吉林、长庆、新疆等油田 CO$_2$ 驱总体处于工业化试验和规模应用阶段。中国石油正在开展 CCUS-EOR 全产业链重大科技专项攻关，同时大庆油田—大庆石化、吉林油田—吉林石化在松辽盆地建设年注入 CO$_2$ 300×10$^4$t、年产原油 100×10$^4$t 的重大示范工程，中国石油力争 2025 年年注入 CO$_2$ 达到 500×10$^4$t、年产油量 150×10$^4$t，2030 年预期年注入 CO$_2$ 规模将达到 2000×10$^4$t、年产油量超过 600×10$^4$t。

中国石油化工集团有限公司（简称"中国石化"）经过十余年的技术攻关，形成了不同油藏类型 CO$_2$ 驱提高采收率技术体系，在江苏、胜利、华东等油田开展多个矿场试验，取得了明显效果。目前，中国石化 CO$_2$ 驱油已实施项目覆盖地质储量 2512×10$^4$t，累计增油量 25.58×10$^4$t，其中胜利油田高 89-1 区块 CO$_2$ 近混相驱先导试验，截至 2021 年 8 月累计注入 CO$_2$ 31×10$^4$t，累计增油量 8.6×10$^4$t，预测可提高采收率 17.2 个百分点。近期宣布已建成齐鲁石化—胜利油田百万吨级 CCUS-EOR 项目，预计未来 15 年累计注入 CO$_2$ 1068×10$^4$t、增油 296.5×10$^4$t。

近年来，延长油田积极探索 CCUS-EOR 技术，在一体化技术攻关和全流程低成本商业化工程示范方面取得积极进展，在靖边与吴起试验区建成年处理规模 15×10$^4$t 的 CCUS 示范项目，累计注入 CO$_2$ 21.6×10$^4$t，预计可提高采收率 8 个百分点以上，并在"十四五"期间形成 100×10$^4$t 规模的年注入 CO$_2$ 能力。

中国在应用和发展 CO$_2$ 驱油技术时学习和借鉴了欧美的成功经验，并考虑了国情和油藏特点。从功能的独立性考虑，中国发展和形成了多项 CO$_2$ 捕集驱油与封存关键技术：①包括燃煤电厂、天然气藏伴生、石化厂、煤化工厂等不同碳排放源的 CO$_2$ 捕集技术；②包括气驱油藏流体相态分析、岩心驱替、岩矿反应等内容的 CO$_2$ 驱开发实验分析技术；③以注入和采出等生产指标预测为核心的 CO$_2$ 驱油藏工程设计技术；④涵盖 CCUS 资源潜力评价和油藏筛选的 CO$_2$ 驱油与封存评价技术；⑤包括 CCUS 全过程相关材质在各种可能工况下的腐蚀规律及防腐对

策为主的 $CO_2$ 腐蚀评价技术；⑥以水气交替注入工艺、多相流体举升工艺为主的 $CO_2$ 驱注采工艺技术；⑦包括 $CO_2$ 管道输送和压注、产出流体集输处理和循环注入的 $CO_2$ 驱地面工程设计与建设技术；⑧以气驱生产调整为主要目的的气驱油藏生产动态监测评价技术；⑨"空天–近地表–油气井–地质体–受体"一体化安全监测与预警的 $CO_2$ 驱安全防控技术；⑩涵盖 CCUS 经济性潜力评价和 $CO_2$ 驱油项目经济可行性评价的 $CO_2$ 驱油技术经济评价技术。

上述涵盖捕集、选址、容量评估、注入、监测和模拟等在内的关键技术，为全流程 CCUS 工程示范提供了重要的技术支撑，并在实践过程中逐步完善和成熟。中国在 CCUS-EOR 技术研发与实践中已开始展现自己的特色与优势。在驱油理论方面，扩展了 $CO_2$ 与原油的易混相组分认识，为提高混相程度和改善非混相驱效果提供了理论依据；在油藏工程设计方面，建立了成套的 $CO_2$ 驱油全生产指标预测油藏工程方法，为注气参数设计和生产调整提供了不同于气驱数值模拟技术的新途径；在长期封存过程的仿真计算方面，基于储层岩石矿物与 $CO_2$ 的反应实验结果，建立了考虑酸岩反应的数值模拟技术；在地面工程和注采工程方面，形成了适合中国 $CO_2$ 驱油藏埋深较大且单井产量较低的实际情况的注采工艺技术；在系统防腐方面，建立了全尺寸的腐蚀检测中试平台，满足了注采与地面系统安全运行的装备测试需求。

**3. 发展 CCUS 的技术环节**

实现 CCUS 主要有两大步骤："碳捕集"和"碳封存"，另外还有"$CO_2$ 运输"等。

（1）碳捕集

目前全球每年排放的 $CO_2$ 在 $300 \times 10^8$ t 以上，其中约有 40% 来自发电厂，23% 来自运输行业，22% 来自水泥厂、钢厂和炼油厂。碳捕集技术最早应用于炼油、化工等行业，这些行业排放的 $CO_2$ 浓度高、压力大，捕集成本并不高。而燃煤电厂排放的 $CO_2$ 则恰好相反，捕集能耗和成本较高，现阶段的碳捕集技术尚无法完全解决这一问题。目前主流的碳捕集工艺按操作时间可分为 3 类：燃烧前捕集、富氧燃烧捕集（燃烧中捕集）和燃烧后捕集。三者各有优势，却又各有技术难题尚待解决，目前呈并行发展之势。燃烧前捕集实现最为复杂，而燃烧后只能捕集到排出 $CO_2$ 的 10%，既不经济，也不节能。最有发展前景的是富氧燃烧捕集。燃烧前捕集技术以煤气化联合循环（IGCC）技术为基础，先将煤炭气化成清洁气体能源，从而把 $CO_2$ 在燃烧前就分离出来，不进入燃烧过程。而且 $CO_2$ 的浓度和压力会因此提高，分离较为方便，是目前运行成本最低廉的捕集技术，其前景为学术界所看好。问题在于，传统电厂无法应用这项技术，而是需要重新建造专门的 IGCC 电站，其建造成本是现有传统发电厂的 2 倍以上。燃烧后捕集可以直接应用于传统电厂，这一技术路线对传统电厂烟气中的 CO$_2$ 进行捕集，投入相对较少。这项技术分支较多，可分为化学吸收法、物理吸附法、膜分离法、化学链分离法等。

其中，化学吸收法被认为市场前景最好，受厂商重视程度也最高，但设备运行的能耗和成本较高。事实上，由于传统电厂排放的 CO$_2$ 浓度低、压力小，无论采用哪种捕集技术，能耗和成本都难以降低。如果说燃烧前捕集技术的建设成本高、运行成本低，那么燃烧后捕集技术则是建设成本低、运行成本高。富氧燃烧捕集技术试图综合前两种技术的优点，做到既可在传统电厂中应用，排出的 CO$_2$ 的浓度和压力也较高。由于该技术主要着力在燃烧过程中，也被看作是富氧燃烧捕集技术。与传统电厂直接用空气助燃的燃烧技术不同，富氧燃烧是用纯度非常高的 O$_2$ 助燃，同时在锅炉内加压，使排出的 CO$_2$ 在浓度和压力上与 IGCC 差不多，再用燃烧后捕集技术进行捕集，从而降低前期投入和捕集成本。但看似完美无缺的解决方案，却有一个巨大的技术难题——制氧成本太高，这也使得富氧燃烧捕集技术在经济性上并没有太大优势。

（2）碳封存

若把 CCUS 作为一个系统来看，碳捕集成本要占 2/3，碳封存成本占 1/3。碳封存技术相对于碳捕集技术也更加成熟，主要有 3 种：含盐咸水层封存、油气层封存和煤气层封存。咸水层封存是指将 CO$_2$ 封存于距地表 800m 以下的咸水层中。通常咸水层空气体积大，可封存相当多的 CO$_2$。但是，我国缺少咸水层地质情况的数据资料，目前尚不能实施咸水层封存。而且这项技术的投资也较大。油气层封存分为废弃油气层封存和现有油气层封存。国际上有企业在研究利用废弃油气层的可行性，但并不被看好。主要原因是：目前对油气层的开采率只能达到 30%~40%，随着技术进步，存在着将剩余 60%~70% 的油气资源开采出来的可能性。所以，世界上尚不存在真正意义上的废弃油气田。而利用现有油气田封存 CO$_2$ 被认为是未来的主流方向，这项技术被称为二氧化碳强化采油（CO$_2$-EOR）技术，即将 CO$_2$ 注入油气层，起到驱油作用，既可提高采收率，又实现了碳封存，兼顾了经济效益和减排效益。这项技术起步较早，最近 10 年发展很快，实际应用效果得到了肯定，也是我国优先发展的技术方向。依据目前的采油技术，全球油田的采收率平均只有 32% 左右，如果采用 CO$_2$-EOR 技术，那么采收率可提高至 40%~45%。全球约有 9300×10$^8$t 以上的 CO$_2$ 可以被封存到油藏中，这个数值相当于 2050 年全球累计排放量的 45%。美国能源部发布的一份报告显示，目前美国剩余的石油可采储量为 200×10$^8$bbl，如果采用 CO$_2$-EOR 技术提高可采储量，最多可增加至 1600×10$^8$bbl。

煤气层封存是指将 CO$_2$ 注入比较深的煤层中，置换出含有 CH$_4$ 的煤层气，这项技术也具有一定的经济性。但必须选在较深的煤层中，以保证不会因开采而造成泄漏。我国已经和加拿大合作开发了示范项目，投资高、效果不错。问题在于 $CO_2$ 进入煤气层后会发生融胀反应，导致煤气层的空隙变小，注入 $CO_2$ 会越来越难，逐渐再也无法注入。因此，该技术并不被研究人员看好。

（3）$CO_2$ 运输

运输成本在 CCUS 技术系统中所占比重相当小，主要有管道运输和罐装运输两种方式，技术上问题不大。管道运输是一种成熟的技术，也是运输 $CO_2$ 最常用的方法，一次性投资较大，适宜运输距离较远、运输量较大的情况。罐装运输主要通过铁路或公路进行运输，仅适合短途、小量的运输，大规模使用不具有经济性。

**4. 发展 CCUS 技术的成本与效益**

（1）发展 CCUS 技术的成本

已投运 CCUS 示范项目净减排成本统计显示，我国 CCUS 技术推广依然面临高能耗、高成本的挑战。CCUS 技术的能耗与成本因排放源类型及 $CO_2$ 浓度不同有明显差异，通常 $CO_2$ 浓度越高，捕集能耗和成本越低，CCUS 减排技术的 $CO_2$ 避免成本越低。在已投运的 CCUS 示范项目中，水泥行业受到技术成熟度的影响具有最高的捕集能耗，达到 $6.3GJ/tCO_2$；电力行业捕集能耗为 $1.6\sim3.2GJ/tCO_2$；煤化工行业由于捕集源和捕集技术的差异性，能耗为 $0.7\sim2.5GJ/tCO_2$；石油化工行业捕集能耗最低，约为 $0.65GJ/tCO_2$。

电力、水泥是我国减排成本较高的行业，净减排成本分别为 $300\sim600$ 元/$tCO_2$、$180\sim730$ 元/$tCO_2$。煤化工和石油化工领域的一体化驱油示范项目净减排成本最低可达到 120 元/$tCO_2$。结合项目成本来看，捕集能耗高的行业 CCUS 示范项目成本也较高，降低 CCUS 捕集能耗对降低我国 CCUS 示范项目成本十分重要。就 CCUS 全链条技术而言，现阶段全球主要碳源（煤电厂、燃气电厂、煤化工厂、天然气加工厂、钢铁厂、水泥厂）的 $CO_2$ 避免成本为 $20\sim194$ 美元/t，我国 CCUS 成本整体处于世界较低水平。我国传统电厂、整体煤气化联合循环发电系统（IGCC）电厂的避免成本分别为 60 美元/$tCO_2$、81 美元/$tCO_2$，相比 $60\sim121$ 美元/$tCO_2$、$81\sim148$ 美元/$tCO_2$ 的世界平均水平处于国际最低水平。我国钢铁、化肥生产的避免成本分别为 74 美元/$tCO_2$、28 美元/$tCO_2$，相比 $67\sim119$ 美元/$tCO_2$、$23\sim33$ 美元/$tCO_2$ 的世界平均水平接近国际最低水平。我国天然气循环联合发电（NGCC）、水泥行业的避免成本为 99 美元/$tCO_2$、129 美元/$tCO_2$，相比 $80\sim160$ 美元/$tCO_2$、$104\sim194$ 美元/$tCO_2$ 的世界平均水平处于低位。我国天然气加工行业的避免成本为 24 美元/$tCO_2$，相比 $20\sim27$ 美元/$tCO_2$ 的世界平均水平处于中等位置。

（2）发展 CCUS 技术的效益

联合国政府间气候变化专门委员会（IPCC）研究认为，如果不采用 CCUS 技术，大部分模式都无法实现到 21 世纪末 2℃ 的温升控制目标；即使可以实现，减排成本也会成倍增加，预计增幅平均高达 138%。长期以来，受高能耗、高成本、技术不成熟等因素的影响，在大部分情景下 CCUS 技术经济性尚不具备与其他低碳技术竞争的能力；但从实现碳中和目标的整体减排成本角度看，CCUS 技术与能效提升、终端节能、储能、氢能等共同组合是实现碳中和最为经济可行的解决方案。未来 CCUS 技术将展现出巨大的经济效益和社会效益潜力，主要表现在以下五方面。

一是 CCUS 技术具有负成本的早期机会，合理的碳定价机制可使 CCUS 技术具有更好的经济可行性。在特定条件下，依靠 $CO_2$ 化工、生物、地质利用带来的可观经济收益便能够抵消捕集、运输、封存环节的相关成本，实现 CCUS 技术的负成本应用。例如，$CO_2$ 的地质利用可在实现碳减排的同时，通过注入 $CO_2$ 驱替或置换油、气、水等产品带来收益。在源汇匹配条件适宜的情况下，我国部分 CCUS 项目成本低于强化采油（EOR）驱油收益，具有负成本减排潜力。在碳定价机制等外在收益存在的情况下，CCUS 也可通过获得的额外减排收益抵消部分成本而实现经济性。在合理的碳价水平下，CCUS 技术同样存在实现盈利的可能性。

二是 CCUS 技术可避免大量的基础设施搁浅成本。利用 CCUS 技术对能源、工业部门的基础设施改造，能够大规模降低现有设施的碳排放，避免碳约束下大量基础设施提前退役而产生的高额搁浅成本。我国是世界上最大的煤电、钢铁、水泥生产国，这些重点排放源的现有基础设施运行年限不长；考虑基础设施的使用寿命一般为 40 年以上，若不采取减排措施，在碳中和目标下这些设施几乎不可能运行至寿命期结束。运用 CCUS 技术进行改造，不仅可以避免已经投产的设施提前退役，还能减少因建设其他低碳基础设施产生的额外投资，从而显著降低实现碳中和目标的经济成本。据估算，我国煤电搁浅资产规模可能高达 3.08 万~7.2 万亿元，相当于我国 2015 年国内生产总值的 4.1%~9.5%。

三是在特定区域和条件下，火电厂加装 CCUS 的发电成本比燃气电厂、可再生能源发电技术更具竞争力。一方面，当 CCUS 技术与燃煤电厂耦合发电实现与燃气电厂相同的排放水平时，较低的捕集率、适宜的输送距离和方式可使燃煤发电成为比燃气发电更具经济性的发电技术。国家能源投资集团有限责任公司 36 家燃煤电厂的全流程 CCUS 改造总平准化发电成本（TLCOE）分析表明，以成本最低为目标对电厂与封存地进行源汇匹配后，在 50% 净捕集率条件下，75% 的燃煤电厂 TLCOE 低于我国 2018 年燃气电厂标杆上网电价的下限 [77.5 美元/（MW·h）]，100% 的燃煤电厂 TLCOE 低于燃气电厂标杆上网电价的上限 [110 美元/（MW·h）]；

燃煤电厂加装 CCUS 比燃气电厂更有成本竞争优势。考虑 CCUS 技术进步、激励政策效应后，可能实现更高捕集率条件下的成本竞争优势。另一方面，燃煤发电耦合 CCUS 技术目前处于示范阶段，不同煤炭价格下我国燃煤电厂 CCUS 的平准化发电成本（LCOE）为 0.4~1.2 元/（kW·h），整体上与太阳能、风能、生物质发电水平相当。当燃煤电厂耦合 CCUS 处在煤炭资源较为丰富、$CO_2$ 运输距离较短的理想条件下，燃煤电厂耦合 CCUS 与可再生能源发电技术存在优势。国家能源投资集团有限责任公司燃煤电厂 CCUS 改造的成本经济性研究表明，与风电相比，在燃煤电厂净捕集率为 85% 的条件下，44% 的电厂改造后总减排电价低于最小风电价格，56% 的电厂改造后总减排电价低于最高风电价格。CCUS 技术成本会随着技术进步、基础设施完善、商业模式创新以及政策健全而逐渐降低，在可再生能源补贴力度持续退坡之后，未来燃煤电厂 CCUS 发电成本优于可再生能源发电技术的可能性将进一步提高。

四是生物能与 CCUS 耦合（BECCS）、直接空气捕集（DAC）可有效降低碳实现中和目标的边际减排成本。作为重要的负排放技术，BECCS、DAC 技术在深度减排进程中可降低碳中和目标实现的总成本。BECCS 技术成本为 100~200 美元/t $CO_2$，DAC 技术成本为 100~600 美元/t$CO_2$。英国研究表明，以 BECCS、DAC 技术实现电力部门的深度脱碳，要比以间歇性可再生能源、储能为主导的系统总投资成本减少 37%~48%；在更加严格的 $CO_2$ 减排目标下，负排放技术部署可通过取代中远期更为昂贵的减排措施来实现 35%~80% 的成本降低。因此，部署以 BECCS 为主的负排放技术将是助力我国碳中和目标实现的重要保障。

五是 CCUS 技术在实现碳减排的同时还具有良好的社会效益。CCUS 技术在降低气候变化损失、增加工业产值与就业机会、保障能源安全、提高生态环境综合治理能力、解决区域发展瓶颈等方面具有协同效益。油气行业气候倡议组织（OGCI）研究表明，到 2050 年，部署 CCUS 可以累计创造 $4 \times 10^6$~$1.2 \times 10^7$ 个工作岗位。

### 5. 发展 CCUS 技术面临的问题

（1）$CO_2$ 泄漏

CCUS 技术存在的最大风险是 $CO_2$ 在地质储层中可能发生泄漏。考虑未来 $CO_2$ 封存的规模可能在亿吨级，如果封存的 $CO_2$ 泄漏到大气中，可能会引发显著的气候变化。此外，还有与 $CO_2$ 管道运输相关联的局部突发的 $CO_2$ 大量释放，若空气中 $CO_2$ 浓度超过 7%~10%，则会对人类生命和健康产生直接威胁。地下浅层 $CO_2$ 浓度升高会对植物及土层动物造成致命的影响和地下水污染。IPCC 对目前的 $CO_2$ 封存地点、自然系统、过程系统的模式进行了观测和分析，认为只要处置得当，99% 注入地下的 $CO_2$ 可以历经百年或千年保持稳定。随着时间的推移，预计泄漏到大气中的风险会减小。研究表明，只要选择合适的封存地点，设计管理得当，$CO_2$ 可以安全储存长达数百万年。

（2）CCUS 技术工艺难点

CCUS 技术成本较高，封存和利用相结合在经济上是可行的技术途径。实现工业废气中 CCUS 存在以下技术难点。

① 捕集与提纯技术有待改进

要达到经济可行必须对废气中的 $CO_2$ 进行提纯和液化。在捕集 $CO_2$ 的 3 种工艺中，燃烧后捕集的难点在于 $CO_2$ 只占被处理气体的 10%，必须处理大量气体，既不经济，也不节能。而富氧燃烧捕集，燃料在纯氧环境下燃烧，废气中 $CO_2$ 的浓度超过 90%，提高了捕集效率，但降低制氧成本还需要制氧技术的进一步发展。燃烧前捕集，从工业角度看，这是最复杂的一种工艺，燃料会在蒸汽和空气或氧气中不完全氧化，因此产生一种合成气，这种合成气被转换成 $CO_2$ 和 $H_2$。目前，火电厂烟道气等气源的净化提纯技术还是世界性难题，加拿大和日本正在试验烟道气二氧化碳提纯技术，但要达到经济上可行的 30%~50% 的浓度尚需时日。

② 防腐防垢

$CO_2$ 在运输和储存过程中对金属材质有强腐蚀性，在注入过程中气体与岩层发生化学反应，极易形成水垢堵塞通道，因此必须研究出适合的防腐防垢技术。

③ 封存地点的选择

国外注入 $CO_2$ 提高采收率的油藏条件大都较好，原油黏度较低，油藏非均质性不是很强，而国内油藏中由于强非均质性和窜流通道而导致的 $CO_2$ 窜流将严重影响波及效率。国内多数油田原油组成的突出特点是蜡、沥青质和胶质含量高，因此在注入 $CO_2$ 采油过程中有机固相沉积以及由此引起的油藏伤害，要比国外许多油田严重得多。必须深入研究地质构造、岩石性质以及地理分布，并进行系统实验。

（3）建设和运行成本高昂

CCUS 技术成本包括捕集、输送与封存 3 部分，都要消耗大量的能源，成本高昂。IPCC 在 2005 年对发电厂的 CCUS 技术投资进行过估算，应用 CCUS 技术使发电成本增加 0.01~0.05 美元/(kW·h)，但如果项目中包括 EOR，会使 CCUS 造成的额外发电成本下降 0.01~0.02 美元/(kW·h)。在大多数 CCUS 系统中，捕集(包括压缩)成本所占比例最大。由于地区差异，不同 CCUS 系统的成本存在较大差异，主要因素包括应用 CCUS 技术的电厂或工业设施的设计、运行和投资，使用燃料的类型、成本和运输距离，$CO_2$ 的输送地形和输送量，以及封存 $CO_2$ 的类型和特点等。此外，CCUS 技术的组成部分和系统绩效与成本的关系仍然存在不确定性。但可以肯定，随着技术的持续进步，CCUS 技术成本将逐渐下降。

（4）公众认知度低

研究表明，公众对 CCUS 技术的认知度不够，CCUS 技术还没有像其他减缓气候变化方案那样得到普遍认可。实际上，当前应用 CCUS 技术的电厂比没有使用 CCUS 技术的电厂要多消耗 25%～50% 的能源。进一步发展 CCUS 技术，除了要逐步减少能耗，还必须获得政策法规和财税支持，因此广泛的公众认可基础必不可少。

（5）CCUS 在石油行业的应用

世界范围内，注气驱油技术已成为产量规模居第一位的强化采油技术；在气驱技术体系中，$CO_2$ 驱油技术因其可在驱油利用的同时实现碳封存，兼具经济和环境效益而倍受工业界青睐。$CO_2$ 驱油技术在国外已有 60 多年的连续发展历史，技术成熟度与配套程度较高，凸显出规模有效的碳封存效果。美国在利用 $CO_2$ 驱油的同时已经封存 $CO_2$ 约十亿 t。$CO_2$ 驱油技术因其封存规模大的特点，在各类 CCUS 技术中脱颖而出，尤其受到能源界的重视。$CO_2$ 驱油成为 CCUS 的主要技术发展方向。

按照混相程度不同，气驱类型分为混相驱、近混相驱和非混相驱三大类。根据美国能源部的资料，结合中国研究经验建议：若见气前的地层压力高于最小混相压力 1.0MPa 以上，可定义为混相驱替；若见气前的地层压力比最小混相压力低 1.0MPa 以内，可定义为近混相驱替；若见气前的地层压力低于最小混相压力 1.0MPa 以上，可定义为非混相驱替；对于能够正常注水开发的油藏，若见气前的地层压力低于最小混相压力的 75%，则不建议实施 $CO_2$ 驱。

（1）混相驱

截至 2020 年，全球共有 65 个商业 CCUS 项目，其中正在运行的有 26 个，暂停运行的有 2 个，在建设施的有 3 个，已经进入前端工程设计阶段的有 13 个，处于开发早期的有 21 个。

截至 2020 年，中国正在运行或建设中的 CCUS 项目约 40 个，捕集能力为 $300×10^4t/a$，主要分布在 19 个省，捕集源行业和封存利用类型呈多样化分布，大多以石油、煤化工、电力行业小规模的 $CO_2$ 捕集及驱油项目为主，缺乏大规模的多种技术组合的全流程工业化 CCUS 设施。13 个涉及电厂和水泥厂的纯捕集项目的 $CO_2$ 捕集能力超过 $85×10^4t/a$；11 个 $CO_2$ 驱油与封存项目的规模达 $182.1×10^4t/a$，其中 $CO_2$ 利用规模约为 $154×10^4t/a$。

（2）非混相驱

非混相驱与混相驱在工艺流程上无明显区别，在油藏管理和实施难度上也无过高要求。根据可能具备的现实条件选择油藏的合理开发方式是油田效益开发的基本要求。中国石化胜利油田高 89、中国石化东北局腰英台油田 BD33、中国石油大庆油田树 101 和树 16、延长油田吴起和乔家洼等试验区的 CO$_2$ 驱替类型都属于非混相驱,均取得了不同程度的增油效果。据统计,全球实施的非混相 CO$_2$ 驱油项目 40 个,其中美国 11 个,加拿大 1 个,特立尼达 5 个,中国 8 个;全球非混相 CO$_2$ 驱油项目提高采收率幅度为 4.7%~12.5%,平均值为 8.0%,平均换油率为 3.95tOil/tCO$_2$;中国非混相 CO$_2$ 驱油项目提高采收率幅度为 3.0%~9.0%,平均约为 5.5%。非混相 CO$_2$ 驱油技术在不同埋深的轻质、中质和重油油藏中都有应用。

国际上 CO$_2$ 驱油技术是比较成熟的,从捕集到驱油利用的全流程都相对配套完善。

# 1 CO₂ 的物性特征

二氧化碳(carbon dioxide)，是一种常见的碳氧化合物，化学式为 $CO_2$，化学式量为 44.0095，常温常压下是一种无色无臭的气体，是空气的组分之一(占大气总体积的 0.03%~0.04%)，是常见的温室气体。

$CO_2$ 分子形状是直线形的，其结构曾被认为是：O＝C＝O。现代科学家一般认为 $CO_2$ 分子的中心原子碳原子采取 sp 杂化，2 条 sp 杂化轨道分别与 2 个氧原子的 2p 轨道(含有 1 个电子)重叠形成 2 条 σ 键，碳原子上互相垂直的 p 轨道再分别与 2 个氧原子中平行的 p 轨道形成 2 条大 π 键。

$CO_2$ 在自然界中产生途径主要有以下几种：①有机物(包括动植物)在分解、发酵、腐烂、变质的过程中都可释放出 $CO_2$。②石油、石蜡、煤炭、天然气燃烧过程中，也会释放出 $CO_2$。③石油、煤炭在生产化工产品过程中，也会释放出 $CO_2$。④所有粪便、腐殖酸在发酵与熟化的过程中也能释放出 $CO_2$。⑤所有动物在呼吸过程中，都要吸入 $O_2$ 吐出 $CO_2$。

$CO_2$ 在高压和常压下的情况显著不同，高压的作用，不仅在于提高 $CO_2$ 密度，还会增强分子间的相互作用，致使混合物的非理想性变得更为显著。更重要的是在高压区域内常有各种各样的临界现象出现。在临界点(30.98°C，7.38MPa)附近，$CO_2$ 密度的涨落很大，造成光的散射特别强，出现临界乳光(Critical Opalescence)现象。这种在临界点附近发生的临界现象(如乳光现象、界面消失、等温压缩系数和等压膨胀系数强烈发散)是实验观察临界点的一个重要辅助手段。

当 $CO_2$ 处于临界状态时，具有以下基本特征：

(1) 流体的性质在跨临界时会发生显著的变化。在实际工作中常遇到的是一般流体，或称为经典流体，临界区由于有奇异性则称为非经典流体。采用跨接理论的方法描述流体从临界区到非临界区，理论上是比较严格的，但实际应用并不方便，从工程应用出发，往往采用半经验的方法。

(2) 对于单组分两相系统，临界等温线在临界点上有一拐点。数学上对此描述为在临界点上应有 $\left(\dfrac{\partial p}{\partial V}\right)_T = \left(\dfrac{\partial^2 p}{\partial V^2}\right)_T = 0$，因此其等温压缩率在临界点强烈发

散，系统局部密度实际上不再受压力的限制，即局部密度可在大于分子间距的距离内紊乱地涨落，而密度的涨落会导致强烈的光散射，这时出现目测的临界现象——临界乳光。

（3）在近临界点处，非热力学性质也出现反常行为。如黏度的测量非常困难，但其值或保持定值，或会有很小的发散。导热系数则有更强烈的发散。扩散速率接近于0。介电常数和折射率没有临界反常性，至少对非极性流体是如此，或者其反常性在实验检测范围之内。

（4）临界点的发散或反常性还会在超临界态中得到持续，但这将呈衰减趋势。如在临界点，等温压缩率为无穷大，但随着 $T/T_c$ 值增加，它将逐渐下降。在 $1<T/T_c<1.2$ 的范围内，等温压缩率较大，说明密度对压力变化比较敏感，这已成为超临界流体（SCF）有价值的特性之一，即适度的改变压力会使得超临界流体的密度有显著变化，借此来调节 SCF 的溶解能力。

高纯 $CO_2$ 主要用于电子工业，医学研究及临床诊断、二氧化碳激光器、检测仪器的校正气及配制其他特种混合气，在聚乙烯聚合反应中则用作调节剂。固态 $CO_2$ 广泛用于冷藏奶制品、肉类、冷冻食品和其他转运中易腐败的食品，在许多工业加工中作为冷冻剂，如粉碎热敏材料、橡胶磨光、金属冷处理、机械零件的收缩装配、真空冷阱等。气态 $CO_2$ 用于碳化软饮料、水处理工艺的 pH 控制、化学加工、食品保存、化学和食品加工过程的惰性保护、焊接气体、植物生长刺激剂，在铸造中用于硬化模和芯子及用于气动器件，还应用于杀菌气的稀释剂（用氧化乙烯和 $CO_2$ 的混合气作为杀菌、杀虫剂、熏蒸剂，广泛应用于医疗器具，包装材料、衣类、毛皮、被褥等的杀菌、骨粉消毒，仓库、工厂、文物、书籍的熏蒸）。液体 $CO_2$ 用作制冷剂，飞机、导弹和电子部件的低温试验，提高油井采收率，橡胶磨光以及控制化学反应，也可用作灭火剂。超临界状态 $CO_2$ 可以用作溶解非极性、非离子型和低分子量化合物的溶剂，在均相反应中有广泛应用。

工业排放 $CO_2$ 一般经过净化处理脱除水和各种杂质（如煤燃烧气的净化处理脱除残余的少量 $SO_x$、$H_2S$、$O_2$、$N_2$、$NO_x$、有机酸、胺、催化剂等）后再输送，但彻底纯化大规模 $CO_2$ 比较困难且花费巨大。因此，管道输送的 $CO_2$ 气体中均含有一定量的杂质，其对管道输送 $CO_2$ 的相行为、热力学性能、黏度及管道腐蚀等均有影响。在一定条件下，$CO_2$ 中的某些杂质还可能形成水合物，造成管道冰堵、阀门阻塞、设备损坏，甚至在极端情况下阻塞部分管段的整个口径；在泄压过程中，水合物的生长会造成小管径弯头处管壁的结构性破坏。杂质的种类及含量受废气来源、捕获技术、捕集成本及当地健康、安全和环境（HSE）要求所限制。燃煤电厂和燃气电厂产生的废气，采用燃烧前捕集技术，燃烧后捕集技术和富氧燃烧捕集技术所获得的 $CO_2$ 产品质量各不相同，$CO_2$ 捕获、运输和储存各阶

段均未对 $CO_2$ 的质量提出统一要求。由于使用目的不同，超临界 $CO_2$ 管道对 $CO_2$ 的质量要求亦不同，如 CCUS-EOR 系统采用 $CO_2$ 降低油(气)密度和黏度，以最大限度地将油(气)驱出，因此主要以 $CO_2$ 与油气的互溶度衡量 $CO_2$ 的质量，并要求气体中 $CO_2$ 含量控制在 95% 左右。$CO_2$ 气体中的微量 $N_2$、$NH_3$、$H_2S$、$SO_x$ 有利于提高 $CO_2$ 与油气的互溶度，而 $CH_4$、$C_2H_6$、Ar、$H_2$、$O_2$、CO 则不利于 $CO_2$ 与油气的互溶。此外，对 $CO_2$ 的质量要求还受管道完整性及储存安全等因素的限制。目前，美国、加拿大、挪威等国家对管道运输超临界 $CO_2$ 的质量要求各不相同，$H_2O$、$O_2$ 及 $H_2S$ 等部分杂质含量差别较大，具体质量要求由 $CO_2$ 生产商和使用商协商确定。$CO_2$ 中的杂质对管道设计和运输安全均有一定影响，控制管道输送 $CO_2$ 气体的质量是保障管道安全的主要措施之一。

为了解与掌握利用 $CO_2$ 驱油技术对油田地面工程与工艺的影响，首先需对不同条件下 $CO_2$ 的物性变化规律进行分析。

# 1.1 $CO_2$ 的来源与计算方程

## 1.1.1 $CO_2$ 捕集

依据捕集系统的技术基础和适用性，通常将火电厂 $CO_2$ 的捕集系统分为以下 4 种：燃烧后脱碳(post-combustion)、燃烧前脱碳(pre-combustion)、富氧燃烧 (oxyfuel combustion) 技术以及化学链燃烧 (Chemical Looping combustion，CLC) 技术。

(1) 燃烧后脱碳

燃烧后脱碳是指采用适当的方法在燃烧设备后，如电厂的锅炉或者燃气轮机，从排放的烟气中脱除 $CO_2$ 的过程。该技术的主要优点是适用范围广，系统原理简单，对现有电站继承性好。但捕集系统因烟气体积流量大、$CO_2$ 的分压小，脱碳过程的能耗较大，设备投资和运行成本较高，造成 $CO_2$ 捕集成本较高。

(2) 燃烧前脱碳

燃烧前脱碳是在碳基原料燃烧前，采用合适的方法将化学能从碳中转移出来，然后将碳与携带能量的其他物质分离，从而达到脱碳的目的。整体煤气化联合循环发电系统(Integrated Gasification Combined Cycle，IGCC)是最典型的可以进行燃烧前脱碳的系统。此脱除过程有以下特点：①原料气气量小，约为燃烧后脱碳的 1%，总压与 $CO_2$ 分压均较高。②原料气不含 $O_2$、灰尘等杂质。③原料气中的 $H_2S$ 和 $CO_2$ 可采用同一种溶剂脱除，也可对其进行选择性脱除。④脱除 $CO_2$ 后的净化气和 $CO_2$ 均需回收。⑤脱碳精度要求不高。

（3）富氧燃烧技术

富氧燃烧技术是利用空分系统制取富氧或纯氧气体，然后将燃料与 $O_2$ 一同输送到专门的纯氧燃烧炉进行燃烧，生成烟气的主要成分是 $CO_2$ 和水蒸气。燃烧后的部分烟气重新回注燃烧炉，一方面降低燃烧温度；另一方面进一步提高尾气中 $CO_2$ 质量浓度。据测算，尾气中 $CO_2$ 质量浓度可达到95%以上，由于烟气的主要成分是 $CO_2$ 和 $H_2O$，可不必分离而直接加压液化回收处理，可显著降低 $CO_2$ 捕集能耗。目前，大型的纯氧燃烧技术仍处于研究阶段。

（4）化学链燃烧技术

化学链燃烧的基本思路是：采用金属氧化物作为载氧体，同含碳燃料进行反应；金属氧化物在氧化反应器和还原反应器中进行循环。还原反应器中的反应相当于空气分离过程，空气中的 $O_2$ 同金属反应生成氧化物，从而实现了 $O_2$ 从空气中的分离，这样就省去了独立的空气分离系统。燃料和 $O_2$ 之间的反应被燃料与金属氧化物之间的反应替代，相当于从金属氧化物中释放的 $O_2$ 与燃料进行燃烧。金属氧化物在两个反应器间的循环速率及其在反应器中的平均停留时间决定了反应器中的热量和温度平衡，从而控制反应进行的速度。化学链燃烧反应式如下：

$$MeO+燃料 \longrightarrow Me+H_2O+CO_2$$

$$Me+1/2O_2 \longrightarrow MeO$$

该技术将原本剧烈的燃烧反应用隔离的氧化反应和还原反应替代，避免了燃烧产生的 $CO_2$ 被空气中的 $N_2$ 稀释，且无须空分系统等额外的设备和能耗。燃烧产生的烟气在脱水处理后几乎是纯净的 $CO_2$。目前，化学链燃烧技术仍处于研究阶段。

## 1.1.2　CO₂ 提纯

无论是燃烧前捕集系统还是燃烧后捕集系统，其关键技术都是 $CO_2$ 的分离。根据过程机理，目前 $CO_2$ 分离方法主要有：吸收法、吸附法、低温蒸馏法、膜分离法等。

（1）吸收法

工业上采用的气体吸收法，可分为物理吸收法和化学吸收法。

① 物理吸收法

物理吸收法是在加压下用有机溶剂对酸性气体进行吸收来分离脱除酸气成分，并不发生化学反应，溶剂的再生通过降压实现，因此所需再生能量相当少。该法的关键是确定优良的吸收剂。所选的吸收剂必须对 $CO_2$ 的溶解度大、选择性好、沸点高、无腐蚀、无毒性、性能稳定。典型的物理吸收法有 Shell 公司的环丁砜法、Norton 公司的聚乙二醇二甲醚法，Lurgi 公司的甲醇法，另外，还有

N-甲基吡咯烷酮法、粉末溶剂法(所用溶剂为碳酸丙烯酯),三乙醇胺也可作为物理溶剂使用。

原料气从吸收塔底部进入,与塔顶喷下的吸收剂逆流接触,净化气由塔顶引出。吸收气体后的富液经闪蒸器减压释放出闪蒸气(最高压力下闪蒸出来的气体大部分是溶解的非酸性气体),经低压闪蒸后的半富液送入再生塔顶部即降至常压,并放出大量 $CO_2$,即为所需的分离回收的 $CO_2$,可用于生产液体 $CO_2$ 或干冰。其余未解吸的 $CO_2$ 与再生塔底部送来的空气或惰性气体逆流接触,靠汽提使溶剂再生后送往吸收塔顶部。

② 化学吸收法

化学吸收法是使原料气和化学溶剂在吸收塔内发生化学反应,$CO_2$ 被吸收至溶剂中成为富液,富液进入脱析塔加热分解出 $CO_2$,从而达到分离回收 $CO_2$ 的目的。所用化学溶剂一般是 $K_2CO_3$ 水溶液或乙醇胺类的水溶液。热 $K_2CO_3$ 法的常见方法有苯菲尔德法(吸收溶剂中 $K_2CO_3$ 质量分数为 25%~30%,二乙醇胺为 1%~6%,加适量 $V_2O_5$ 作催化吸收剂和防腐蚀剂)、砷碱法($K_2CO_3$ 质量分数为 23%,$As_2O_3$ 为 12%,或用氨基乙酸和 $V_2O_5$ 来代替 $As_2O_3$)、卡苏尔法($K_2CO_3$、胺、$V_2O_5$)、改良热碳酸钾法($K_2CO_3$、乙醇胺盐、$V_2O_5$)。以乙醇胺类作吸收剂的方法有 MEA 法(所用溶剂为一乙醇胺)、DEA 法(二乙醇胺)、MDEA 法(甲基二乙醇胺)、联合碳化公司的乙醇胺法(同时添加两种防腐蚀剂)、道化学公司的 2-烷氧基乙胺法(内添加防腐蚀剂)以及劳尔夫-巴逊斯法(所用溶剂为二乙醇胺)。

化学吸收法的关键是控制好吸收塔和解析塔的温度与压力,以 $K_2CO_3$ 作溶剂时,吸收和解吸过程可逆反应为:$K_2CO_3+H_2O+CO_2 \Longleftrightarrow 2KHCO_3$,配制 $K_2CO_3$ 时浓度要以生成的溶解度小的 $KHCO_3$ 不析出为依据。

(2) 吸附法

吸附法是利用固态吸附剂对原料混合气中 $CO_2$ 的选择性可逆吸附作用来分离回收 $CO_2$ 的。吸附法又分为变温吸附法(TSA)和变压吸附法(PSA),吸附剂在高温(或高压)时吸附 $CO_2$,降温(或降压)后将 $CO_2$ 解析出来,通过周期性的温度(或压力)变化,从而使 $CO_2$ 分离出来。常用的吸附剂有天然沸石、分子筛、活性氧化铝、硅胶和活性炭等。采用吸附法时,一般需要多台吸附器并联使用,以保证整个过程能连续地输入原料混合气,连续取出 $CO_2$ 产品气和未吸附气体。无论是变温吸附法还是变压吸附法都要在吸附和再生状态之间循环进行,前者循环的时间通常以小时计,而后者则只需几分钟。目前工业上应用较多的是变压吸附工艺,它属于干法工艺,无腐蚀,整个过程由吸附、漂洗、降压、抽真空和加压五步组成,其运行系统压力在 1.26MPa~6.66kPa 变化。吸附法的关键是吸附剂的载荷能力，其主要决定因素是温差(或压差)。

（3）低温蒸馏法

石油开采时向油层注入 $CO_2$，可以提高原油回收率，同时也产生大量的油田伴生气，随着采油次数增加，伴生气中 $CO_2$ 含量可能增加到90%以上。为了降低采油成本，提高采油量，必须从伴生气中把 $CO_2$ 分离出来，再注入油井中。低温蒸馏法主要用于分离回收油田伴生气中的 $CO_2$，比较典型的工艺是美国 Koch Process(KPS)公司的 RyanHolmes 三塔和四塔工艺，整个流程包括乙烷回收、甲烷脱除、添加剂回收和 $CO_2$ 回收。低温蒸馏法设备庞大、能耗较高，一般很少使用，只适用于油田开采现场，提高采油率。

（4）膜分离法

膜分离法是利用某些聚合材料(如醋酸纤维、聚酰亚胺等)制成的薄膜对不同气体渗透率的不同来分离气体的。膜分离的驱动力是压差，当膜两边存在压差时，渗透率高的气体组分以很高的速率透过薄膜，形成渗透气流，渗透率低的气体则绝大部分在薄膜进气侧形成残留气流，两股气流分别引出从而达到分离的目的。20 世纪 70 年代末，美国休斯敦 Cynara 公司开始实施 SACROC 计划，内容是大规模的膜法分离 $CO_2$，后来又与道化学公司联合投资，并采用它们的膜分离技术和膜装置，正常运转 18 个月后未发现分离膜有明显损坏现象。美国 Envirogerics System 公司开发出一种名为"Gasep"的新型 $CO_2$ 分离装置，是采用醋酸纤维素不对称膜(活性层为 10mm，多孔性支承层约 0.2mm)，以螺旋卷式膜组件构成，从天然气中分离回收 $CO_2$，该膜使用 3 年仍无明显损坏。

工业上用于 $CO_2$ 分离的膜材质主要有：醋酸纤维、乙基纤维素、聚苯醚及聚砜等。近年来，一些性能优异的新型膜材质正不断涌现，如聚酰亚胺膜、聚苯氧改性膜、二氨基聚砜复合膜、含二胺的聚碳酸酯复合膜、丙烯酸酯的低分子含浸膜等，均表现出优异的 $CO_2$ 渗透性。膜法分离回收 $CO_2$ 装置简单。

上述几种 $CO_2$ 的分离回收方法各有特点，视原料气的不同和 $CO_2$ 产品气的纯度要求的不同，可以选用一种方法，也可以两种方法联合使用。物理吸收法和化学吸收法对 $CO_2$ 的吸收效果好，分离回收的 $CO_2$ 纯度高达 99.9%以上，而且可有效脱除 $H_2S$(脱除率高达 100%)，其缺点是成本较高。吸附法工艺过程简单、能耗低，但吸附剂容量有限，需大量吸附剂，且吸附解吸频繁，要求自动化程度高。低温蒸馏法能耗高，分离效果较差，只适用于油田伴生气中 $CO_2$ 的回收。膜分离法装置简单、操作方便，投资费用低(成本比吸收法低 25%左右)，是当今世界上发展迅速的一项节能型 $CO_2$ 分离回收技术，但是膜分离法难以得到高纯度 $CO_2$。因此，美国田纳西州的 Mallet 矿区将膜分离法和溶剂吸收法相结合，前者做粗分离，后者做精分离。结果表明：该法取得了二者单独操作时所得不到的最佳效果，在所有分离提纯 $CO_2$ 工艺中综合能耗最低。

## 1.1.3  CO₂ 利用

$CO_2$ 在常温常压下是无色无臭气体，在常温下加压即可液化或固化，安全无毒，使用方便，加上其含量非常丰富，因此随着地球能源的日益紧张，现代工业的迅速发展，$CO_2$ 利用越来越受到人们的重视。许多国家都在研究把 $CO_2$ 作为"潜在碳资源"加以综合利用。其应用可分为物理应用和化学应用。

（1）物理应用

$CO_2$ 作为人工降雨剂，可解决干旱地区的农田灌溉问题；在食品工业中作为冷冻剂，可保证鱼类、肉类、奶类的长期保鲜和低温运输，同时用作清凉饮料的添加剂。$CO_2$ 在焊接工艺中作为绝缘剂和净化剂，用来提高焊接质量；作为萃取剂可以从香料和水果中提取香精，从咖啡里提取碱。另外，$CO_2$ 还可用于医用局部麻醉、大型铸钢防泡剂和灭火剂。超临界液态 $CO_2$ 因其特殊的性质，还可用于贵重机械零件的清洗剂和超临界萃取剂。

（2）化学应用

$CO_2$ 用于制造纯碱、轻质碳酸盐、化肥（碳酸氢铵、尿素）以及脂肪酸和水杨酸及其衍生物已有成熟的工艺，作为一种重要的有机合成原料，其应用也在不断研究开发。在催化剂存在下，它可以被氢还原成甲烷、甲醇、甲醛、甲酸；它与 $H_2$ 一起代替甲醇参与芳烃的烷基化，得到包括加氢和甲基转移的产物；它与不饱和烃反应生成内酯、酸或酯类。另外，它还能与不饱和烃、胺类、环氧化合物及其他化合物发生二元、三元共聚反应，生成交联、接枝、嵌段等高分子聚合物，如聚氨基甲酸酯、聚碳酸酯、聚脲等。

## 1.1.4  状态方程的选取

状态方程是估算流体相图及物理性质的有力工具，被广泛地应用于过程模拟和设计中。比较常用的状态方程有：SRK 方程、PR 方程、BWRS 方程。

（1）SRK 状态方程

Soave 于 1972 年提出了 RK 方程的改进式——Soave-Redlich-Kwong 方程（简称 SRK 方程）。SRK 方程在不失 RK 方程形式简单的情况下，大大改善了计算气、液相逸度的效果。

Soave 指出，RK 方程虽然应用于纯组分及混合物的热容等热性质的计算时可以获得相当准确的结果，但当应用于多组分气-液平衡计算时其准确性却通常很差。他认为这不能仅归因于 RK 方程所用的混合规则尚有缺点，实际上将原先的 RK 方程应用于纯组分饱和蒸气压预测时其准确性也很差，其主要原因在于原先的 RK 方程未能如实地反映温度的影响。

Soave 对 RK 方程的改进着眼于使之能准确地描述纯组分的饱和蒸汽压（纯组分的气-液平衡），并推断这将会导致对混合物气-液平衡描述结果的改进。据此，Soave 用更为一般化的关系式 $a(T)$ 代替 RK 方程中的 $\alpha/T^{0.5}$ 项：

$$p = \frac{RT}{v-b} - \frac{a(T)}{v(v-b)} \qquad (1-1)$$

式中：

$$a(T) = \frac{\Omega_a R^2 T_c^2}{p_c}\alpha \qquad (1-2)$$

$$b = \frac{\Omega_b R T_c}{p_c} \qquad (1-3)$$

$$\alpha^{0.5} = 1 + m(1 - T_r^{0.5}) \qquad (1-4)$$

$$m = f(\omega) = 0.480 + 1.574\omega - 0.176\omega^2 \qquad (1-5)$$

$$\Omega_a = [9 \times (2^{1/3} - 1)]^{-1} = 0.427480 \qquad (1-6)$$

$$\Omega_b = \frac{2^{1/3} - 1}{3} = 0.0866403 \qquad (1-7)$$

Soave 认为，流体相平衡时用 RK 方程计算误差较大的原因，是由于 RK 方程未能准确地反映温度的影响。该方程是在形式最简单的常用状态方程 RK 方程上由 Soave 修正而成的，方程比较简单，准确度比 RK 方程有提高，能兼用于非极性系统的汽液两相，用于汽液平衡计算以及焓差计算，效果也较好。

（2）PR 状态方程

Peng 和 Robinson 指出，经 Soave 改进的 RK 方程虽然取得了改进，但仍有一些不足之处，例如 SRK 方程对液相密度的预测欠准确——对烃类组分（CH₄ 除外）预测的液相密度普遍小于实验数据。

Peng 和 Robinson 指出，通过为状态方程选择适当的函数形式可使临界压缩因子的预测值更接近于实验值。在估算液体密度、描述高压系统相行为时有较高的准确度，在实际工程中有广泛的应用。其标准形式如下：

$$P = \frac{RT}{v-b} - \frac{a}{v(v+b) + b(v-b)} \qquad (1-8)$$

式中，$a$ 和 $b$ 分别为引力参数和斥力参数。

$$a(T) = \alpha(T) \cdot a_c \qquad (1-9)$$

$$a_c = \Omega_a R T_c^2 / p_c, \quad \Omega_a = 0.45724 \qquad (1-10)$$

$$b_c = b = \Omega_b R T_c / p_c, \quad \Omega_b = 0.07780 \qquad (1-11)$$

$$\alpha(T) = [1 + k(1 - T_r^{0.5})]^2 \qquad (1-12)$$

$$k = 0.37464 + 1.54226\omega - 0.26992\omega^2 \qquad (1-13)$$

气体偏差因子是 $\omega$ 气体的基本参数之一，它的准确求取对于储量计算、渗流特征、动态分析具有重要的实际意义。远离临界区和近临界区 $CO_2$ 的偏差因子利用改进的 PR 方程并结合 Danesh 提出的修正引力项参数 $\alpha(T)$ 来计算，是将 $\alpha_i$ 与温度的函数关系式分成两个表达式，一个表达式适用于超临界体系和临界体系物质，另一个表达式适用于常规体系，具体算法如下。

常规体系：

$$\alpha_i(T) = \left[ 1 + m_i(1 - \sqrt{T_{ri}}) \right]^2 \qquad (1-14)$$

超临界体系和临界体系：

$$\alpha_i(T) = \left[ 1 + 1.21 \times m_i(1 - \sqrt{T_{ri}}) \right]^2 \qquad (1-15)$$

式中，参数 $m_i$ 为一个关联偏心因子 $\omega_i$ 的函数，表达式如下：

$$m_i = 0.480 + 1.574\omega_i - 0.176\omega_i^2 \qquad (1-16)$$

Stryjek 和 Vera 通过 $\alpha$ 的改进，前后两次对 PR 方程进行了修正，并分别命名为 PRSV 和 PRSV2。这两个方程主要修正了 $\alpha(T_r, \omega)$ 中 $\kappa$ 表达式。PRSV 中 $\kappa$ 的表达式为：

$$\kappa = \kappa_0 + \kappa_1(1 + T_r^{0.5})(0.7 - T_r) \qquad (1-17)$$

式中　$\kappa_0$——偏心因子 $\omega$ 的三次函数；

　　　$\kappa_1$——经验常数。

$$\kappa_0 = 0.378893 + 1.4897153\omega - 0.17131848\omega^2 + 0.0196544\omega^3 \qquad (1-18)$$

PRSV2 方程 $\kappa$ 的表达式为：

$$\kappa = \kappa_0 + \left[ \kappa_1 + \kappa_2(\kappa_3 - T_r)(1 - T_r^{0.5}) \right](1 + T_r^{0.5})(0.7 - T_r) \qquad (1-19)$$

式中，$\kappa_0$、$\kappa_1$ 仍采用 PRSV 中的数值；$\kappa_2$、$\kappa_3$ 也是经验常数。

PRSV 和 PRSV2 方程在计算精度上较原 PR 方程有所改进，误差明显减小。

Twu 对 PK 方程中

$$\alpha^{0.5} = 1 + \kappa(1 + T_r^{0.5}) \qquad (1-20)$$

$$\kappa = 0.480 + 1.574\omega - 0.1715\omega^2 \qquad (1-21)$$

为代表的温度函数形式进行了分析，指出其中存在两个弱点：一是以式(1-20)为代表的温度函数并非随着 $T_r$ 增长而单调减小，并且在较大 $T_r$ 下存在极值，因此不适于氢体系的计算(氢的临界温度很低，$T_c = 33.2K$，因此，$T_r$ 一般很大)；二是式(1-21)中 $\kappa$ 的表达式称为 $\omega$ 的高次函数，因而在将由轻烃得到的温度函数外推至具有较大偏心因子的重烃时可能出现较大的偏差。为此，Twu 为 RK 方程和 PR 方程提出了以下新的温度函数形式：

$$\alpha = \alpha^{(0)} + \omega \left[ \alpha^{(1)} - \alpha^{(0)} \right] \qquad (1-22)$$

式中，$\alpha^{(0)}$ 和 $\alpha^{(1)}$ 均按式(1-23)计算：

$$\alpha = T_r^{N(M-1)} e^{L(1-T_r^{NM})} \tag{1-23}$$

式中，参数 $L$、$M$ 和 $N$ 在临近温度以上和以下取不同值。临近温度以下的数值通过纯物质的蒸汽压数据确定，临近温度以上的数值则通过氢、甲烷等超临界组分在烃类液体中的亨利系数确定。在临近温度上、下的 $\alpha$ 函数需要满足临界点处的一阶导数和二阶导数连续。据 Twu 报道，PR-Twu 和 RK-Twu 方程计算蒸汽压精度较 PR 方程和 PRSV 方程有较大的改进。

（3）BWRS 状态方程

RK 方程、SRK 方程及 PR 方程对于高压低温条件下不能完全适合。BWR 是第一个能同时应用于汽液两相的状态方程，用于轻烃及其混合物热力学性质的计算，可获得很满意的效果，但对非烃类气体含量较多的混合物、较重的烃组分（如己烷以上）以及较低的温度（$T_r < 0.6$）并不十分满意。为了扩大应用范围及提高在高压、低温下的精确度，1970 年，Staring 和 Han 在关联大量实验数据的基础上提出了经修正的 BWR 状态方程（简称 BWRS 方程），该方程对扩大原 BWR 方程的应用范围及进一步提高其精度取得了良好的效果。此方程对烃类化合物较为适用，应用范围较 BWR 方程更广，更具有适应性，为多参数方程。

$$P = \rho RT + \left(B_0 RT - A_0 - \frac{C_0}{T^2} + \frac{D_0}{T^3} - \frac{E_0}{T^4}\right)\rho^2 + \left(bRT - a - \frac{d}{T}\right)\rho^3 +$$
$$\alpha\left(a + \frac{d}{T}\right)\rho^6 + \frac{c\rho^3}{T^2}(1 + \gamma\rho^2)e^{-\gamma\rho^2} \tag{1-24}$$

该方程为包括 11 个参数的 BWRS 方程，即 $B_0$、$A_0$、$C_0$、$\gamma$、$b$、$a$、$\alpha$、$c$、$D_0$、$d$ 和 $E_0$。各参数均已普遍化，与临界参数 $T_{ci}$、$\rho_{ci}$ 及偏心因子 $\omega$ 关联如下：

$$\rho_{ci}B_{0i} = A_1 + B_1\omega_i \tag{1-25}$$

$$\frac{\rho_{ci}A_{0i}}{RT_{ci}} = A_2 + B_2\omega_i \tag{1-26}$$

$$\frac{\rho_{ci}C_{0i}}{RT_{ci}^3} = A_3 + B_3\omega_i \tag{1-27}$$

$$\rho_{ci}^2\gamma_i = A_4 + B_4\omega_i \tag{1-28}$$

$$\rho_{ci}^2 b_i = A_5 + B_5\omega_i \tag{1-29}$$

$$\frac{\rho_{ci}^2 a_i}{RT_{ci}} = A_6 + B_6\omega_i \tag{1-30}$$

$$\rho_{ci}^3\alpha_i = A_7 + B_7\omega_i \tag{1-31}$$

$$\frac{\rho_{ci}^2 c_i}{RT_{ci}^3} = A_8 + B_8\omega_i \tag{1-32}$$

$$\frac{\rho_{ci}^2 D_{0i}}{RT_{ci}^4} = A_9 + B_9 \omega_i \tag{1-33}$$

$$\frac{\rho_{ci}^2 d_i}{RT_{ci}^2} = A_{10} + B_{10} \omega_i \tag{1-34}$$

$$\frac{\rho_{ci} E_{0i}}{RT_{ci}^5} = A_{11} + B_{11} \omega_i exp(-3.8\omega_i) \tag{1-35}$$

以上公式中的 $A_j$ 和 $B_j (j=1, 2, \cdots, 11)$ 为通用函数。

BWRS 方程虽然有多达 11 个参数，但仅需具备各组分的 $T_{ci}$、$\rho_{ci}$ 和 $\omega_i$ 数据便可由以上 11 个公式确定其数值，而上述数据是不难取得的。

BWRS 方程可以用于很宽广的温度和密度范围——温度可低至 $T_r = 0.3$，密度可高达 $\rho_r = 3.0$。

将 BWRS 方程应用于混合物时各参数的混合规则如下：

$$B_0 = \sum_{i=1}^n x_i B_{0i} \tag{1-36}$$

$$A_0 = \sum_{i=1}^n \sum_{j=1}^n x_i x_j A_{0i}^{1/2} A_{0j}^{1/2} (1 - k_{ij}) \tag{1-37}$$

$$C_0 = \sum_{i=1}^n \sum_{j=1}^n x_i x_j C_{0i}^{1/2} C_{0j}^{1/2} (1 - k_{ij})^3 \tag{1-38}$$

$$\gamma = \left( \sum_{i=1}^n x_i \gamma_i^{1/2} \right)^2 \tag{1-39}$$

$$b = \left( \sum_{i=1}^n x_i b_i^{1/3} \right)^3 \tag{1-40}$$

$$a = \left( \sum_{i=1}^n x_i a_i^{1/3} \right)^3 \tag{1-41}$$

$$c = \left( \sum_{i=1}^n x_i c_i^{1/3} \right)^3 \tag{1-42}$$

$$D_0 = \sum_{i=1}^n \sum_{j=1}^n x_i x_j D_{0i}^{1/2} D_{0j}^{1/2} (1 - k_{ij})^4 \tag{1-43}$$

$$d = \left( \sum_{i=1}^n x_i d_i^{1/3} \right)^3 \tag{1-44}$$

$$E_0 = \sum_{i=1}^n \sum_{j=1}^n x_i x_j E_{0i}^{1/2} E_{0j}^{1/2} (1 - k_{ij})^5 \tag{1-45}$$

式中，$x_i$ 为气相或液相混合物中 $i$ 组分的摩尔分数；$k_{ij}$ 为 $i-j$ 组分间交互作用参数 ($k_{ij} = k_{ji}$，$k_{ii} = 0$)。

综合工程考虑，建模中主要参数为 $T$、$P$、$Q$，而 BWRS 方程为多参数方程，并不适用，因此主要考虑 SRK 方程和 PR 方程。

PR、SRK、BWRS 状态方程都是分析状态方程，说明在压力、温度和摩尔体积之间存在一个代数关系。由于在预测流体的特性时，存在很多不确定性，所以必须对这些方程进行检验。

对各种状态方程优劣的评价都是相对而言的，做出绝对公正的判断是非常困难的。这是由于：

① 现有的状态方程数目极多，完整地比较十分困难；

② 状态方程的准确性很大程度上依赖于状态方程参数的优化，一些状态方程的参数只适合于某一特定范围，而超出该范围时效果常变差；

③ 状态方程计算混合物性质时受到混合规则的影响，这增加了比较的不确定性；

④ 工程往往倾向于使用一些形式简单的状态方程，这就影响了对一些较复杂的理论状态的评价。

立方型状态方程(指多项式展开引出立方项的状态方程，PR 和 SRK 状态方程被归类为立方型状态方程)因其简单性和可靠性在工程上被认为是最实用的状态方程。它适合于只需准确计算部分物性的场合，在过程模拟中普遍采用。对立方型状态方程的修正主要集中于温度函数 $\alpha(T)$ 和方程函数形式 $p(v)$。前者旨在提高计算饱和蒸汽压的精度(对相平衡计算有重要影响)，后者旨在提高计算液相密度的精度。

评价状态方程准确性的最终标准还是与实验数据进行比较。Saito 和 Arai 曾对一些 BWR 型状态方程计算纯组分蒸汽压和饱和气、液相密度的能力进行了评价。一般而言，多参数的 BWR 型方程可以准确地计算纯组分的性质，但是当采用普遍化关联式计算参数值时，其精度会下降。

Knapp 等编纂的《DECHEMA 化工数据手册(第Ⅵ分册)》中收集了大量低沸点组分的二元气-液平衡数据(涵盖了空气分离、天然气加工、合成气生成等重要化工领域中的常见体系)。Knapp 等采用工程中常用的 4 个普遍化状态方程——PR、SRK、BWRS 及 Lee-Kesler 对数据进行了回归计算。计算表明，对于相平衡计算，4 种状态方程的准确性并无大的差别。对于特定体系，某种状态方程可能最佳，但对所有的体系而言，并没有一个"最佳"方程。Knapp 等认为 SRK 和 PR 的重要优点是简单、省时，且一般比较可靠。

根据 J. Klimeck 等对压力在 30MPa 以内，温度为 240~520K 状态下的 CO₂ 密度进行实验得出的数据，分别在 240K、260K 温度下，比较 PR、SRK 和 BWRS 状态方程模拟数据的准确性，从而可以确定一个合适的状态方程来模拟 CO₂ 的物理性质及相图变化。比较结果如图 1-1 所示。

用不同的状态方程计算 CO₂ 在不同压力下的密度，将不同状态方程计算的数值与实验数据进行对比发现：在 240K 及 260K 温度下，利用 PR 状态方程及 SRK 状态方程计算的 $CO_2$ 密度基本保持一致，且与实验数据的差值最小，根据近几年学者的研究，PR 状态方程的准确性稍高，本章选用 PR 状态方程进行物理性质分析。

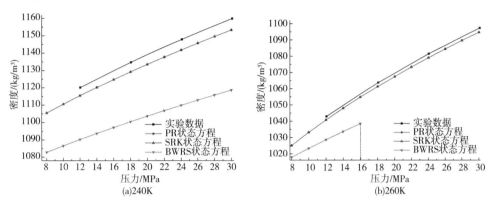

图 1-1　不同状态方程的 $CO_2$ 密度计算结果与实验数据对比曲线

# 1.2　纯 $CO_2$ 的物化性质

## 1.2.1　纯 $CO_2$ 相态图

物质的压力和温度同时超过它的临界压力（$P_c$）和临界温度（$T_c$）的状态称为该物质的超临界状态。超临界状态是一种特殊的流体，它在临界点附近，有很大的压缩性，适当地增加压力，可以使它的密度接近一般的液体密度，因而有很好的溶解其他物质的性能。一般来说，超临界 $CO_2$ 可作为萃取剂。另外，超临界 $CO_2$ 黏度只有 $CO_2$ 液体黏度的 1/6，但其扩散系数却比一般的液体大，近似于气体。当纯净 $CO_2$ 的温度高于临界温度，压力大于 7.39MPa 时，无论压力增大多少，$CO_2$ 相态都不会发生变化，可以实现没有相变的输送。

图 1-2 所示为纯 $CO_2$ 相态图。可以看出，存在 5 个区域，分别为气相区域、固相区域、一般液相区域、超临界气体区域、密相液体区域，并且可以看到两个明显的特征点：三相点

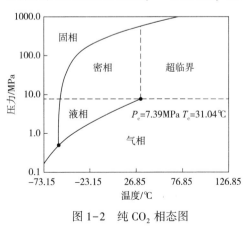

图 1-2　纯 $CO_2$ 相态图

（-56℃，0.52MPa）和临界点（7.39MPa，31.04℃）。

（1）固相区域：压力高于固气分界线和固液分界线压力的区域温度；

（2）一般液相区域：压力小于7.39MPa而高于气液分界线压力，温度高于-56℃而低于31.04℃的区域；

（3）密相液体区域：当液体压力超过7.39MPa时，温度低于31.04℃，且高于-56℃以上的范围时，称为密相液体区域；

（4）超临界气体区域：指气体压力大于7.39MPa，温度大于31.04℃的区域。此时温度与压力均大于临界点，流体具有如气体一般的黏度，同时又有像液体一样的紧密分子结构，密度与液体相似；

（5）气相区域：当温度高于-56℃，压力小于气液分界线压力时，为一般的气相区域。

## 1.2.2 纯 $CO_2$ 密度

在对 $CO_2$（液态/超临界态）管道输送的研究中，$CO_2$ 密度是不可忽略的重要参数。为了分析不同温度、压力对 $CO_2$ 密度变化规律的影响，制作纯 $CO_2$ 密度随压力的变化曲线图（见图1-3），并回归出低温（0℃）下 $CO_2$ 密度 $\rho$（g/cm³）随温度 $T$（℃）变化的关系式（见表1-1）。

表1-1 低温（0℃）下 $CO_2$ 密度与温度的变化关系

| 压力 | 密度 $\rho$ 随温度 $T$ 变化的关系式 |
|---|---|
| 23MPa | $\rho = 1033 - 3.34T - 0.00441T^2$ |
| 24MPa | $\rho = 1037 - 3.28T - 0.00386T^2$ |
| 25MPa | $\rho = 1040 - 3.22T - 0.00335T^2$ |

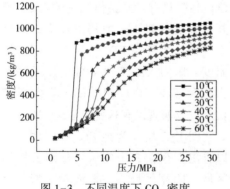

图1-3 不同温度下 $CO_2$ 密度
随压力的变化曲线

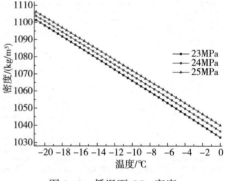

图1-4 低温下 $CO_2$ 密度
随温度的变化曲线

（1）纯净 CO$_2$ 密度随着压力升高而增大(压力增大，其分子间的距离减小，密度增大)。且随着温度升高密度降低，密度随压力的变化曲线斜率随着温度升高而减小。

（2）在低于临界温度时(0~30℃)密度随压力的变化曲线斜率较大，纯 CO$_2$ 在气态变为液态的过程中发生了相变热，密度产生了突增现象，而后呈近似一条水平线几乎不再变化，密度由小于 100kg/m$^3$ 左右突增至 1000kg/m$^3$。当温度高于临界温度时(40~60℃)，密度降低且曲线较为平滑，没有明显的突变现象，超临界区域内纯净 CO$_2$ 密度大于气相区域纯净 CO$_2$ 密度，说明在超临界运输的过程中介质体积较小，更方便运输。

### 1.2.3　纯 CO$_2$ 比热容

CO$_2$ 比热容也是 CO$_2$ 管输计算模拟中的重要参数。

图 1-5 所示为纯 CO$_2$ 不同温度下比热容随压力的变化趋势。

不同压力下 CO$_2$ 比热容与温度的变化关系如表 1-2 所示。

**表 1-2　不同压力下 CO$_2$ 比热容与温度的变化关系**

| 压力 | 比热容 $C$ 随温度 $T$ 变化的关系式 | 压力 | 比热容 $C$ 随温度 $T$ 变化的关系式 |
|---|---|---|---|
| 23MPa | $C = 1969 + 6.46T + 0.0365T^2$ | 25MPa | $C = 1037 + 5.72T + 0.0290T^2$ |
| 24MPa | $C = 1952 + 6.07T + 0.0325T^2$ | | |

图 1-6 所示为不同压力下 CO$_2$ 比热容随温度的变化曲线。

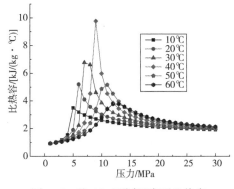

图 1-5　纯 CO$_2$ 不同温度下比热容
随压力的变化趋势

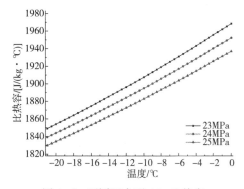

图 1-6　不同压力下 CO$_2$ 比热容
随温度的变化曲线

（1）在相同温度下，比热容随着压力升高先增大后减小。比热容的最大值随着温度升高先增大后减小。在低压范围内，比热容随着温度升高而降低，在高压范围内，比热容随着温度升高而升高。

（2）在临界温度和临界压力附近，比热容会发生突变，当压力和温度条件远离临界点时，在高压和低压的范围内，比热容的相对变化比较平缓。

### 1.2.4 纯 $CO_2$ 导热系数

$CO_2$ 导热系数也是 $CO_2$ 管输计算模拟中的重要参数。

图 1-7 所示为纯 $CO_2$ 不同温度下导热系数随压力的变化趋势。

不同压力下 $CO_2$ 导热系数与温度的变化关系，如表 1-3 所示。

表 1-3　不同压力下 $CO_2$ 导热系数与温度变化关系

| 压力 | 导热系数 $\lambda$ 随温度 $T$ 变化的关系式 |
| --- | --- |
| 23MPa | $\lambda = 0.0935 - 0.00118T - 4.416 \times 10^{-6} T^2$ |
| 24MPa | $\lambda = 0.0935 - 0.00118T - 4.416 \times 10^{-6} T^2$ |
| 25MPa | $\lambda = 0.0935 - 0.00118T - 4.416 \times 10^{-6} T^2$ |

图 1-8 所示为不同压力下 $CO_2$ 导热系数随温度的变化曲线。

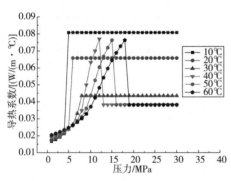

图 1-7　纯 $CO_2$ 不同温度下导热系数
随压力的变化趋势

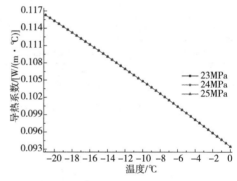

图 1-8　不同压力下 $CO_2$ 导热系数
随温度的变化曲线

（1）温度升高，可使导热系数的突变点的压力向高压方向移动。导热系数随着压力的增大而增大，且导热系数随压力的变化曲线斜率随着温度的升高而减小。由于纯 $CO_2$ 在气态转变为液态的过程中发生了相变热，所以导热系数产生了突增的现象。

（2）当温度在超临界温度之下（10～30℃），导热系数随着压力的增加而增加，达到最大值时保持不变，且最大值随着温度的升高而降低。当温度在超临界温度之上时（40～60℃），导热系数随着压力的升高而升高，在临界点附近发生突变，达到最大值时会有一个突降，随后保持不变。

（3）相比于其他的相态，在气态的条件下，导热系数更小，且随着温度的升高而黏度升高。但其低密度的性质降低了管道输送效率。因此在长距离的管道输送时，一般不采用气态输送。

## 1.2.5 纯 CO₂ 黏度

CO₂ 黏度也是 CO₂ 管输计算模拟中的重要参数。

图 1-9 所示为纯 CO₂ 不同温度下压力随温度的变化趋势。

表 1-4 所示为不同压力下 CO₂ 黏度与温度的变化关系。

**表 1-4 不同压力下 CO₂ 黏度与温度的变化关系**

| 压力 | 黏度 $\mu$ 随温度 $T$ 变化的关系式 |
|---|---|
| 23MPa | $\mu = 0.1148 - 0.00167T + 1.070 \times 10^{-5}T^2$ |
| 24MPa | $\mu = 0.1151 - 0.00167T + 1.071 \times 10^{-5}T^2$ |
| 25MPa | $\mu = 0.11531 - 0.00167T + 1.072 \times 10^{-5}T^2$ |

图 1-10 所示为不同压力下 CO₂ 黏度随温度的变化曲线。

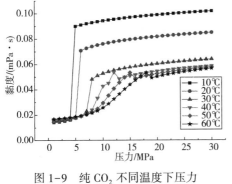

图 1-9 纯 CO₂ 不同温度下压力
随温度的变化趋势

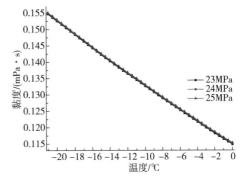

图 1-10 不同压力下 CO₂ 黏度
随温度的变化曲线

（1）黏度随着温度升高而减小，变化规律与密度变化相似。温度升高使纯 CO₂ 黏度的突变值向高压方向移动。黏度随压力的变化曲线斜率随着温度升高而减小。

（2）当温度低于超临界温度时(0~30℃)，黏度随压力的曲线变化斜率较大，由于纯 CO₂ 在气态转变为液态的过程中发生了相变热，所以黏度发生了突增的现象。在低压范围内，纯 CO₂ 接近于气态，黏度较低且随着温度升高而升高，在高压范围内，纯 CO₂ 接近于液态，黏度较高且随着温度升高而降低。当温度高于超临界温度时(40~60℃)，在临界区域附近有小范围波动，总体上是随着压力升高而黏度增大。

### 1.2.6　纯 CO₂ 压缩因子

压缩因子的定义为：

$$Z = \frac{pV}{nRT} = \frac{pVm}{RT} \qquad (1-46)$$

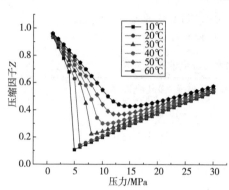

图 1-11　纯 CO₂ 不同温度下压缩系数
随压力的变化趋势

压缩因子的量纲为 1，显然 $Z$ 的大小反映出真实气体对理想气体的偏差程度，即 $Z$ 等于真实气体的体积除以理想气体的体积。理想气体的 $Z$ 值在任何条件下恒为 1。$Z<1$，说明真实气体的摩尔体积比同样条件下理想气体的小，真实气体比理想气体更容易压缩。图 1-11 所示为纯 CO₂ 不同温度下压缩系数随压力的变化趋势。

（1）压缩因子随着压力增大先减小后增大，且随着温度升高而增大。压缩系数随压力的变化曲线斜率随着温度升高而减小。

（2）在低于临界温度时（0~30℃），压缩系数在低压范围内更接近于 1（理想气体），且随着温度升高而增大，性质更接近于气态。升高压力由于相态的变化，压缩系数会突降，在高压条件下，压缩系数减小，表示此时介质难以被压缩，性质更接近于液态。在高于临界温度时（40~60℃），压缩系数的范围升高且曲线较平滑不存在突变点。

## 1.3　含杂质 CO₂ 的物化性质

### 1.3.1　含杂质 CO₂ 相态图

管道输送 CO₂ 中的杂质组分、含量不同，对相平衡及物性参数的影响也不同。天然 CO₂ 气源中包含多种杂质，烟气 CO₂ 因为捕集方式不同，其中杂质组分及含量也不同，管输组分 CO₂ 中杂质主要包括 N₂、O₂、CH₄、H₂ 等非极性杂质，以及 H₂S、CO、N₂O、SO₂ 等极性杂质，同时会包含一定量的水蒸气。为了研究含杂质 CO₂ 的相平衡及物性参数，将组分杂质根据标准设为含其他气体杂质 5mol%，如表 1-5 所示。

以 PR 方程为计算模型，计算含杂质多组分 CO₂ 的相平衡规律，将表 1-5 中的各个气样的泡点线及露点线包络的两相区表示在压力-温度关系图(图1-12)中。

表1-5    多组分 CO₂ 中的杂质气体含量

| 名称 | 气体组分(极性杂质) | 名称 | 气体组分(非极性杂质) |
|---|---|---|---|
| 试样1 | 95mol%$CO_2$+5mol%$SO_2$ | 试样5 | 95mol%$CO_2$+5mol%$N_2$ |
| 试样2 | 95mol%$CO_2$+5mol%$N_2O$ | 试样6 | 95mol%$CO_2$+5mol%$O_2$ |
| 试样3 | 95mol%$CO_2$+5mol%$H_2S$ | 试样7 | 95mol%$CO_2$+5mol%$H_2$ |
| 试样4 | 95mol%$CO_2$+5mol%CO | 试样8 | 95mol%$CO_2$+5mol%$CH_4$ |

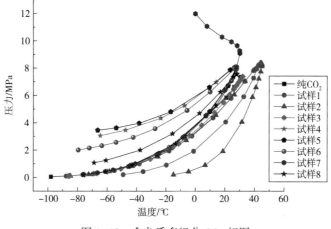

图1-12    含杂质多组分 CO₂ 相图

在图1-12中,试样1~试样4表示气体杂质为极性气体的多组分 CO₂,试样5~试样8表示气体杂质为非极性气体的多组分 CO₂,同时将纯 CO₂ 相平衡线在图中作为参考标准,从而分析杂质对 CO₂ 相平衡的影响规律。在图1-12中,临界液相区的为泡点线,临界气相区的为露点线,纯组分 CO₂ 泡点线和露点线完全重合,当温度和压力为曲线上任意一点时,气相与液相共存。

由图1-12可知:杂质通过对相平衡线的影响使 CO₂ 的气液共存两相区扩大,但影响的方式不同,非极性杂质($N_2$、$O_2$、$H_2$、$CH_4$)通过改变泡点线使两相区变大,露点线的变化不大;而极性杂质($SO_2$、$N_2O$、$H_2S$、CO)主要改变露点线,泡点线的变化不大,CO 虽然为极性分子,但作为杂质时体现出非极性杂质的影响,主要是因为 CO 为双原子分子结构,链状分子的极性非常弱,因而对两相区的影响与非极性杂质的影响相似。在非极性杂质的影响中,$H_2$ 作为杂质使两相区的扩展较大,而 $CH_4$ 影响较小;在极性杂质中,$N_2O$ 对两相区的影响较大,而 $H_2S$ 的影响则可以忽略不计。

非极性分子范德华力弱，挥发性强，作为杂质时，作用在泡点线上扩大两相区，使多组分混合 $CO_2$ 不易进入液相区；相反，极性分子范德华力强，同时存在诱导效应，使得混合体系不易挥发，露点高，不易进入气相区，进而使得露点线发生改变。$H_2$ 分子结构简单，分子间作用力弱，作为杂质使多组分 $CO_2$ 易生成气相；同理，$N_2$ 极性强，作为杂质使多组分 $CO_2$ 不易完全进入气相区。

### 1.3.2　含杂质 $CO_2$ 密度

含杂质多组分 $CO_2$ 管道输送过程研究中包含各种不同的水力输送参数和热力参数，为了研究杂质对多组分 $CO_2$ 密度变化规律的影响，将 31.3℃ 与 55℃ 下密度与压力之间关系的两组曲线簇表现在图 1-13 中。

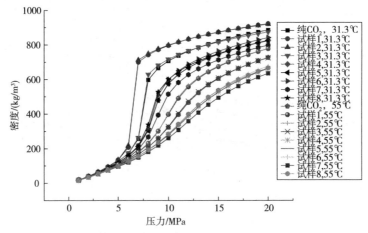

图 1-13　不同温度下杂质对多组分 $CO_2$ 密度-压力关系的影响

超临界 $CO_2$ 密度将在临界点附近发生突变，由图 1-13 可见，杂质将改变突变发生位置，其中非极性杂质及极性较弱的 CO 将使多组分 $CO_2$ 在相同温度下的密度突变位置向压力升高方向移动，其他极性较强杂质将使突变位置向压力降低方向变化。在图 1-13 中，55℃ 下的密度曲线明显比温度较低时平滑，且曲线中的突变也不再存在。因此可以得出结论，对于超临界 $CO_2$ 管道而言，较高的输送温度与压力可以降低管内密度发生突变的概率，使得流动比较平稳。

### 1.3.3　含杂质 $CO_2$ 比热容

为了研究杂质对比热容变化规律的影响，将 31.1℃ 与 55℃ 下比热容与压力之间关系表现在图 1-14 中。

由图 1-14 可见，非极性杂质及 CO 使多组分 $CO_2$ 比热容极值位置向高压方向移动，其他杂质影响规律与之相反，但曲线中比热容极值均小于纯 $CO_2$ 比热容极值。当温度升高后，比热容曲线整体比低温时平滑，强极性杂质则使曲线起伏较为明显。这是因为杂质改变了多组分 $CO_2$ 的临界点及两相区，越临近临界点比热值越大。因此，在制冷设备或空调等换热性能研究中，多将 $CO_2$ 控制在临界点附近以利用其比热容大的特点，而在大规模管道输送 $CO_2$ 时，为了保证其管道输送过程的安全及稳定性，因而采用高温高压下超临界态输送，以避开物性参数变化剧烈的临界区域。

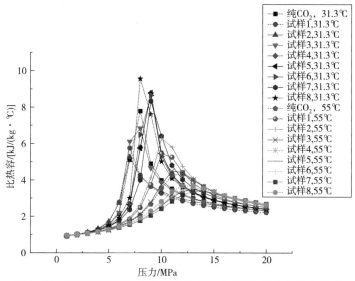

图 1-14　不同温度下杂质对多组分 $CO_2$ 比热容-压力关系的影响

## 1.3.4　含杂质 $CO_2$ 导热系数

图 1-15 所示为不同温度下杂质对多组分 $CO_2$ 导热系数-压力关系的影响。

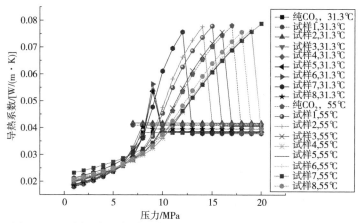

图 1-15　不同温度下杂质对多组分 $CO_2$ 导热系数-压力关系的影响

由图 1-15 可见，杂质会改变导热系数的变化规律，随着压力增大，非极性杂质及 CO 会使其传热系数在临界点附近先增大，至最大值之后略有减小，在高压范围内导热系数的值随着压力增大基本上保持不变。含有极性杂质的 $CO_2$，随着压力增大，导热系数不断增大。达到最大值后，随着压力增大，导热系数不再变化。

55℃下在临界点附近导热系数增加的幅度明显变大，极性杂质和非极性杂质的导热系数都随着压力增大先增大至最大值后略有减小，随后在高压下保持稳定。

### 1.3.5　含杂质 $CO_2$ 黏度

图 1-16 所示为 31.3℃与 55℃下杂质对多组分 $CO_2$ 黏度-压力关系的影响。

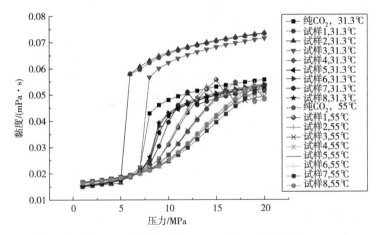

图 1-16　不同温度下杂质对多组分 $CO_2$ 黏度-压力关系的影响

杂质对黏度影响规律与密度影响基本相似，由图 1-16 可见，杂质将改变黏度的突变位置，非极性杂质及 CO 将使多组分 $CO_2$ 黏度突变位置向高压方向变化，其他极性杂质将使突变位置向低压方向移动。当温度升高后，黏度曲线中出现微小起伏，含非极性杂质或 CO 多组分 $CO_2$ 黏度出现起伏的对应压力较低。相反，极性杂质使多组分 $CO_2$ 黏度起伏在较高压力下出现。

### 1.3.6　含杂质 $CO_2$ 压缩因子

图 1-17 所示为不同温度下杂质对多组分 $CO_2$ 压缩因子-压力关系影响。

由图 1-17 可见，超临界 $CO_2$ 密度将在临界点的附近发生突变，随着压力增大含杂质 $CO_2$ 的压缩因子先减小后增大。当 $CO_2$ 含有极性杂质时，压缩系数相对于纯净 $CO_2$ 会降低，当 $CO_2$ 含有非极性杂质和 CO 时，压缩系数会相对增大。

55℃下，含杂质 $CO_2$ 的压缩因子增大，更接近于 1，含有极性杂质和非极性杂质都会增大压缩因子的值。

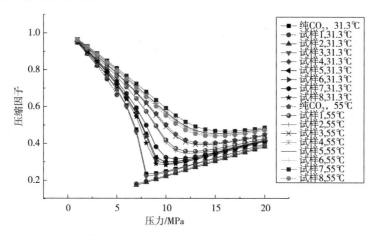

图 1-17 不同温度下杂质对多组分 $CO_2$ 压缩因子-压力关系的影响

# 2 $CO_2$ 管道输送(液态/超临界态)

$CO_2$ 管道输送具有连续性强、可持续利用、成本低、效率高等优点,是目前运输 $CO_2$ 总体效果最好的方式。将 $CO_2$ 从气源地输送到合适的地方封存或利用都有较高的经济效益,同时也可以保护环境减少大气污染。

由于 $CO_2$ 具有临界参数较低的特性(临界温度为304.25K,临界压力为7.38MPa),所以极其容易发生相态的变化,现有的管道输送类型可分为气态、液态以及超临界态三种方式,但输送方式、输送管道和设备要根据 $CO_2$ 相态以及不同输送方式的特点等因素来选择。管道的建造受多方面因素的影响,如管道材料费用、地质条件、气候因素、人文环境等。$CO_2$ 管道输送系统的组成类似于天然气和石油制品输送系统,包括管道、中间加压站(压缩机或泵)以及辅助设备,多方面考虑这些因素对管道的影响,对于 $CO_2$ 管道输送的建造估算具有重要意义。

## 2.1 $CO_2$ 管道输送现况及计算方法

### 2.1.1 常见管道输送模式

#### 2.1.1.1 气态输送

$CO_2$ 在管道内以气相状态输送,使用压缩机对 $CO_2$ 进行增压,控制压力在超临界压力之下,使其保持气相状态。气相 $CO_2$ 黏度低、密度小,单位时间内输送量不大,经济效益不高。管道输送根据热力学结果考虑是否需要铺设保温层。对于 $CO_2$ 气井,其开采出的气体多处于超临界状态,在进入管道之前需要对其进行节流降压,以符合管道输送要求,例如美国的 SACROC 二氧化碳输送管道,在设计的备选方案中规定,低压气相管道的最高运行压力不得超过4.8MPa。

#### 2.1.1.2 液态输送

$CO_2$ 在管道内以液相状态输送,密度大、单位时间 $CO_2$ 输送量大,但同时液相黏度高输送过程中摩擦很大,对管道的磨损程度大,输送过程中产生的压降将对输送造成一定程度的影响,管道是否敷设保温层需要通过热力学核算确定。通常，获得液态 CO$_2$ 需要对其进行冷却，最常见的方法是利用井口气源自身的压力能进行节流制冷。为了保护增压泵，必须保证在 CO$_2$ 进泵之前，CO$_2$ 已转化为液态，同时在泵送增压后，仍有必要设置换热器以冷却 CO$_2$。由于目前液相 CO$_2$ 管道输送工程较少，一般为油田内部短距离集输管道，通过建模优化可得，输送压力为 10~15MPa，温度为 10℃左右较为适合管道输送。

### 2.1.1.3　密相输送

当输送温度略低于超临界输送而保持压力区间不变时，管道输送方式进入密相输送，要保证管道输送沿线流体一直处于密相状态，需要使输送压力高于临界压力。而输送温度不能过高，入口温度的选择主要根据 CO$_2$ 液化流程的出口温度来确定。密相输送的沿线管道压降低于超临界态输送和液态输送，而投资略低于超临界态输送、远低于气态输送和液态输送，适宜在人口稀少的地方输送，国内计划建设的 CO$_2$ 管道多数为短距离注入管道，密相输送的工艺适用性相对较好。

### 2.1.1.4　超临界态输送

当 CO$_2$ 在管道输送中压力和温度都高于临界值时，CO$_2$ 处于超临界输送状态，此时 CO$_2$ 密度很高，接近液态 CO$_2$，同时黏度很低，接近气态 CO$_2$。同样管径单位时间下，超临界态输送和气态输送相比，可以输送更大量的 CO$_2$，对管道的磨损也较低。为了使 CO$_2$ 从气态转化为超临界状态，起输采用压缩机增压至超临界态，运输过程为了补充压力使 CO$_2$ 保持超临界状态，考虑能量消耗，使用增压泵代替耗能更大的压缩机，按照管道长度在输送途中设置增压泵室。

## 2.1.2　国外长距离 CO$_2$ 输送管道现况

国外 CO$_2$ 管道主要采用超临界状态输送。美国是最早采用管道输送超临界 CO$_2$ 的国家，有超过 40 年的历史。全球约有 6000km CO$_2$ 输送管道，极少量分布于土耳其、阿尔及利亚、匈牙利及挪威等国家，其余约 5800km CO$_2$ 输送管道位于美国，其管输 CO$_2$ 主要用于 CO$_2$ 驱油，基本是位于人口密度较低区域的陆地管道，只有北海 Snovhit 和 Sleipner 的 CO$_2$ 输送采用海底管道。目前国际上超临界 CO$_2$ 管道里程不足石油、天然气及其他危险化学品管道总里程的 1%，因全球环保形势日趋严峻，未来将呈增加趋势。中国人口众多，建设超临界 CO$_2$ 管道必然经过人口密集区域，因而增加了超临界 CO$_2$ 管道的运行风险，这是中国与其他国家建设超临界 CO$_2$ 管道的主要区别。

虽然国外利用管道运输超临界 CO$_2$ 的历史已逾 40 年，但迄今尚无针对 CO$_2$ 管道设计和运行的统一标准。美国运输部(DOT)认为超临界 CO$_2$ 运输管道与危险化学品运输管道的安全要求应一致，遵从美国联邦法规 49-CFR 195《危险液体的管道输送》及行业组织的标准规范 ANSI/ASME B31.4《液态碳氢化合物及其他液体管道运输系统》。加拿大超临界 CO$_2$ 运输管道主要参考加拿大标准协会的标准规范 CSA-Z662-07《油气管道系统》。海底超临界 CO$_2$ 运输管道主要参考 DNV 公司 2007 年 10 月制定的标准规范 DNV-OS-F101《海底管道系统》。

### 2.1.3 CO$_2$ 管道安全影响因素

#### 2.1.3.1 超临界 CO$_2$ 管道的腐蚀

CO$_2$ 气体中的水是影响超临界 CO$_2$ 管道运输安全的重要杂质之一。干燥 CO$_2$ 不具有腐蚀性,但一旦溶于水,其腐蚀性比同 pH 值盐酸的腐蚀性更强。美国俄亥俄大学的研究表明:在超临界 CO$_2$ 管道运行的温度、压力范围内,若管道内部形成水相,其 pH 值为 3~4,将具有很强的腐蚀性;即使超临界 CO$_2$ 中水的含量仅为饱和含水量的 1/5,在微量 O$_2$ 和 SO$_2$ 等杂质存在的条件下,也会出现腐蚀问题,且腐蚀速率可达到 4mm/a;若超临界 CO$_2$ 中存在微量 NO$_2$,可使管道的腐蚀速率达到 12mm/a;超临界 CO$_2$ 中存在 CO 也会加速碳钢腐蚀。因此,在超临界 CO$_2$ 腐蚀环境中,CO$_2$ 是主体,其中的微量水、O$_2$、SO$_2$ 和 CO 等杂质则是诱发管道腐蚀的主要因素,可见控制管输 CO$_2$ 的质量十分必要。油气输送和开采过程 CO$_2$ 腐蚀环境,水是主体,CO$_2$ 是杂质,这是超临界 CO$_2$ 输送管道腐蚀问题与油气输送和开采过程 CO$_2$ 腐蚀问题的主要区别之一。虽然我国在油气输送和开采的生产实践中积累了很多 CO$_2$ 腐蚀与控制方面的经验,但对于超临界 CO$_2$ 输送管道的腐蚀与安全控制,不具有借鉴价值。因此,深入研究超临界 CO$_2$ 输送管道体系的腐蚀规律、机理及腐蚀控制技术是降低管道泄漏风险的重要措施之一。

#### 2.1.3.2 橡胶密封件的溶胀与失效

超临界 CO$_2$ 是优良的工业溶剂,可能对管道阀座、垫圈及 O 形圈等橡胶密封件造成损害。用于高压 CO$_2$ 管道的非金属密封材料应该具有对 CO$_2$ 的低渗透性、抗膨胀性和抗降解性,同时在操作过程中能够保持弹性。超临界 CO$_2$ 可在某些常用橡胶,如丁腈橡胶、腈类橡胶、氯丁橡胶、氟化橡胶、乙烯/丙烯共聚物橡胶及氯磺酰化聚乙烯合成橡胶等材料中溶解和扩散,导致弹性体膨胀、起泡甚至断裂,而超临界 CO$_2$ 泄漏过程产生的低温也可能对橡胶密封材料造成破坏。因此,石油天然气工业常用的橡胶不能满足超临界 CO$_2$ 管道输送的要求。目前已经发现的适用于高压 CO$_2$ 管道输送系统的橡胶有聚四氟乙烯(PTFE)、聚醚醚酮树脂(PEEK)、酸胺纤维(尼龙)、乙烯-丙烯聚酰亚胺、半刚性聚氨酯及 kalrez 等。

#### 2.1.3.3 超临界 CO$_2$ 管道的泄漏与裂纹扩展

超临界 CO$_2$ 输送管道泄漏一般不可能像油气管道那样造成火灾或爆炸事故,但由于 CO$_2$ 比空气的密度大,若 CO$_2$ 泄漏而未被发现,CO$_2$ 可能长期聚集在低洼地区(管道沿线的山谷中)。若空气中 $CO_2$ 的体积分数超过 7% ~ 10%，则会直接威胁人类的生命和健康，产生严重后果。2020 年 2 月 22 日，美国 Denbury 公司的 Delhi $CO_2$ 输送管道在密西西比州亚祖县 Satartia 镇附近的一道环焊缝失效，导致管道破裂。Denbury 公司在提交的事故报告中称，此次破裂估计共泄漏了31405 桶 $CO_2$，事故发生后附近 200 人被疏散，45 人被送往医院，无人员死亡，总财产损失近 395 万美元。陆上超临界 $CO_2$ 管道安装中间截断阀，可以减少管道放空及泄漏时的 $CO_2$ 释放量，但海底管道不可安装中间截断阀。在人口密集区域增加管道截断阀数量有利于减少超临界 $CO_2$ 管道泄漏对周围人群的危害，但截断阀数量并非越多越好，截断阀越多，管道建设费用越高，且增加了阀泄漏风险。Weyburn $CO_2$-EOR 输送管道每 32.2km 设置一个阀室，Jackson Dome NJED $CO_2$ 输送管道的阀室间距为 24km。截断阀间距对管道的安全距离有一定影响，欧洲的研究表明：当管道的运行压力为 6MPa 时，5km 截断阀间距，对应的管道安全距离为 150m；当截断阀间距为 30km 时，管道安全距离为 600m。Weyburn $CO_2$-EOR 输送管道发生破裂时的安全距离为 210m。超临界 $CO_2$ 管道泄漏，由于压力降和 $CO_2$ 绝热膨胀将产生焦耳-汤姆孙效应，泄漏部位管道的局部温度可能降至-78.9℃，诱发脆性断裂。超临界 $CO_2$ 的黏度与气体相同，若管道泄漏，较高的 $CO_2$ 蒸气压可防止管道压力突然下降，持续高压还可导致超临界 $CO_2$ 管道塑性裂纹持续发展。因此，通过管线钢的韧性、拉伸强度和壁厚控制管道断裂行为是管道设计的首选，选择厚壁低强度钢比高强度钢的风险小；若无法通过管材的自身性能控制管线钢的开裂行为，可考虑采用裂纹捕集器。

## 2.1.4  管道计算模型

### 2.1.4.1  管道沿线温度分布计算

低温液态 $CO_2$ 沿管道流动中不断从周围介质吸热，使周围土壤温度降低。换热量及沿线的温度分布受很多因素的影响，如 $CO_2$ 的输量、出站温度、环境条件及管道散热条件等。严格地讲，这些因素是随时间变化的，故 $CO_2$ 管道经常处于热力学不稳定状态。工程上将正常运行工况近似为热力、水力稳定状况，在此前提下进行轴向温度分布计算。

通过编写程序计算液态 $CO_2$ 管线运行条件下管道的沿线温度变化，可利用分段计算和迭代求解的方法计算，其程序思路为：第一步，将管道分成若干段；第二步，根据给定的初始参数，包括管道周围土壤的自然温度、$CO_2$ 管道的总传热系数、管径、输量及 $CO_2$ 的比热容等参数，利用列宾宗管道沿线分布公式计算第一管段末端的温度；第三步，根据第一管段末端的温度计算其对应的物性参数，包括液态 $CO_2$ 的密度、黏度、比热容等物性参数；第四步，将计算所得的液体的物性参数作为下一管段的初始参数，再进行温降的计算；第五步，将上述过程不断循环，直至计算出管道末端的温度。

由于低温液态 CO$_2$ 管道长度较小，仅 1.5km，根据 HYSYS 软件模拟计算的结果显示，管内 CO$_2$ 压力变化较小，压差只有 0.015MPa。所以，温降计算的过程中，可忽略压力变化对 CO$_2$ 物性参数的影响。

列宾宗管道沿线分布的形式如下：

$$T_L = (T_0+b) + [T_R - (T_0+b)] \exp(-aL) \tag{2-1}$$

$$a = \frac{K\pi D}{GC_p} \tag{2-2}$$

$$b = \frac{giG}{K\pi D} \tag{2-3}$$

式中　$K$——管道总传热系数，W/(m$^2$·℃)；

$\quad T_L$——沿管线轴向距出站 L 处的温度，℃；

$\quad T_R$——管道的起点温度，℃；

$\quad T_0$——管中心埋深处土壤自然地温，℃；

$\quad G$——CO$_2$ 的质量流量，kg/s；

$\quad D$——管道外直径，m；

$\quad L$——沿管线轴向距出站的距离，m；

$\quad i$——CO$_2$ 的水力坡降；

$\quad C_p$——平均温度下 CO$_2$ 的比热容，J/(kg·℃)。

### 2.1.4.2　管道壁温计算

埋地 CO$_2$ 管道的热传递过程包括三个部分：①液态 CO$_2$ 至管壁的传热；②钢管壁、防腐层、保温层的传热；③管外壁至周围土壤的传热(包括土壤的导热和土壤对大气及地下水的放热)。

在液态 CO$_2$ 管道运行一段时间后，液态 CO$_2$ 管道周围的土壤温度场逐渐趋于稳定，CO$_2$ 管道及其周围的温度场在稳定的传热情况下，其热传递过程中的各部分在同一时间内所传递的热量相等，其热传递关系如式(2-4)所示：

$$K\pi D(T_y - T_0) = \alpha_1 \pi D_1(T_y - T_{b1}) = \frac{2\pi\lambda_i}{\ln D_{i+1}/D_i}[T_{bi} - T_{b(i+1)}] = \alpha_2 \pi D_w[T_{b(i+1)} - T_0]$$

$$\tag{2-4}$$

式中　$T_y$——CO$_2$ 的温度，℃；

$\quad \alpha_1 \text{、} \alpha_2$——放热系数，W/(m$^2$·℃)；

$\quad \lambda_i$——第 $i$ 层的导热系数，W/(m·℃)；

$\quad T_0$——土壤自然温度，℃；

$T_{bi}$、$T_{b(i+1)}$——第 $i$ 层内、外壁处的温度，℃;

$D_i$、$D_{i+1}$——第 $i$ 层的内径和外径，m;

$T_{b1}$——管道内壁的液态 $CO_2$ 的温度，℃;

$D_w$——管道的结构外径，即钢管的外防腐层或保温层所形成的外径，m;

$D$——计算直径，对于保温管道，取保温层内外直径的平均值。

由式(2-4)可得每米管长的传热系数 $K_L$ 与单位管长热阻 $R_L$ 的关系式为:

$$R_L = \frac{1}{K_L} = \frac{1}{K\pi D} = \frac{1}{\alpha_1 \pi D_1} + \sum \frac{\ln(D_{(i+1)}/D_i)}{2\pi\lambda_i} + \frac{1}{\alpha_2 \pi D_w} \qquad (2-5)$$

由此可计算工程上习惯采用的管道总传热系数 $K$。

由于管道内 $CO_2$ 和钢管材料之间的传热是第三类边界条件，而对于第三类边界条件而言，必须知道管壁温度和放热系数 $\alpha_1$，才能求解管道内部的 $CO_2$ 温度，但是根据放热系数的求解公式，放热系数与管壁温度和 $CO_2$ 温度都有关系。所以无论缺少哪一个参数，都无法求得放热系数。因此，对其进行了迭代计算。其具体思路如下:

① 根据上一时步的密度求出当前时步的温度;

② 再假设管内壁温度为 $T_{bi}$，求解管外介质温度场，得到热流密度 $q$;

③ 根据 $T_y$ 和 $T_{bi}$ 求对流放热系数 $\alpha_1$;

④ 根据 $q = \alpha_1 [T_y - T'_{bi}]$，求出 $T'_{bi} = T_y - \dfrac{q}{a_1}$。

将 $T'_{bi}$ 作为假定值，重复①~③，直到 $T_{bi} - T'_{bi} < (1e-3)$ 为止。

（1）液态 $CO_2$ 至管道内壁的放热系数 $\alpha_1$ 的计算

管道所输送的 $CO_2$ 的流动状态和物理性质决定了管道的放热强度。液态 $CO_2$ 为牛顿流体时，可用 $Pr$、$Nu$ 以及 $Gr$ 之间的数学关系式来表示 $\alpha_1$。其中: $Pr$ 为流体物理性质准数，$Nu$ 为放热准数，$Gr$ 为自然对流准数。

下式中脚注"y"表示各参数取自 $CO_2$ 的平均温度，脚注"bi"表示各参数取自管壁的平均温度。

① 在层流情况下，$Re < 2000$，且 $Gr \cdot Pr > 5 \times 10^2$ 时，

$$Nu = 0.17 Re_y^{0.33} Pr_y^{0.43} Gr_y^{0.1} \left(\frac{Pr_y}{Pr_{bi}}\right)^{0.25} \qquad (2-6)$$

其中:

$$Nu = \frac{\alpha_1 D_1}{\lambda_y}; \quad Pr_y = \frac{\nu_y c_y \rho_y}{\lambda_y} = \frac{\mu_y c_y}{\lambda_y}; \quad Gr_y = \frac{d^3 g(T_y - T_{bi})}{\nu_y^2} \qquad (2-7)$$

所以，

$$\alpha_1 = 0.17 \frac{\lambda_y}{D_1} Re_y^{0.33} \, Pr_y^{0.43} Gr_y^{0.1} \left(\frac{Pr_y}{Pr_{bi}}\right)^{0.25} \tag{2-8}$$

式中  $g$——重力加速度，m/s$^2$；

$\lambda_y$——各层相应的导热系数，W/(m·℃)；

$c_y$——CO$_2$ 的比热容，J/(kg·℃)；

$\nu_y$——CO$_2$ 的运动黏度，m$^2$/s；

$\mu_y$——CO$_2$ 的动力黏度，Pa·s；

$\rho_y$——CO$_2$ 的密度，kg/m$^3$；

$d^3$——特征长度，取管内径。

② 在过渡状态下，2000<$Re$<104 时，流态处于过渡状态时，放热现象突然增强，目前还没有较可靠的计算式，式(2-9)仅供参考：

$$Nu_y = K_0 \, Pr_y^{0.43} \left(\frac{Pr_y}{Pr_{bi}}\right)^{0.25} \tag{2-9}$$

即

$$\alpha_1 = K_0 \frac{\lambda_y}{D_1} Pr_y^{0.43} \left(\frac{Pr_y}{Pr_{bi}}\right)^{0.25} \tag{2-10}$$

式中，$K_0$ 是 $Re$ 的函数，其数值见表 2-1。

表 2-1  系数 $K_0$ 和 $Re$ 的关系

| $Re\times10^{-3}$ | 2.2 | 2.3 | 2.5 | 3.0 | 3.5 | 4.0 | 5.0 | 6.0 | 7.0 | 8.0 | 9.0 | 10 |
|---|---|---|---|---|---|---|---|---|---|---|---|---|
| $K_0$ | 1.9 | 3.2 | 4.0 | 6.8 | 9.5 | 11 | 16 | 19 | 24 | 27 | 30 | 33 |
| 拟合关系式 | | | | | | $K_0 = 0.327Re^{0.555} - 21.2$ | | | | | | |

所以，

$$\alpha_1 = \frac{\lambda_y}{D_1}(0.327Re_y^{0.555} - 21.2) Pr_y^{0.43} \left(\frac{Pr_y}{Pr_{bi}}\right)^{0.25} \tag{2-11}$$

③ 在激烈的紊流情况下，$Re$>104，$Pr$<2500 时，

$$\alpha_1 = 0.021Re_y^{0.8} \, Pr_y^{0.44} \left(\frac{Pr_y}{Pr_{bi}}\right)^{0.25} \frac{\lambda_y}{D_1} \tag{2-12}$$

(2) 管道外壁至土壤的放热系数 $\alpha_2$ 的计算

埋地管道的管外壁至土壤的传热是管道放热的主要环节。当管道埋深较浅时，土壤表面对大气的放热也有较大影响。管外壁的放热系数 $\alpha_2$ 是管道散热强度的主要指标。

为了便于计算放热系数 $\alpha_2$，提出以下两点假设：a. 埋地管道的传热过程是

稳定的，土壤对空气的放热系数趋于无穷；b. 埋地管道周围的土壤温度场是稳定的，并且土壤的表面温度不变，始终为 $T_0$。在这两点假设的基础上，把上述传热过程简化为连续作用的半无限大均匀介质中线热源的热传导问题，由源汇法可得 $CO_2$ 管道管壁至土壤的放热系数 $\alpha_2$，其计算公式为：

$$\alpha_2 = \frac{2\lambda_1}{D_w \ln\left[\frac{2h_t}{D_w} + \sqrt{\left(\frac{2h_t}{D_w}\right)^2 - 1}\right]} \tag{2-13}$$

式中　$h_t$——管中心的埋地深度，m；

　　　$\lambda_1$——土壤的导热系数，W/(m·℃)；

　　　$D_w$——与土壤接触的管道外径，m。

当 $\left(\frac{h_t}{D_w}\right) > 2$ 时，可近似为：

$$\alpha_2 = \frac{2\lambda_1}{D_w \ln\frac{4h_t}{D_w}} \tag{2-14}$$

考虑土壤-空气的热阻影响，取

$$\frac{1}{\alpha_2} = \frac{D_w H_{Dt}}{2\lambda_t} + \frac{D_w}{2\lambda_t Bi_2} \tag{2-15}$$

整理后可得：

$$\alpha_2 = \frac{2\lambda_t Bi_2}{D_w(1 + H_{Dt} Bi_2)} \tag{2-16}$$

$$Bi_2 = \frac{\alpha_{ta} y_0}{\lambda_t}; \quad y_0 = \sqrt{h_t^2 - (D_w/2)^2} \tag{2-17}$$

$$H_{Dt} = \ln\left[\frac{2h_t}{D_w} + \sqrt{\left(\frac{2h_t}{D_w}\right)^2 - 1}\right] \tag{2-18}$$

$$\alpha_{ta} = \alpha_{tac} + \alpha_{taR}; \quad \alpha_{tac} = 11.6 + 7.0\sqrt{v_a} \tag{2-19}$$

式中　$v_a$——地表的风速，m/s；

　　　$\alpha_{tac}$——土壤至大地表面处空气的对流放热系数，W/(m²·℃)；

　　　$\alpha_{taR}$——土壤表面至大气的辐射放热系数，2~5W/(m²·℃)；

　　　$\alpha_{ta}$——土壤至大地表面处空气的放热系数，W/(m²·℃)。

对长期运行的液态 $CO_2$ 管道，计算总传热系数时，可按式(2-20)计算土壤的导热系数 $\lambda_t$：

$$\lambda_t = \frac{1}{2}(\lambda_1 + \lambda_2) \tag{2-20}$$

式中　$\lambda_1$——土壤湿度为原始湿度 1/2 时，管壁温度下的土壤导热系数；

$\qquad\lambda_2$——原始湿度及自然地温下的土壤导热系数。

　　管道至土壤的放热系数 $\alpha_2$ 是埋地不保温管道的总传热系数 $K$ 的主要决定因素。但土壤的放热系数 $\alpha_2$ 受很多因素影响，例如土壤的含水量、温度场、大气变化等，因此很难得到准确的计算结果，一般常采用反算法计算已正常运行的液态 $CO_2$ 管道的总传热系数 $K$。

　　由 $K\pi D(T_y-T_0)=\alpha_1\pi D_1(T_y-T_{b1})$ 整理可得：

$$T_{b1}=T_y-\frac{K\pi D(T_y-T_0)}{\alpha_1\pi D_1} \tag{2-21}$$

由此可根据管道某一截面处的管中心 $CO_2$ 温度计算该截面管壁处的温度。

### 2.1.4.3　管壁处温度梯度的计算

　　在液态 $CO_2$ 管道运行时，可以运用热平衡原理计算微元管段上（被划分的小管段上）管壁处的径向温度梯度。假设管道管壁与管道所输送的液态 $CO_2$ 之间的换热方式为热传导方式，则

$$\pi d\lambda\,\mathrm{d}l\,\frac{\mathrm{d}t}{\mathrm{d}r}=Gc\,\frac{\mathrm{d}t}{\mathrm{d}l}\mathrm{d}l \tag{2-22}$$

整理可得：

$$\frac{\mathrm{d}t}{\mathrm{d}r}=\frac{Gc}{\lambda\pi d}\,\frac{\mathrm{d}t}{\mathrm{d}l} \tag{2-23}$$

式中　$d$——管道的内径，m；

$\qquad\dfrac{\mathrm{d}t}{\mathrm{d}r}$——管道管壁处的温度梯度，℃/m；

$\qquad G$——管道所输送 $CO_2$ 的质量流量，kg/s；

$\qquad\dfrac{\mathrm{d}t}{\mathrm{d}l}$——管道轴向温度梯度，℃/m；

$\qquad\lambda$——管道所输送 $CO_2$ 的导热系数，W/(m·℃)；

$\qquad c$——管道所输送 $CO_2$ 的比热容，J/(kg·℃)。

### 2.1.4.4　管外土壤传热模型

　　对于埋地液态 $CO_2$ 管道，其外部传热实际上是热量在管壁、防腐层、保温层以及半无限大土壤介质中的传递过程，其中管壁的热阻与保温层热阻相比很小，可以忽略；在防腐层及保温层中的热传导方程比较简单，这是因为这两种介质比较单一，物性系数容易确定，可以直接根据热微分方程求解。但是埋地管道的外部能量在土壤中的传热是非常复杂的，这不仅是因为土壤的热物性参数随着土壤的种类、空隙度、湿度和温度的不同而变化，而且外界的大气环境也影响土壤的

性质，一方面大气温度的变化会在土壤中形成一个自然温度场，另一方面地表与大气之间也存在辐射及对流等形式的热交换。

为了研究方便，我们沿用国内一些研究者的思想，引入管道热力影响范围的概念。管道热力影响范围，即认为在管道附近的区域内，土壤温度场受到管内热力变化的影响，而在此区域之外，这种影响可以忽略。这样就把半无限大空间转化为矩形和环形区域，从而既方便了求解，又克服了双极坐标保角变换的缺点。在这里将半无限大空间转换为环形区域。

土壤是一种多相分散体系，其中的物质可处于固相、液相和气相状态。因此，该体系中的传热是传导、对流、辐射和传质共同作用的复杂过程。为了简化管道与周围环境之间的热力过程，把土壤看作某种假均一物质，采用当量热传导的方式，即认为在土壤分散介质中的传热主要通过热传导实现，而水分和质量交换的影响则在计算材料的有效导热系数时加以考虑。由于对同一管道截面来说，这是关于通过管中心垂直线的对称问题，所以只取一半进行研究即可，并建立如图2-1所示的坐标系，认为管道的热影响半径为$r_h$，这样就可得到土壤的当量热传导模型：

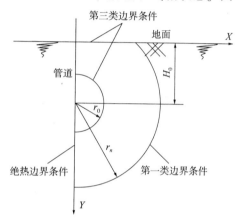

图 2-1 埋地 CO₂ 管道横截面的一半示意

$$\frac{\partial T}{\partial \tau}=\frac{1}{\rho_t C_t}\left[\frac{\partial}{\partial x}\left(\lambda_t \frac{\partial T}{\partial x}\right)+\frac{\partial}{\partial y}\left(\lambda_t \frac{\partial T}{\partial y}\right)\right] \tag{2-24}$$

而防腐层和保温层的热传导模型分别为：

$$\frac{\partial T}{\partial \tau}=\frac{1}{\rho_f C_f}\left[\frac{\partial}{\partial x}\left(\lambda_f \frac{\partial T}{\partial x}\right)+\frac{\partial}{\partial y}\left(\lambda_f \frac{\partial T}{\partial y}\right)\right] \tag{2-25}$$

$$\frac{\partial T}{\partial \tau}=\frac{1}{\rho_b C_b}\left[\frac{\partial}{\partial x}\left(\lambda_b \frac{\partial T}{\partial x}\right)+\frac{\partial}{\partial y}\left(\lambda_b \frac{\partial T}{\partial y}\right)\right] \tag{2-26}$$

相应的边界条件为：

土壤热影响区和外界土壤的热边界条件：$r=r_h$；

$$T(y,\tau_1)=T_A+(T_{Amax}-T_A)\phi e^{-y\sqrt{\frac{\pi}{a\tau_0}}}\cos\left(\frac{2\pi\tau_1}{\tau_0}-y\sqrt{\frac{\pi}{a\tau_0}}-\psi\right) \tag{2-27}$$

其中：

$$\phi=\left[1+2\frac{\lambda_t}{a_2}\sqrt{\frac{\pi}{a\tau_0}}+2\left(\frac{\lambda_t}{a_2}\sqrt{\frac{\pi}{a\tau_0}}\right)^2\right]^{-0.5} \tag{2-28}$$

$$\psi = \mathrm{tg}^{-1}\left[ 1 \Big/ \left( 1 + \frac{a_2}{\lambda_t}\sqrt{\frac{a\tau_0}{\pi}} \right) \right] \tag{2-29}$$

土壤与大气之间的边界条件：

$$y = 0;\ -\lambda_t \frac{\partial T}{\partial y} = a_2(T_F - T_a) \tag{2-30}$$

液态 CO$_2$ 与管壁间的边界条件：

当 $r = r_0$ 时，

$$-\lambda_y\left(\frac{\partial T}{\partial r}\right)_R = a_1(T_y - T_W) \tag{2-31}$$

各个固体层之间的边界条件为：

$$r = r_i,\quad T_i/_{r_i^-} = T_{i+1}/_{r=r_i^+},\quad \lambda_i \frac{\partial T_i}{\partial r}/_{r=r_i^-} = \lambda_{i+1}\frac{\partial T_{i+1}}{\partial r}/_{r=r_i^+} \tag{2-32}$$

$$a_2 = 11.6 + 7.0W_a^{0.5} \tag{2-33}$$

式中　　$T_F$——地表温度，℃；

　　　$a$——土壤的导温系数，m$^2$/s；

　$\lambda_t$、$\lambda_y$——土壤、CO$_2$ 的导热系数，W/(m·℃)；

　$\lambda_b$、$\lambda_f$——保温层和防腐层的导热系数，W/(m·℃)；

　　　$\tau_1$——从大气温度出现最大值到选择的日期之间的时间；

　　　$\tau_0$——大气温度年波动周期，取 31560000s；

　　　$a_2$——地表与大气的综合放热系数，W/(m$^2$·℃)；

　　　$W_a$——风速，m/s；

　　　$T_A$——年平均气温，℃；

　$T_{Amax}$——年最高气温，℃。

### 2.1.4.5　有限元法求解管外土壤温度场

管外土壤温度场采用有限元法进行求解。有限元法把计算区域划分成一系列单元(二维情况下，单元体多为三角形或四边形)，对单元变分后再对整个求解区域进行总体合成，从而充分考虑了不同单元对节点参数的不同贡献。

在求解过程中，要分以下几步进行：

(1) 温度场有限元法计算的基本方程

首先求出温度场有限元法计算的基本方程。这一基本方程既可从泛函变分求得，也可从微分方程出发用加权余量法求得。在加权余量法中 Galerkin 法得到更广泛的应用。下面是用 Galerkin 法推导的有限元法的基本方程。

试取试探函数 $\tilde{T}(x, y, t) = \tilde{T}(x, y, t, T_1, T_2, \cdots, T_n)$，将其代入平面稳

态温度场的微分方程，并根据 Galerkin 法对加权函数的定义，记加权函数 $W_l = \dfrac{\partial \widetilde{T}}{\partial T_l}(l=1, 2, \cdots, n)$，由于二维温度场的复杂性，使得试探函数不能很好地满足边界条件，所以引用了数学中的格林公式来解决这一困难。最后得出平面无内热源稳态温度场有限元法计算的基本方程为：

$$\frac{\partial J^D}{\partial T_l} = \iint_D \left[ k\left( \frac{\partial W_l}{\partial x} \frac{\partial T}{\partial x} + \frac{\partial W_l}{\partial y} \frac{\partial T}{\partial y} \right) + \rho c_p W_l \frac{\partial T}{\partial t} \right] dxdy - \oint_\Gamma k W_l \frac{\partial T}{\partial n} ds$$
$$= 0(l = 1, 2, \cdots, n)$$

$$(2-34)$$

分别将边界条件代入式(2-33)，可得到第一类边界条件和第三类边界条件的基本方程，其中第一类边界条件和绝热边界条件的基本方程同上，第三类边界条件的基本方程为：

$$\frac{\partial J^D}{\partial T_l} = \iint_D \left[ k\left( \frac{\partial W_l}{\partial x} \frac{\partial T}{\partial x} + \frac{\partial W_l}{\partial y} \frac{\partial T}{\partial y} \right) + \rho c_p W_l \frac{\partial T}{\partial t} \right] dxdy + \oint_\Gamma \alpha W_l (T - T_f) ds$$
$$= 0(l = 1, 2, \cdots, n)$$

$$(2-35)$$

（2）单元剖分

为了克服整体区域变分求解中遇到的困难，有限元法也采用网格剖分技术，使变分计算在每一个局部的网格单元中进行，最后再合成为整体的线性代数方程组求解。为了便于求解，我们将以管中心为圆心、以热影响为半径(其中的热影响半径需反复试算得到)的圆弧与地平线围成的区域作为问题的求解区域。该圆弧构成问题的第一类边界条件，认为在该边界上，土壤温度不受管道的影响，其温度等于土壤的原始自然地温。另外，地平线构成问题的第三类边界条件。由于管道成轴对称，且对其的一半进行研究，所以其中心边界为绝热边界条件。

有限元法中的网格划分形式众多，有简单三角形单元、三角形六节点等参单元、四边形等参单元等。为了求解方便，采用最为简单也最为实用的三角形单元。首先，以管道中心为圆心、具有不同半径的圆弧将整个求解区域划分为若干圆环层块；其次，将每条圆弧线划分成若干圆弧段，得到若干个节点，将节点按一定的规则用直线相连，即得到整个区域的有限单元格；最后，按一定规则将节点和单元编号。

为了编制单元信息的方便，将管壁、防腐层、保温层各设为一层。土壤中层块、节点及单元的个数及各层块的宽度取决于热影响半径的大小及管道的埋深。层块、节点及单元的个数及层块之间的距离取决于热影响半径的大小及管道的埋深，圆心设为第一个节点，在紧靠圆心的一层上设有 4 个节点，第二层为 8 个节点，从第三层时设为 16 个节点，一直到超过管道埋深的层块部分。当划分层块的半径超过管道埋深的部分时，每增加一层块，就会减少一个节点。

为了使网格的划分具有适用性，我们在管道的截面上做了统一的划分，即利用 Autogrid 程序将某一截面的半圆形区域划分为三角形单元，其中第一类边界单元 10 个，第三类边界单元 11 个。单元编号时，分别用 ii、jj、mm 代表三角形的 3 个顶点。

通过编写计算机程序对求解区域进行自动剖分、生成网格；生成的网格如图 2-2 所示。自动剖分时首先将区域分"层"处理，进而在"层"中划分单元，即规格化处理。具体做法为：用以管道横截面中心为圆心的不同半径的圆弧将求解区域划分为若干圆环层块，然后用节点分各层圆弧，最后按一定的规则连接节点，即得到计算区域的有限元网格。

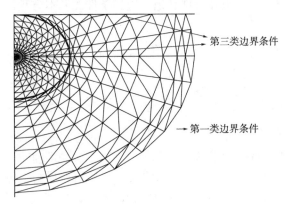

第三类边界条件

第一类边界条件

图 2-2　计算区域的三角网格划分

（3）温度场的离散及总体合成

① 温度场的离散

在有限元法的求解中，是将划分形成的单元格中的任意一点 $(x, y)$ 的温度 $T$ 分散到单元的 3 个节点上去，即用 $T_i$，$T_j$ 和 $T_m$ 3 个温度值来表示单元中的温度场 $T$：

$$T = f(T_i, \ T_j, \ T_m) \tag{2-36}$$

这种处理方式称为温度场的离散。最终通过温度插值函数及变分计算求出各个单元的计算公式。

② 有限元法的总体合成

有限元法计算的最终结果是求出特定区域内的温度分布，而要最终计算出结果，需要对求解区域的全部单元进行总体合成，总体合成计算的基础如下：

$$\frac{\partial J^D}{\partial T_l} = \sum_{e=1}^{E} \frac{\partial J^e}{\partial T_l} = 0 (l = 1, \ 2, \ \cdots, \ n) \tag{2-37}$$

最终的目的需要得到如下形式的总体有限元方程式：

$$\left( \left[ \boldsymbol{K} \right] + \frac{[\boldsymbol{N}]}{\Delta t} \right) \{ \boldsymbol{T} \}_t = \{ \boldsymbol{P} \}_t + \frac{[\boldsymbol{N}]}{\Delta t} \{ \boldsymbol{T} \}_{t-\Delta t} \qquad (2-38)$$

式中  $[\boldsymbol{K}]$——温度刚度矩阵;

$[\boldsymbol{N}]$——非稳态变温矩阵;

$\{\boldsymbol{T}\}_t$——$t$ 时刻的温度场;

$\{\boldsymbol{T}\}_{t-\Delta t}$——初始温度场或前一时刻的温度场;

$\{\boldsymbol{P}\}$——等式右端项组成的列向量。

总体合成的主要工作是构造温度刚度矩阵$[\boldsymbol{K}]$和非稳态变温矩阵$[\boldsymbol{N}]$,二者的合成规律相同,将其总结如下:a. 不在同一个单元中的节点相互之间没有贡献;b. 节点方程的主对角元素或方程右端项,由包含该节点的所有单元中相应的主对角元素或常数项之和所构成;c. 节点方程的非主对角元素由包含此节点的有关单元的相应非对角元素之和所构成。

## 2.1.5 管道设计参数

### 2.1.5.1 土壤物性参数的选取

(1) 导热系数

土壤的导热系数取决于土壤的种类及土壤的孔隙度、温度、含水量等,其中含水量的影响最大。此外,降雨、下雪及土壤温度的昼夜及季节的波动等气象因素也会影响土壤热物性。敷设管道时,回填土的特性不同于自然条件下土壤的特性。管道沿线不同地区土壤种类、性质不尽相同,同一管段在不同季节,土壤的导热系数也不同,因此很难通过计算得出较准确的土壤导热系数。实际上,土壤的导热系数是一种统计特性,因此,综合实验资料进行统计处理是有效的、合理的。

根据现场提供的资料,液态 CO₂ 管道周围土壤多黄土状土,以粉土为主,局部含少量粉质黏土,黄褐色,稍湿,松散-稍密,系风积形成,含小孔隙及虫孔,土质均匀,无光泽反应,摇振反应迅速,干强度低,韧性低,其土壤物性参数如表 2-2 所示。

表 2-2 土壤物性参数

| 土壤导热系数/[W/(m·℃)] | 土壤比热容/[J/(kg·℃)] | 土壤密度/(kg/m³) |
| --- | --- | --- |
| 1.5 | 1400 | 1700 |

(2) 导温系数

土壤的密度、比热容与土壤的种类及含水量有关,导温系数也是土壤种类、含水量的函数。

土壤的导温系数可通过式(2-39)计算得到:

$$a_t = \frac{\lambda_t}{\rho_t \cdot C_t} \qquad (2\text{-}39)$$

式中　$\lambda_t$——管道周围的土壤导热系数，$W/(m\cdot℃)$；

　　　$\rho_t$——管道周围土壤的密度，$kg/m^3$；

　　　$C_t$——管道周围土壤的比热容，$J/(kg\cdot℃)$。

### 2.1.5.2　气象参数的选取

该低温液态 $CO_2$ 管道所在地区属半干旱内陆性季风气候，四季变化较大，冬季主要受西伯利亚冷气团影响，严寒而少雪。春季因冷气团交替频繁出现，气温日差较大，寒潮霜冻不时发生，并多有大风，间以沙暴。夏季暑热，雨量增多，多以暴雨出现，同时常有夏旱和伏旱。秋季多雨，降温快，早霜冻频繁。管道沿线气候有所不同，为了方便计算，综合各种因素，可得基本计算资料如下：

① 一年中日平均最高气温：22.9℃；

② 年平均气温：8.8℃；

③ 风速：3.2m/s。

### 2.1.5.3　土壤自然温度的计算

管道埋深处的土壤温度是影响管道散热的主要因素。在列宾宗温降公式中，地温都是以一个量 $T_0$ 表示。实际上，由于土壤与大气间的热交换，土壤自然温度不断随时间变化。另外，在不同深度处，土壤的温度也不相同。

昼夜气温变化对地温的影响范围一般小于0.5m，更深处的土壤温度只受旬、月气温变动的影响，并且地温的变化落后于气温。一般情况下，长输管道的埋深都超过1m，因此，稳定运行的管道温降计算一般不必考虑地温的昼夜差异。但是，当发生连续数天的急剧温降时，由于表层土壤的蓄热急剧改变，也会使管道的热损失增大。

不同季节，地温变化会对管道运行产生显著的影响。当资料不足时，土壤自然温度可按照理论公式推算。

考虑地表面温度的年周期性变化，采用传热学中表面温度对时间周期性变化的半无限大物体非稳态热传导的分析结果，土壤温度随深度及时间的变化可按照地表温度推算，如式(2-40)所示：

$$t_0(y,\tau) = t_{sm} + (t_{smax} - t_{sm})\cdot \exp\left(-\sqrt{\frac{\pi}{a\cdot\tau_0}}\cdot y\right)\cdot\cos\left(2\pi\frac{\tau}{\tau_0} - \sqrt{\frac{\pi}{a\cdot\tau_0}}\cdot y\right)$$

$$(2\text{-}40)$$

式中　$t_0(y,\tau)$——$\tau$ 时间 $y$ 深度处的土壤温度，℃；

　　　$t_{sm}$——地表面的年平均温度，℃；

$t_{smax}$——一年中的最高地表温度,℃;

$\tau$——距离地表温度为 $t_{smax}$ 时开始计算的时间,s;

$\tau_0$——地温的波动周期,s;

$y$——土壤深度,m;

$a$——土壤的导温系数,m²/s。

当缺乏地表面温度资料时,还可采用传热学中周围流体温度随时间周期性变化的半无限大物体非稳态热传导的分析结果,根据气温推算土壤温度随深度及时间的变化。将大地变温带土壤自然温度场计算简化为第三类边界条件下的半无限大物体一维周期性导热问题。某一深度处任意时间的温度计算公式如式(2-41)所示:

$$t_0(y,\ \tau)=t_{am}+(t_{amax}-t_{am})\cdot\phi\cdot\exp\left(-\sqrt{\frac{\pi}{a\cdot\tau_0}}\cdot y\right)\cdot\cos\left(\frac{2\pi\tau}{\tau_0}-\sqrt{\frac{\pi}{a\cdot\tau_0}}\cdot y-\varPsi\right)$$

$$(2-41)$$

$$\phi=\left[1+2\frac{\lambda_t}{\alpha_2}\cdot\sqrt{\frac{\pi}{a\cdot\tau_0}}+2\left(\frac{\lambda_t}{\alpha_2}\sqrt{\frac{\pi}{a\cdot\tau_0}}\right)^2\right]^{-0.5}\qquad(2-42)$$

其中:

$$\varPsi=\mathrm{tg}^{-1}\left(\frac{1}{1+\dfrac{\alpha_2}{\lambda_t}\sqrt{\dfrac{a\tau_0}{\pi}}}\right)\qquad(2-43)$$

式中  $t_0(y,\ \tau)$ ——$\tau$ 时间 $y$ 深度处的土壤温度,℃;

$t_{am}$——大气年平均温度,℃;

$t_{amax}$——一年中的日平均最高气温,℃;

$\tau$——从日平均最高气温日开始计算的时间,s;

$\tau_0$——地温的波动周期,s;

$y$——土壤深度,m;

$\lambda_t$——管道周围的土壤导热系数,W/(m·℃);

$\alpha_2$——地表与大气的对流换热系数,W/(m²·℃)。其中:$\alpha_2=11.6+7.0W_a^{0.5}$,$W_a$ 为风速,m/s。

上式中的 $\phi$ 实际上是地表面温度波幅相对于大气温度波幅的减小系数,而 $\varPsi$ 是地面温度变化比大气温度变化落后的相位角。

显然,式(2-40)中有些参数不易准确选取,这将影响计算结果的准确性。土壤深度越小,地温计算的误差越大。随着土壤深度的增加,气温变化对土壤温度的影响越来越小,达到一定深度后,气温对土壤温度的影响可忽略不计,即这一深度的地温可认为终年不变,有文献将此深度称为"恒温层"。不同地区、不同漆黑条件的土壤恒温层深度不同，必须结合具体的条件进行分析。

大气日平均最高温度出现在夏季，取日期为 7 月 20 日。调研及研究分析得出的一系列参数，如大气年平均温度、大气年最高温度、管道埋深、土壤的导温系数及地表与大气的换热系数等数据。经过计算，管道埋深 1.5m 及 2m 处的土壤自然温度如表 2-3 所示。

表 2-3 管道埋深变化时土壤自然温度随时间的变化规律

| 日期 | 管道埋深 | | 日期 | 管道埋深 | |
|---|---|---|---|---|---|
| | $H_0 = 1.5m$ 处土壤自然温度/℃ | $H_0 = 2m$ 处土壤自然温度/℃ | | $H_0 = 1.5m$ 处土壤自然温度/℃ | $H_0 = 2m$ 处土壤自然温度/℃ |
| 7 月 20 日 | 16.73 | 15.413 | 1 月 20 日 | 0.924 | 2.232 |
| 8 月 5 日 | 16.726 | 15.41 | 2 月 5 日 | 0.834 | 2.157 |
| 8 月 20 日 | 16.198 | 14.969 | 2 月 20 日 | 1.272 | 2.522 |
| 9 月 5 日 | 15.18 | 14.12 | 3 月 5 日 | 2.208 | 3.303 |
| 9 月 20 日 | 13.74 | 12.919 | 3 月 20 日 | 3.58 | 4.447 |
| 10 月 5 日 | 11.97 | 11.445 | 4 月 5 日 | 5.298 | 5.88 |
| 10 月 20 日 | 9.99 | 9.796 | 4 月 20 日 | 7.248 | 7.506 |
| 11 月 5 日 | 7.938 | 8.081 | 5 月 5 日 | 9.3 | 9.217 |
| 11 月 20 日 | 5.938 | 6.414 | 5 月 20 日 | 11.32 | 10.901 |
| 12 月 5 日 | 4.128 | 4.904 | 6 月 5 日 | 13.172 | 12.446 |
| 12 月 20 日 | 2.628 | 3.653 | 6 月 20 日 | 14.735 | 13.75 |
| 1 月 5 日 | 1.535 | 2.742 | 7 月 5 日 | 15.905 | 14.726 |

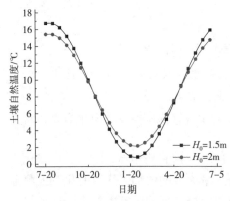

图 2-3 管道埋深变化时土壤自然温度随时间的变化曲线

管道埋深变化时会引起土壤自然温度的改变，根据表 2-3 中的数据作图，不同管道埋深处土壤自然温度随时间的变化曲线如图 2-3 所示。

由图 2-3 可以看出，土壤自然温度不断随时间变化，最高温度出现在夏季，冬季土壤自然温度最低；在不同深度，土壤温度也不同：夏季，深度为 1.5m 处的土壤自然温度大于深度为 2m 处的土壤自然温度；而冬季，深度为 1.5m 处的土壤自然温度小于深度为 2m 处的土壤自然温度。

#### 2.1.5.4 管道尺寸及基本参数的选取

管道全长 1.5km，管径尺寸为 $\phi48mm\times6mm$，管道中心设计埋深为 1.5m，防腐层厚度为 $300\mu m$，保温层厚度为 40mm。管道、防腐层及保温层的基本物性参数如表 2-4 所示。

表 2-4　管道、防腐层及保温层的基本物性参数

| 材料 | 物性 | | |
|---|---|---|---|
| | 导热系数/[W/(m·℃)] | 比热容/[J/(kg·℃)] | 密度/(kg/m³) |
| 钢管 | 49.8 | 465 | 7850 |
| 保温层 | 0.022 | 1680 | 38 |
| 防腐层 | 1.61 | 1420 | 1400 |

## 2.2　低温液态 CO₂ 管输沿线温度分布

### 2.2.1　季节变化对 CO₂ 沿线温度分布的影响规律

埋深 1.5m 处的土壤自然温度最大值(夏季 7 月 20 日)为 16.7℃，最小值(冬季 2 月 5 日)为 0.8℃。

以 CO₂ 流量为 15t/d，管道起点温度-17℃为定量参数，通过编程计算管道埋深 1.5m 处夏季最高土壤自然温度为 16.7℃ 与冬季最低土壤自然温度为 0.8℃ 两种条件下的低温液态 CO₂ 管道沿线温度分布的数据，见表 2-5。

表 2-5　季节变化时 CO₂ 管道沿线温度分布

| 距离/m | 温度/℃ | | 距离/m | 温度/℃ | |
|---|---|---|---|---|---|
| | 冬季 | 夏季 | | 冬季 | 夏季 |
| 0 | -17 | -17 | 825 | -12.715 | -9.34688 |
| 75 | -16.5618 | -16.2177 | 900 | -12.3789 | -8.74648 |
| 150 | -16.1341 | -15.4539 | 975 | -12.0508 | -8.16038 |
| 225 | -15.7166 | -14.7083 | 1050 | -11.7306 | -7.58826 |
| 300 | -15.3089 | -13.9803 | 1125 | -11.418 | -7.02979 |
| 375 | -14.911 | -13.2697 | 1200 | -11.1129 | -6.48464 |
| 450 | -14.5226 | -12.5759 | 1275 | -10.815 | -5.95249 |
| 525 | -14.1434 | -11.8986 | 1350 | -10.5243 | -5.43305 |
| 600 | -13.7733 | -11.2374 | 1425 | -10.2405 | -4.92601 |
| 675 | -13.412 | -10.592 | 1500 | -9.96344 | -4.43108 |
| 750 | -13.0593 | -9.96194 | | | |

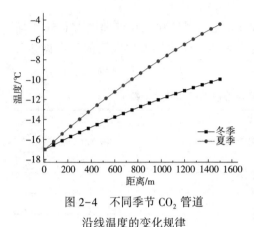

图 2-4 不同季节 CO₂ 管道
沿线温度的变化规律

根据表 2-5 中的数据作图。季节变化引起土壤自然温度变化时，$CO_2$ 管道沿线温度的变化曲线如图 2-4 所示。

不同的季节，管线周围土壤温度均高于管内液态 $CO_2$ 的温度，管内低温液态 $CO_2$ 流动过程中从土壤吸收热量使得温度不断升高。由于夏季的土壤自然温度较高，与管内输送的低温液态 $CO_2$ 的温度差值较大。因此，夏季管输低温液态 $CO_2$ 与土壤之间的传热量较大，相同距离下，夏季沿线温度上升幅度大。而冬季土壤温度相对较低，与管内输送的低温液态 $CO_2$ 的温度差值较小，管内液态 $CO_2$ 的温升幅度减小。

## 2.2.2 流量变化对 CO₂ 沿线温度分布的影响规律

以 $CO_2$ 管道起点温度 $-17℃$，管道埋深 $1.5m$ 处夏季最高土壤自然温度 $16.7℃$，冬季最低土壤自然温度 $0.8℃$ 为基本参数，通过编程计算流量为 15t/d 及 18t/d 两种条件下的管道沿线温度分布的数据，如表 2-6 所示。

表 2-6 不同季节流量变化时 CO₂ 管道沿线温度分布

| 距离/m | 温度/℃ | | | |
| --- | --- | --- | --- | --- |
| | 冬季 | | 夏季 | |
| | $G=15t/d$ | $G=18t/d$ | $G=15t/d$ | $G=18t/d$ |
| 0 | −17 | −17 | −17 | −17 |
| 75 | −16.5618 | −16.6307 | −16.2177 | −16.3408 |
| 150 | −16.1341 | −16.2689 | −15.4539 | −15.6948 |
| 225 | −15.7166 | −15.9142 | −14.7083 | −15.0617 |
| 300 | −15.3089 | −15.5667 | −13.9803 | −14.4413 |
| 375 | −14.911 | −15.2262 | −13.2697 | −13.8333 |
| 450 | −14.5226 | −14.8925 | −12.5759 | −13.2374 |
| 525 | −14.1434 | −14.5655 | −11.8986 | −12.6535 |
| 600 | −13.7733 | −14.245 | −11.2374 | −12.0812 |
| 675 | −13.412 | −13.931 | −10.592 | −11.5204 |

续表

| 距离/m | 温度/℃ | | | |
| --- | --- | --- | --- | --- |
| | 冬季 | | 夏季 | |
| | $G=15t/d$ | $G=18t/d$ | $G=15t/d$ | $G=18t/d$ |
| 750 | −13.0593 | −13.6233 | −9.96194 | −10.9709 |
| 825 | −12.715 | −13.3217 | −9.34688 | −10.4324 |
| 900 | −12.3789 | −13.0262 | −8.74648 | −9.90464 |
| 975 | −12.0508 | −12.7367 | −8.16038 | −9.38751 |
| 1050 | −11.7306 | −12.453 | −7.58826 | −8.88075 |
| 1125 | −11.418 | −12.1749 | −7.02979 | −8.38417 |
| 1200 | −11.1129 | −11.9025 | −6.48464 | −7.89756 |
| 1275 | −10.815 | −11.6355 | −5.95249 | −7.42073 |
| 1350 | −10.5243 | −11.3739 | −5.43305 | −6.95347 |
| 1425 | −10.2405 | −11.1176 | −4.92601 | −6.49561 |
| 1500 | −9.96344 | −10.8664 | −4.43108 | −6.04695 |

根据表 2-6 的数据作图。低温液态 $CO_2$ 流量变化时，沿线温度的变化曲线如图 2-5 所示。

由图 2-5 可知：不论冬季还是夏季，管道正常运行时低温液态 $CO_2$ 沿线温升随着流量的增加而减小。这是因为管道内 $CO_2$ 流量增大时，同一距离上的单位质量液态 $CO_2$ 的吸热量减小，从而使温度上升较慢。

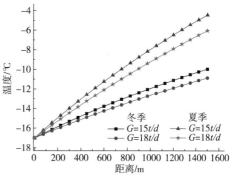

图 2-5 流量对 CO₂ 管道沿线温度分布的影响规律

### 2.2.3 管道埋深对 CO₂ 沿线温度分布的影响规律

根据现场提供的数据及前人提供的资料计算出土壤深度为 2m 时，土壤自然温度的最大值为 15.4℃，而最小值为 2.2℃。以 $CO_2$ 流量 15t/d、管道起点温度 −17℃ 为基本参数，通过编程计算管道埋深 1.5m 处夏季最高土壤自然温度 16.7℃、冬季最低土壤自然温度 0.8℃ 及管道埋深 2m 处夏季最高土壤自然温度 15.4℃、冬季最低土壤自然温度 2.2℃ 两种条件下的管道沿线温度分布的数据，如表 2-7 所示。

表 2-7　管道埋深变化时 $CO_2$ 管道沿线温度分布

| 距离/m | 温度/℃ | | | |
|---|---|---|---|---|
| | 冬季 | | 夏季 | |
| | $H=1.5m$ | $H=2m$ | $H=1.5m$ | $H=2m$ |
| 0 | −17 | −17 | −17 | −17 |
| 75 | −16.5618 | −16.5311 | −16.2177 | −16.2498 |
| 150 | −16.1341 | −16.0733 | −15.4539 | −15.5174 |
| 225 | −15.7166 | −15.6263 | −14.7083 | −14.8023 |
| 300 | −15.3089 | −15.19 | −13.9803 | −14.1041 |
| 375 | −14.911 | −14.764 | −13.2697 | −13.4225 |
| 450 | −14.5226 | −14.3482 | −12.5759 | −12.757 |
| 525 | −14.1434 | −13.9422 | −11.8986 | −12.1072 |
| 600 | −13.7733 | −13.5458 | −11.2374 | −11.4729 |
| 675 | −13.412 | −13.1589 | −10.592 | −10.8537 |
| 750 | −13.0593 | −12.7811 | −9.96194 | −10.2491 |
| 825 | −12.715 | −12.4124 | −9.34688 | −9.65888 |
| 900 | −12.3789 | −12.0524 | −8.74648 | −9.08269 |
| 975 | −12.0508 | −11.7009 | −8.16038 | −8.52019 |
| 1050 | −11.7306 | −11.3578 | −7.58826 | −7.97106 |
| 1125 | −11.418 | −11.0229 | −7.02979 | −7.43499 |
| 1200 | −11.1129 | −10.696 | −6.48464 | −6.91166 |
| 1275 | −10.815 | −10.3768 | −5.95249 | −6.40078 |
| 1350 | −10.5243 | −10.0652 | −5.43305 | −5.90206 |
| 1425 | −10.2405 | −9.76106 | −4.92601 | −5.41521 |
| 1500 | −9.96344 | −9.46414 | −4.43108 | −4.93995 |

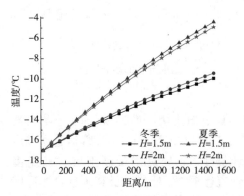

图 2-6　管道埋深变化对 $CO_2$ 管道沿线
温度分布的影响规律

根据表 2-7 的数据作图。埋地深度变化时，低温液态 $CO_2$ 管道沿线温度的变化曲线如图 2-6 所示。

由图 2-6 可知：土壤深度增大时，土壤自然温度的最大值（夏季）减小，最小值（冬季）增大，因此土壤自然温度随季节的变化减小。

夏季，埋深 1.5m 处的最高土壤自然温度高于 2m 处的最高土壤自然温度，与管道内低温液态 $CO_2$ 温度的差值较大，因此管道埋深为 1.5m 时管内低温

液态 $CO_2$ 温升幅度较大；而冬季埋深 1.5m 处的最小土壤自然温度低于 2m 处的土壤自然温度的最小值，与管道内低温液态 $CO_2$ 温度的差值较小，因此管道埋深为 1.5m 时管内低温液态 $CO_2$ 的温升幅度较小。

## 2.2.4 管道起点温度变化对 $CO_2$ 沿线温度分布的影响规律

以 $CO_2$ 流量 15t/d，管道埋深 1.5m 处夏季土壤自然温度最大值为 16.7℃、冬季最低土壤自然温度 0.8℃ 为基本参数，通过编程计算管道起点温度分别为 -17℃、-20℃ 时的管道沿线温度分布数据，如表 2-8 所示。

表 2-8 管道起点温度变化时 $CO_2$ 管道沿线温度分布

| 距离/m | 温度/℃ | | | |
| --- | --- | --- | --- | --- |
| | 冬季 | | 夏季 | |
| | $T_c = -17℃$ | $T_c = -20℃$ | $T_c = -17℃$ | $T_c = -20℃$ |
| 0 | -17 | -20 | -17 | -20 |
| 75 | -16.5618 | -19.4906 | -16.2177 | -19.1467 |
| 150 | -16.1341 | -18.9932 | -15.4539 | -18.3135 |
| 225 | -15.7166 | -18.5077 | -14.7083 | -17.5001 |
| 300 | -15.3089 | -18.0337 | -13.9803 | -16.7059 |
| 375 | -14.911 | -17.5709 | -13.2697 | -15.9306 |
| 450 | -14.5226 | -17.1192 | -12.5759 | -15.1736 |
| 525 | -14.1434 | -16.6782 | -11.8986 | -14.4346 |
| 600 | -13.7733 | -16.2477 | -11.2374 | -13.7132 |
| 675 | -13.412 | -15.8275 | -10.592 | -13.0089 |
| 750 | -13.0593 | -15.4172 | -9.96194 | -12.3213 |
| 825 | -12.715 | -15.0167 | -9.34688 | -11.6501 |
| 900 | -12.3789 | -14.6258 | -8.74648 | -10.9948 |
| 975 | -12.0508 | -14.2441 | -8.16038 | -10.3552 |
| 1050 | -11.7306 | -13.8716 | -7.58826 | -9.73074 |
| 1125 | -11.418 | -13.5079 | -7.02979 | -9.12119 |
| 1200 | -11.1129 | -13.1529 | -6.48464 | -8.52616 |
| 1275 | -10.815 | -12.8064 | -5.95249 | -7.94532 |
| 1350 | -10.5243 | -12.4681 | -5.43305 | -7.37833 |
| 1425 | -10.2405 | -12.1379 | -4.92601 | -6.82486 |
| 1500 | -9.96344 | -11.8156 | -4.43108 | -6.2846 |

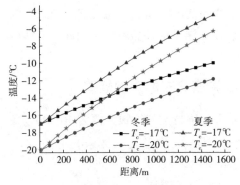

图 2-7　管道起点温度变化对 $CO_2$ 管道
沿线温度分布的影响规律

根据表 2-8 的数据作图。管道起点温度变化时，$CO_2$ 管道沿线温度的变化曲线如图 2-7 所示。

由图 2-7 可知：不论冬季还是夏季，管输低温液态 $CO_2$ 的沿线温升随着管道起点温度的降低而加快。这是因为管道起点处的温度越低，与土壤自然温度场的温差越大，同一距离上的换热量增大，从而使温度上升较快。

管道起点温度相同，在不同的季节运行时，夏季沿线温升较快。这是由于大气温度较高时，与土壤的换热量增大，土壤自然温度升高，导致与管道内低温液态 $CO_2$ 的温度差增大，同一管道长度上的换热量增大，所以夏季管道内 $CO_2$ 的沿线温度上升较快。

## 2.3　低温液态 $CO_2$ 管输对土壤温度场的影响

管输低温液态 $CO_2$ 正常运行时，管内 $CO_2$ 的温度低于埋深处的土壤自然温度，因为 $CO_2$ 输送过程中从管道周围土壤吸收热量而温度升高，从而对管道周围土壤温度场产生影响。本节对季节变化、$CO_2$ 流量变化、管道埋深变化及管道起点温度变化时导致管道截面温度场的变化进行分析研究。

### 2.3.1　管道截面温度场沿管道轴向的分布规律

图 2-8 所示为夏季低温液态 $CO_2$ 流量为 15t/d、管道起点处温度为-17℃、管道埋深为 1.5m 时，距离管道起点处为 0m、300m、600m、900m、1200m 及 1500m 处的截面温度场。

由图 2-8 可以看到，管道周围的土壤温度以管轴心为中心呈放射状升高，在管道周围形成环形温度层，内层温度低，外层温度高。由管道轴心向外，环形温度层逐渐变"厚"，表明管道附近的土壤层温度变化梯度大，距离管道越远处，温度变化梯度越小。

另外，对某一环形温度区层，其周向的厚度并不均匀，管道下方区域更厚一些。这是因为夏季土壤表层温度较高，导致向上的热流密度大于向下的热流密度，因此季节的等温线上密下疏，表现在等温区图上即"上薄下厚"。

输送低温液态 $CO_2$ 的各时刻，土壤温度沿远离管中心的方向逐渐升高，即内层土壤温度层的温度低，外层土壤温度层的温度高。这是因为低温液态 $CO_2$ 不断从管道附近土壤吸收热量，紧靠管道附近的土壤层温度降低很快，当内层土壤温度低于外层土壤温度时，热量就从外层土壤传到内层土壤，由内层至外层，温度递增，而距管道较远处的土壤受管道的热力影响小。

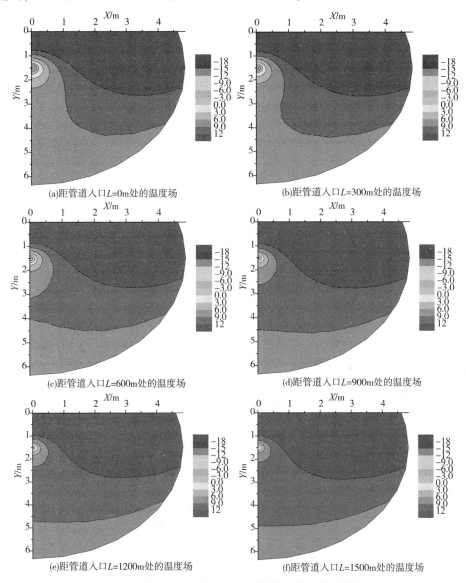

图 2-8　夏季低温液态 CO$_2$ 管道沿线的轴向截面温度场

随着输送距离的增加，靠近管道的土壤温度层温度逐渐变高，而距离管中心较远处的较高温土壤温度层受 CO$_2$ 与土壤换热的影响较小，变化很小。这也验证了距离管道一定距离处，土壤受管道的热力影响很小，将半无限大的热力影响范围简化为环形有限域的合理性。

### 2.3.2 季节变化对管道截面土壤温度场的影响规律

图2-9(a)(c)(e)所示为低温液态 CO₂ 流量为15t/d、管道起点温度为-17℃、管道埋深为1.5m，冬季距离管道起点处为0m、750m 及1500m 处的截面温度场；图2-9(b)(d)(f)所示为低温液态 CO₂ 流量为15t/d、管道起点温度为-17℃、管道埋深为1.5m，夏季距离管道起点处为0m、750m 及1500m 处的截面温度场。

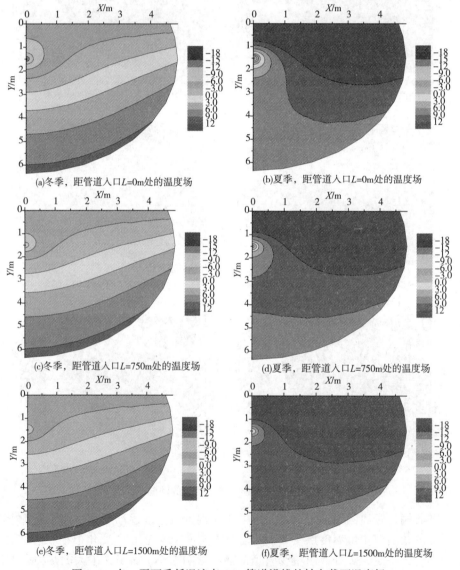

图 2-9　冬、夏两季低温液态 CO₂ 管道沿线的轴向截面温度场

虽然两个季节管道埋深处土壤的自然地温均高于低温液态 $CO_2$ 的输送温度，但是在冬季管道周围的闭合温度层表现为"上厚下薄"，而夏季管道周围的闭合温度层表现为"上薄下厚"。这是因为冬季地表温度低于土壤深处的温度，即管内低温液态 $CO_2$ 与地表温度差小于管内低温液态 $CO_2$ 与管道下方土壤温度差，由于向上的热流密度小于向下的热流密度，所以等温线呈现出上疏下密，体现在管道周围的闭合温度层上为"上厚下薄"。夏季地表温度高于土壤深处的温度，即管内低温液态 $CO_2$ 与地表温度差大于管内低温液态 $CO_2$ 与管道下方土壤温度差，由于向上的热流密度大于向下的热流密度，所以等温线呈现出上密下疏，体现在管道周围的闭合温度层上为"上薄下厚"。

随着输送距离的增加，靠近管道的低温土壤温度层温度逐渐升高，而距离管道中心较远处的较高温土壤温度层受 $CO_2$ 与土壤换热的影响较小，变化也很小。

随着输送距离的增加，夏季时，靠近管道的低温温度层温度升高的现象比较明显。管道末端处，冬季管道周围土壤温度场基本是由条形温度层组成的，从地表面到土壤深处的温度从低到高变化。总的来说，夏季低温液态 $CO_2$ 周围土壤温度场变化较大。

### 2.3.3　流量变化对管道截面土壤温度场的影响规律

#### 2.3.3.1　冬季

图 2-10(a)(c)(e)所示为管道起点温度为 -17℃、管道埋深 1.5m、管道内低温液态 $CO_2$ 流量为 15t/d 时，距离管道起点处为 0m、750m 及 1500m 处的截面温度场；图 2-10(b)(d)(f)所示为管道起点温度为 -17℃、管道埋深 1.5m、管道内低温液态 $CO_2$ 流量为 18t/d 时，距离管道起点处为 0m、750m 及 1500m 处的截面温度场。

冬季管道埋深 1.5m 处土壤的自然地温为 0.8℃，地表温度低于土壤深处的温度，即管内低温液态 $CO_2$ 与地表温度差小于管内低温液态 $CO_2$ 与管道下方土壤温度差，由于向下的热流密度大于向上的热流密度，所以等温线呈现出上疏下密，体现在管道周围的闭合温度层上为"上厚下薄"。

随着输送距离的增加，靠近管道的几层低温土壤温度层逐渐变薄，而距离管中心较远处的较高温土壤温度层受 $CO_2$ 与土壤换热的影响较小，变化很小。

随着输送流量的增加，管道沿线温降减慢，管道周围土壤温度场的变化相对较小；流量增大时，管道周围的低温温度层变厚；流量的变化对远离管道的土壤温度层几乎没有影响。

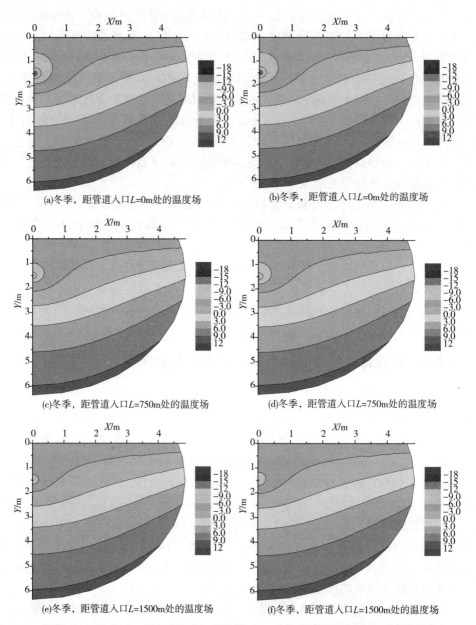

(a)冬季，距管道入口L=0m处的温度场  (b)冬季，距管道入口L=0m处的温度场

(c)冬季，距管道入口L=750m处的温度场  (d)冬季，距管道入口L=750m处的温度场

(e)冬季，距管道入口L=1500m处的温度场  (f)冬季，距管道入口L=1500m处的温度场

图 2-10  冬季 $CO_2$ 流量变化时，低温液态 $CO_2$ 管道沿线的轴向截面温度场

### 2.3.3.2  夏季

图 2-11(a)(c)(e)所示为管道内低温液态 $CO_2$ 流量为 15t/d、管道起点处的温度为-17℃、管道埋深为 1.5m 时，距离管道起点处为 0m、750m 及 1500m 处

的截面温度场；图 2-11(b)(d)(f)所示为管道内低温液态 $CO_2$ 流量为 18t/d、管道起点处的温度为-17℃、管道埋深为 1.5m 时，距离管道起点处为 0m、750m 及 1500m 处的截面温度场。

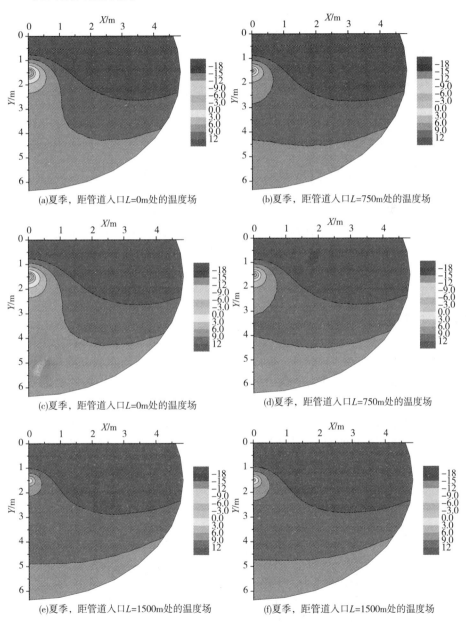

图 2-11　夏季 $CO_2$ 流量变化时，低温液态 $CO_2$ 管道沿线的轴向截面温度场

随着输送距离的增加，靠近管道的几层低温土壤温度层逐渐变薄，而距离管道中心较远处的较高温土壤温度层受 CO$_2$ 与土壤换热的影响较小，变化也很小。

夏季流量变化对土壤温度场的影响与冬季流量变化对土壤温度场的影响类似：随着输送流量的增加，管道沿线温降减慢，管道周围土壤温度场的变化相对较小。流量变化对管道起点处土壤温度场的分布基本没有影响；随着输送距离的增加，流量变化对管道周围低温温度层产生一定的影响：流量增大时，低温温度层温度升高的幅度减小。

因为夏季土壤自然温度高，导致管道输送的 CO$_2$ 与土壤之间的温度梯度较大，所以在夏季，流量变化对土壤温度场的影响比冬季时流量变化对土壤温度场的影响更加明显。

## 2.3.4 管道埋深变化对管道截面土壤温度场的影响规律

### 2.3.4.1 冬季

图 2-12(a)(c)(e)所示为管道内低温液态 CO$_2$ 流量为 15t/d、管道起点处的温度为-17℃、管道埋深为 1.5m 时，距离管道起点处为 0m、750m 及 1500m 处的截面温度场；图 2-12(b)(d)(f)所示为管道内低温液态 CO$_2$ 流量为 15t/d、管道起点处的温度为-17℃、管道埋深为 2m 时，距离管道起点处为 0m、750m 及 1500m 处的截面温度场。

无论管道埋深为 1.5m，还是管道埋深为 2m，土壤自然温度均高于低温液态 CO$_2$ 的输送温度，冬季时地表温度低于土壤深处的温度，导致向上的热流密度小于向下的热流密度。等温线呈现出上疏下密，体现在管道周围的闭合温度层上为"上厚下薄"。

随着管道埋深的增加，管道周围土壤温度场的变化相对较大一些：管道埋深越大，相同管长截面处的土壤温度场中低温温度层越厚，而远离管道的土壤温度层受影响较小。随着输送距离的增加，靠近管道的几层低温土壤温度层温度逐渐升高，而距离管中心较远处的较高温土壤温度层因为受 CO$_2$ 与土壤换热的影响较小，所以变化也较小。

### 2.3.4.2 夏季

图 2-13(a)(c)(e)所示为管道内低温液态 CO$_2$ 流量为 15t/d、管道起点处的温度为-17℃、管道埋深为 1.5m 时，距离管道起点处为 0m、750m 及 1500m 处的截面温度场；图 2-13(b)(d)(f)所示为管道内低温液态 CO$_2$ 流量为 15t/d、管道起点处的温度为-17℃、管道埋深为 2m 时，距离管道起点处为 0m、750m 及 1500m 处的截面温度场。

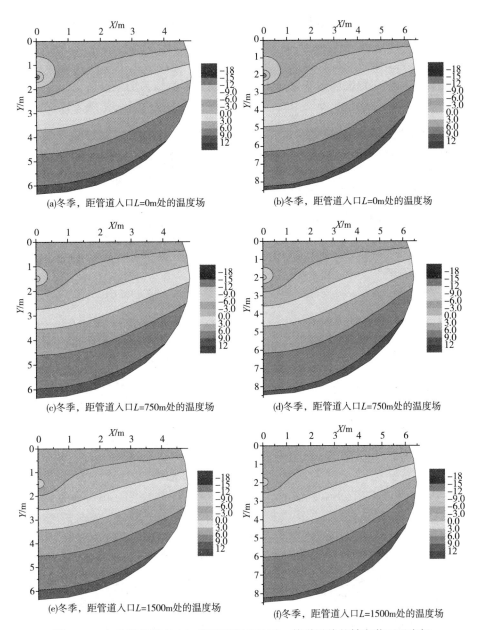

(a)冬季，距管道入口L=0m处的温度场

(b)冬季，距管道入口L=0m处的温度场

(c)冬季，距管道入口L=750m处的温度场

(d)冬季，距管道入口L=750m处的温度场

(e)冬季，距管道入口L=1500m处的温度场

(f)冬季，距管道入口L=1500m处的温度场

图 2-12　冬季低温液态 CO$_2$ 管道埋深变化时，管道沿线的轴向截面温度场

夏季管道埋深变化对土壤温度场的影响与冬季管道埋深变化对土壤温度场的影响类似：管道埋深越大，相同管长截面处的土壤温度场中低温温度层变化越大，而对远离管道的土壤温度层影响较小。随着输送距离的增加，靠近管道的几

层低温土壤温度层温度逐渐升高，而距离管中心较远处的较高温土壤温度层因为受 $CO_2$ 与土壤换热的影响较小，所以变化也较小。

因为夏季土壤自然温度高，导致管道输送的 $CO_2$ 与土壤之间的温度梯度较大，所以在夏季，管道埋深变化对土壤温度场的影响较为明显。

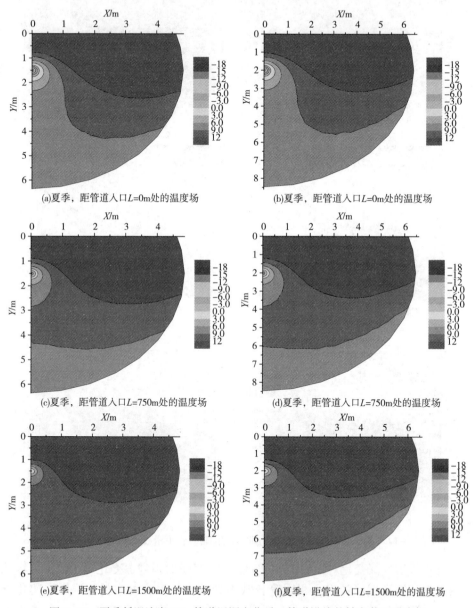

图 2-13　夏季低温液态 $CO_2$ 管道埋深变化时，管道沿线的轴向截面温度场

### 2.3.5　管道起点温度变化对管道截面土壤温度场的影响规律

#### 2.3.5.1　冬季

图 2-14(a)(c)(e)所示为管道内低温液态 CO$_2$ 流量为 15t/d、管道埋深为 1.5m、管道起点处的温度为-17℃时，距离管道起点处为 0m、750m 及 1500m 处的截面温度场；图 2-14(b)(d)(f)所示为管道内低温液态 CO$_2$ 流量为 15t/d、管道埋深为 1.5m、管道起点处的温度为-20℃时，距离管道起点处为 0m、750m 及 1500m 处的截面温度场。

低温液态 CO$_2$ 的输送温度低于土壤自然温度，由于向上的热流密度小于向下的热流密度，所以等温线呈现出上疏下密，体现在管道周围的闭合温度层上为"上厚下薄"。

随着输送距离的增加，靠近管道的几层低温土壤温度层温度逐渐升高，而距离管道中心较远处的较高温土壤温度层受 CO$_2$ 与土壤换热的影响较小，变化也很小。这也验证了距离管道一定距离处，土壤受管道的热力影响很小，将半无限大的热力影响范围简化为环形有限域的合理性。

管道起点温度越低，对管道截面土壤温度场的影响越大，表现为管道周围低温温度层较厚，并且随着输送距离的增加，靠近管道的低温温度层逐渐变薄并且向管中心方向靠近的现象越缓慢。

#### 2.3.5.2　夏季

图 2-15(a)(c)(e)所示为管道内低温液态 CO$_2$ 流量为 15t/d、管道埋深为 1.5m、管道起点处的温度为-17℃时，距离管道起点处为 0m、750m 及 1500m 处的截面温度场；图 2-15(b)(d)(f)所示为管道内低温液态 CO$_2$ 流量为 15t/d、管道埋深为 1.5m、管道起点处的温度为-20℃时，距离管道起点处为 0m、750m 及 1500m 处的截面温度场。

夏季管道起点温度变化对土壤温度场的影响与冬季管道起点温度变化对土壤温度场的影响类似：出站温度越低，管道周围低温温度层越厚，并且随着输送距离的增加，靠近管道的低温温度层逐渐变薄并且向管道中心的方向靠近的现象越缓慢。

因为夏季土壤自然温度高，导致管道输送的低温液态 CO$_2$ 与土壤之间的温度梯度较大，所以在夏季，CO$_2$ 的出站温度变化对土壤温度场的影响较为明显。

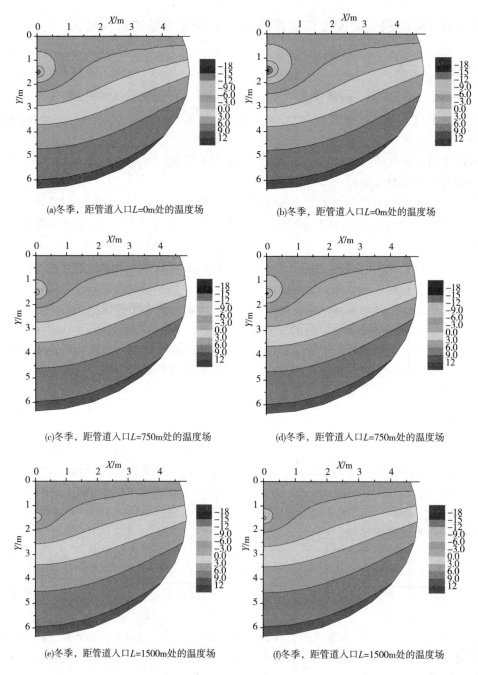

图 2-14  冬季低温液态 CO₂ 管道起点温度变化时，管道沿线的轴向截面温度场

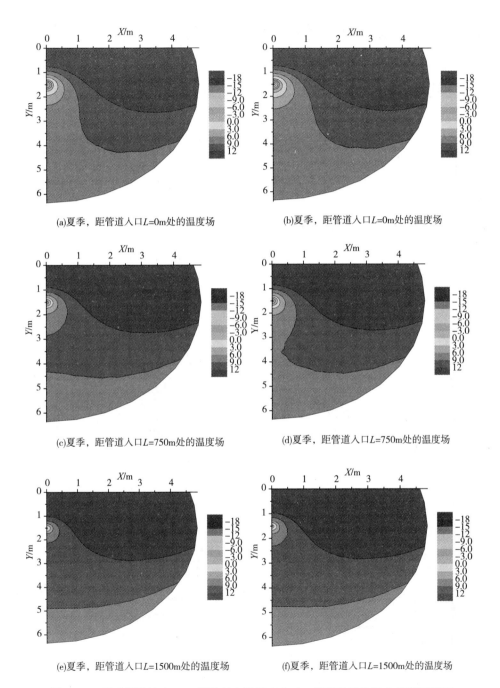

(a)夏季，距管道入口L=0m处的温度场

(b)夏季，距管道入口L=0m处的温度场

(c)夏季，距管道入口L=750m处的温度场

(d)夏季，距管道入口L=750m处的温度场

(e)夏季，距管道入口L=1500m处的温度场

(f)夏季，距管道入口L=1500m处的温度场

图 2-15　夏季低温液态 $CO_2$ 管道起点温度变化时，管道沿线的轴向截面温度场

## 2.4 低温液态 CO₂ 管输与其他管线的安全距离

通过计算确定低温液态 $CO_2$ 管道对土壤温度场的影响范围，并在此基础上确定低温液态 $CO_2$ 输送管道与注水、集输管道的最小间距。由 2.3 节分析的有关因素变化对土壤温度场的影响可以得出结论：随着输送距离的增加，低温液态 $CO_2$ 管道对其周围土壤温度场的影响变小，所以由低温液态 $CO_2$ 管道末端确定的 $CO_2$ 管道与输水、集输油管道的间距小于相同条件下管道起点处确定的数据。从管道安全运行角度考虑，低温液态 $CO_2$ 管道与注水、集输管道的最小间距由起点处的数据确定。

### 2.4.1 由低温液态 CO₂ 管道起点处确定的最小间距

根据低温液态 $CO_2$ 流量、出站温度、管道埋深及季节变化，管道周围土壤温度场的变化(见图 2-16)，确定该管道起点处与注水、集输管道的最小间距。

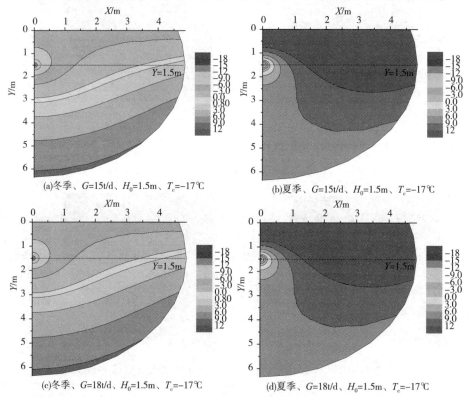

图 2-16　CO₂ 管道起点处的土壤温度场

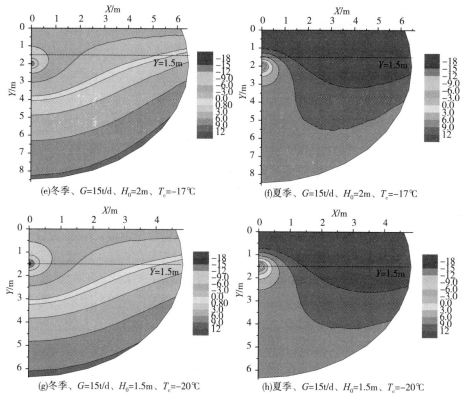

(e)冬季、$G=15t/d$、$H_0=2m$、$T_c=-17℃$

(f)夏季、$G=15t/d$、$H_0=2m$、$T_c=-17℃$

(g)冬季、$G=15t/d$、$H_0=1.5m$、$T_c=-20℃$

(h)夏季、$G=15t/d$、$H_0=1.5m$、$T_c=-20℃$

图 2-16　$CO_2$ 管道起点处的土壤温度场(续)

　　水的凝固点为0℃,为防止注水管道内的水结冰进而影响注水管道的正常运行,注水管道所处地温应高于0℃,土壤深度 $Y=1.5m$ 与温度线0℃交点所对应的 $X$ 轴坐标数值即低温液态 $CO_2$ 管道与注水管道之间的最小间距,如表 2-9 所示。

表 2-9　不同季节管道起点处确定的低温液态 $CO_2$ 与注水管道最小间距　　　　m

| | $H_0=1.5m$ $G=15t/d$ $T_c=-17℃$ | $H_0=1.5m$ $G=18t/d$ $T_c=-17℃$ | $H_0=2m$ $G=15t/d$ $T_c=-17℃$ | $H_0=1.5m$ $G=15t/d$ $T_c=-20℃$ |
|---|---|---|---|---|
| 冬季 | 3.48 | 3.47 | 5.15 | 3.57 |
| 夏季 | 0.23 | 0.21 | 0 | 0.28 |

　　由表 2-9 可知:$CO_2$ 管道输量、出站温度变化对液态 $CO_2$ 输送管道与注水管道最小间距影响很小,而季节变化、$CO_2$ 管道埋深变化对液态 $CO_2$ 输送管道与注

水管道最小间距的影响较大：液态 $CO_2$ 输送管道与注水管道最小间距在冬季时确定的数值大于夏季时确定的数值，这是因为夏季土壤自然温度较高，低温液态 $CO_2$ 管道与周围土壤的温差较大，土壤内的温度梯度较大，从而使得夏季管道周围土壤温度在较小的距离内就上升到 0℃。另外，低温液态 $CO_2$ 埋深越大，该管道与埋深为 1.5m 注水管道的最小间距在冬季确定的数值越大，夏季确定的数值越小。

为防止集输管道因为凝管而影响管道的正常运行，集输管道中原油的输送温度应高于 18℃。但是埋深 1.5m 处的土壤自然温度夏季最高为 16.7℃、冬季最低为 0.8℃，并且液态 $CO_2$ 温度低，在管道输送过程中不断从周围土壤吸收热量而使自身温度升高，使管道周围土壤温度降低，导致管道周围埋深 1.5m 处的土壤温度一定低于 18℃。分别在夏季土壤温度最高时以 16.7℃ 为限、在冬季土壤温度最低时以 0.8℃ 为限确定一个热力影响半径，假定当低温液态 $CO_2$ 管道与集输管道之间的距离大于热力影响半径时，集输管道不受低温液态 $CO_2$ 管道的影响。

低温液态 $CO_2$ 管道与集输管道之间的最小距离取决于液态 $CO_2$ 管道的热力影响半径，冬季时由土壤深度 $Y=1.5m$ 与温度线 0.8℃交点所对应的 $X$ 轴坐标数据确定，夏季时低温液态 $CO_2$ 管道的热力影响半径由土壤深度 $Y=1.5m$ 与温度线 16.7℃交点所对应的 $X$ 轴坐标数据确定，如表 2-10 所示。

表 2-10　不同季节管道起点处确定的低温液态 $CO_2$ 管道的热力影响半径　　m

| | $H_0=1.5m$<br>$G=15t/d$<br>$T_c=-17℃$ | $H_0=1.5m$<br>$G=18t/d$<br>$T_c=-17℃$ | $H_0=2m$<br>$G=15t/d$<br>$T_c=-17℃$ | $H_0=1.5m$<br>$G=15t/d$<br>$T_c=-20℃$ |
|---|---|---|---|---|
| 夏季 | 4.24 | 4.24 | 5.82 | 4.27 |
| 冬季 | 8.15 | 8.15 | 11.8 | 8.21 |

由表 2-10 可知：$CO_2$ 管道输量、出站温度变化对液态 $CO_2$ 输送管道热力影响半径的影响很小，而季节变化、$CO_2$ 管道埋深变化时，液态 $CO_2$ 输送管道的热力影响半径变化较大：液态 $CO_2$ 输送管道的热力影响半径在冬季时确定的数值大于夏季时确定的数值；低温液态 $CO_2$ 埋深越大，该管道的热力影响半径在冬季确定的数值越大，夏季确定的数值也越大。

## 2.4.2　低温液态 $CO_2$ 管道埋深变化时由管道起点处确定的最小间距

当管道埋深变化时对低温液态 $CO_2$ 输送管道与注水、集输管道的间距影响较大，随着低温液态 $CO_2$ 管道埋深的增加，$CO_2$ 输送管道与注水、集输管道的间距要适当增加。下面对管道埋深变化时，对周围土壤温度场影响规律进行详细的分析。

不同深度处的土壤自然温度随季节、土壤深度的变化如表 2-11 所示。

表 2-11 不同深度处的土壤自然温度

| 日期 | 管道埋深/m | | | | | |
|---|---|---|---|---|---|---|
| | $H_0 = 1$ | $H_0 = 1.25$ | $H_0 = 1.5$ | $H_0 = 1.75$ | $H_0 = 2$ | $H_0 = 2.5$ |
| | 温度/℃ | | | | | |
| 7 月 20 日 | 18.309 | 17.483 | 16.73 | 16.042 | 15.413 | 14.315 |
| 8 月 5 日 | 18.305 | 17.48 | 16.726 | 16.038 | 15.41 | 14.312 |
| 8 月 20 日 | 17.671 | 16.901 | 16.198 | 15.556 | 14.969 | 13.945 |
| 9 月 5 日 | 16.451 | 15.786 | 15.18 | 14.626 | 14.12 | 13.237 |
| 9 月 20 日 | 14.723 | 14.209 | 13.74 | 13.311 | 12.919 | 12.235 |
| 10 月 5 日 | 12.604 | 12.274 | 11.97 | 11.697 | 11.445 | 11.006 |
| 10 月 20 日 | 10.232 | 10.108 | 9.99 | 9.891 | 9.796 | 9.631 |
| 11 月 5 日 | 7.766 | 7.856 | 7.938 | 8.013 | 8.081 | 8.201 |
| 11 月 20 日 | 5.369 | 5.666 | 5.938 | 6.187 | 6.414 | 6.81 |
| 12 月 5 日 | 3.198 | 3.684 | 4.128 | 4.534 | 4.904 | 5.551 |
| 12 月 20 日 | 1.398 | 2.041 | 2.628 | 3.163 | 3.653 | 4.508 |
| 1 月 5 日 | 0.089 | 0.845 | 1.535 | 2.166 | 2.742 | 3.748 |
| 1 月 20 日 | -0.644 | 0.176 | 0.924 | 1.608 | 2.232 | 3.323 |
| 2 月 5 日 | -0.752 | 0.077 | 0.834 | 1.526 | 2.157 | 3.261 |
| 2 月 20 日 | -0.227 | 0.556 | 1.272 | 1.925 | 2.522 | 3.565 |
| 3 月 5 日 | 0.895 | 1.581 | 2.208 | 2.78 | 3.303 | 4.216 |
| 3 月 20 日 | 2.541 | 3.084 | 3.58 | 4.033 | 4.447 | 5.17 |
| 4 月 5 日 | 4.601 | 4.965 | 5.298 | 5.602 | 5.88 | 6.365 |
| 4 月 20 日 | 6.939 | 7.1 | 7.248 | 7.383 | 7.506 | 7.721 |
| 5 月 5 日 | 9.4 | 9.348 | 9.3 | 9.257 | 9.217 | 9.148 |
| 5 月 20 日 | 11.822 | 11.559 | 11.32 | 11.101 | 10.901 | 10.552 |
| 6 月 5 日 | 14.043 | 13.588 | 13.172 | 12.793 | 12.446 | 11.841 |
| 6 月 20 日 | 15.917 | 15.3 | 14.735 | 14.22 | 13.75 | 12.928 |
| 7 月 5 日 | 17.321 | 16.581 | 15.905 | 15.289 | 14.726 | 13.741 |

根据表 2-11 的数据作图。不同管道埋深处土壤自然温度随时间的变化曲线如图 2-17 所示。

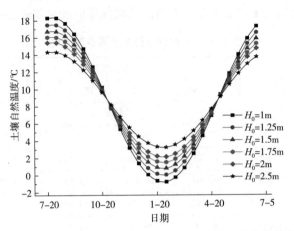

图 2-17　管道埋深变化时土壤自然温度随时间的变化曲线

由图 2-17 可知：不同深度处的土壤自然温度最高出现在 7 月，温度最低在 1 月底 2 月初；土壤埋深越大，冬季时土壤自然温度越高，夏季时土壤自然温度越低。

（1）$CO_2$ 输送管道与注水管道的最小间距

流量变化及出站温度对 $CO_2$ 输送管道与注水管道的最小间距影响很小，从管道安全运行的角度考虑，冬季埋深处的土壤温度较低，在冬季确定的最小间距数值较大。下面将以冬季、液态 $CO_2$ 流量 $Q=15t/d$、管道起点温度 $T_c=-17℃$ 为例讨论 $CO_2$ 管道埋深变化对管道沿线温度及周围土壤温度场的影响，液态 $CO_2$ 管道埋深变化时，管道沿线温度变化如表 2-12 所示。

表 2-12　$CO_2$ 管道埋深变化时的管道沿线温度分布

| 距离/m | 管道埋深 | | | | | |
|---|---|---|---|---|---|---|
| | $H_0=1m$ | $H_0=1.25m$ | $H_0=1.5m$ | $H_0=1.75m$ | $H_0=2m$ | $H_0=2.5m$ |
| | 温度/℃ | | | | | |
| 0 | −17 | −17 | −17 | −17 | −17 | −17 |
| 75 | −16.5994 | −16.5797 | −16.5618 | −16.5457 | −16.5311 | −16.5059 |
| 150 | −16.2083 | −16.1694 | −16.1341 | −16.1022 | −16.0733 | −16.0236 |
| 225 | −15.8267 | −15.7689 | −15.7166 | −15.6692 | −15.6263 | −15.5526 |
| 300 | −15.4541 | −15.3779 | −15.3089 | −15.2465 | −15.19 | −15.0928 |
| 375 | −15.0905 | −14.9963 | −14.911 | −14.8338 | −14.764 | −14.6438 |
| 450 | −14.7355 | −14.6238 | −14.5226 | −14.431 | −14.3482 | −14.2055 |

续表

| 距离/m | 管道埋深 | | | | | |
|---|---|---|---|---|---|---|
| | $H_0 = 1m$ | $H_0 = 1.25m$ | $H_0 = 1.5m$ | $H_0 = 1.75m$ | $H_0 = 2m$ | $H_0 = 2.5m$ |
| | 温度/℃ | | | | | |
| 525 | -14.3891 | -14.2602 | -14.1434 | -14.0377 | -13.9422 | -13.7776 |
| 600 | -14.0509 | -13.9053 | -13.7733 | -13.6538 | -13.5458 | -13.3598 |
| 675 | -13.7209 | -13.5588 | -13.412 | -13.2791 | -13.1589 | -12.9519 |
| 750 | -13.3987 | -13.2206 | -13.0593 | -12.9132 | -12.7811 | -12.5537 |
| 825 | -13.0843 | -12.8905 | -12.715 | -12.5561 | -12.4124 | -12.1649 |
| 900 | -12.7774 | -12.5683 | -12.3789 | -12.2074 | -12.0524 | -11.7854 |
| 975 | -12.4778 | -12.2538 | -12.0508 | -11.8671 | -11.7009 | -11.4148 |
| 1050 | -12.1855 | -11.9468 | -11.7306 | -11.5349 | -11.3578 | -11.053 |
| 1125 | -11.9001 | -11.6472 | -11.418 | -11.2106 | -11.0229 | -10.6998 |
| 1200 | -11.6216 | -11.3547 | -11.1129 | -10.894 | -10.696 | -10.355 |
| 1275 | -11.3498 | -11.0692 | -10.815 | -10.5849 | -10.3768 | -10.0184 |
| 1350 | -11.0845 | -10.7905 | -10.5243 | -10.2832 | -10.0652 | -9.68978 |
| 1425 | -10.8255 | -10.5185 | -10.2405 | -9.98876 | -9.76106 | -9.36896 |
| 1500 | -10.5728 | -10.2531 | -9.96344 | -9.70129 | -9.46414 | -9.05575 |

根据表 2-12 中的数据作温度分布曲线图，如图 2-18 所示。由此图可以看出，在相同季节、相同流量及管道起点温度相等的条件下，CO₂ 管道埋深变化影响管道沿线温度变化：管道埋深越大，CO₂ 管道沿线温升越快。

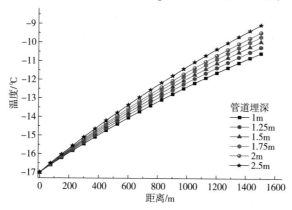

图 2-18　冬季管道埋深变化时 CO₂ 管道沿线温度分布曲线

以季节为冬季、低温液态 CO$_2$ 流量 $Q = 15t/d$、管道起点温度 $T_e = -17℃$ 为定值，管道埋深分别为 1m、1.25m、1.5m、1.75m、2m 及 2.5m 时，管道起点处的土壤温度场如图 2-19 所示。

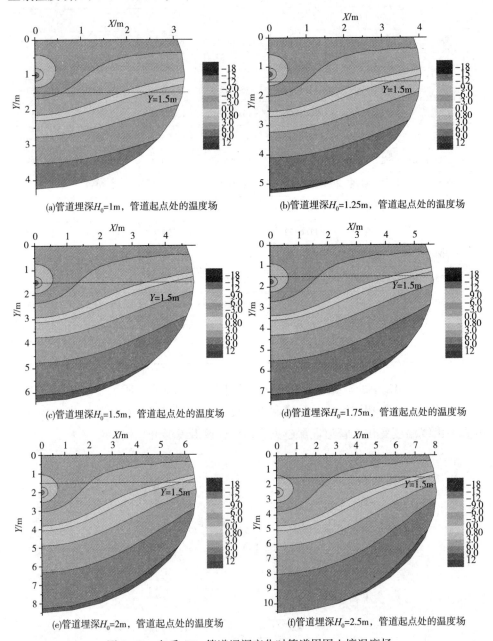

图 2-19　冬季 CO$_2$ 管道埋深变化时管道周围土壤温度场

通过计算分析，确定低温液态 $CO_2$ 管道对土壤温度场的影响范围，并在此基础上确定低温液态 $CO_2$ 输送管道与注水管道的最小间距。管道埋深变化时，土壤深度 $Y=1.5m$ 与 0℃温度线交点所对应的 $X$ 轴坐标值即低温液态 $CO_2$ 与注水管道的最小间距，如表 2-13 所示。

**表 2-13 低温液态 $CO_2$ 管道埋深变化时起点处确定的其与注水管道的最小间距** m

| 埋深 | $H_0=1$ | $H_0=1.25$ | $H_0=1.5$ | $H_0=1.75$ | $H_0=2$ | $H_0=2.5$ |
|---|---|---|---|---|---|---|
| 冬季 | 1.95 | 2.62 | 3.48 | 4.32 | 5.15 | 6.85 |

由表 2-13 可知：低温液态 $CO_2$ 输送管道埋深越大，对管道周围土壤温度场的影响区域越大，其与注水管道的最小间距越大。

（2） $CO_2$ 输送管道的热力影响半径

流量变化及出站温度对 $CO_2$ 输送管道的热力影响半径影响很小，从管道安全运行的角度考虑，夏季 $CO_2$ 输送管道的热力影响半径较大。下面将以夏季、液态 $CO_2$ 流量 $Q=15t/d$、管道起点温度 $T_c=-17℃$ 为例讨论 $CO_2$ 管道埋深变化对管道沿线温度及周围土壤温度场的影响，液态 $CO_2$ 管道埋深变化时，管道沿线温度变化如表 2-14 所示。

**表 2-14 $CO_2$ 管道埋深变化时的管道沿线温度分布**

| 距离/m | 管道埋深 | | | | | |
|---|---|---|---|---|---|---|
| | $H_0=1m$ | $H_0=1.25m$ | $H_0=1.5m$ | $H_0=1.75m$ | $H_0=2m$ | $H_0=2.5m$ |
| | 温度/℃ | | | | | |
| 0 | -17 | -17 | -17 | -17 | -17 | -17 |
| 75 | -16.1777 | -16.1988 | -16.2177 | -16.2346 | -16.2498 | -16.3371 |
| 150 | -15.375 | -15.4167 | -15.4539 | -15.4873 | -15.5174 | -15.6898 |
| 225 | -14.5914 | -14.6531 | -14.7083 | -14.7578 | -14.8023 | -15.0579 |
| 300 | -13.8264 | -13.9077 | -13.9803 | -14.0455 | -14.1041 | -14.4408 |
| 375 | -13.0798 | -13.18 | -13.2697 | -13.3501 | -13.4225 | -13.8384 |
| 450 | -12.3509 | -12.4697 | -12.5759 | -12.6712 | -12.757 | -13.2502 |
| 525 | -11.6395 | -11.7763 | -11.8986 | -12.0084 | -12.1072 | -12.6759 |
| 600 | -10.945 | -11.0994 | -11.2374 | -11.3614 | -11.4729 | -12.1152 |
| 675 | -10.2671 | -10.4386 | -10.592 | -10.7297 | -10.8537 | -11.5677 |
| 750 | -9.60548 | -9.79365 | -9.96194 | -10.1131 | -10.2491 | -11.0333 |

| 距离/m | 管道埋深 | | | | | |
|---|---|---|---|---|---|---|
| | $H_0 = 1m$ | $H_0 = 1.25m$ | $H_0 = 1.5m$ | $H_0 = 1.75m$ | $H_0 = 2m$ | $H_0 = 2.5m$ |
| | 温度/℃ | | | | | |
| 825 | -8.95965 | -9.16405 | -9.34688 | -9.51108 | -9.65888 | -10.5115 |
| 900 | -8.32928 | -8.54948 | -8.74648 | -8.92341 | -9.08269 | -10.0021 |
| 975 | -7.714 | -7.94959 | -8.16038 | -8.34972 | -8.52019 | -9.5047 |
| 1050 | -7.11345 | -7.36403 | -7.58826 | -7.78969 | -7.97106 | -9.01914 |
| 1125 | -6.52729 | -6.79246 | -7.02979 | -7.243 | -7.43499 | -8.5451 |
| 1200 | -5.95518 | -6.23456 | -6.48464 | -6.70932 | -6.91166 | -8.08231 |
| 1275 | -5.39678 | -5.68999 | -5.95249 | -6.18836 | -6.40078 | -7.6305 |
| 1350 | -4.85177 | -5.15845 | -5.43305 | -5.67982 | -5.90206 | -7.18941 |
| 1425 | -4.31983 | -4.63963 | -4.92601 | -5.18339 | -5.41521 | -6.7588 |
| 1500 | -3.80065 | -4.13322 | -4.43108 | -4.6988 | -4.93995 | -6.33841 |

根据表 2-14 中的数据作温度分布曲线图，如图 2-20 所示。由图可以看出，在相同季节、相同流量及管道起点温度相等的条件下，$CO_2$ 管道埋深变化影响管道沿线温度变化：管道埋深越大，$CO_2$ 管道沿线温升越慢。

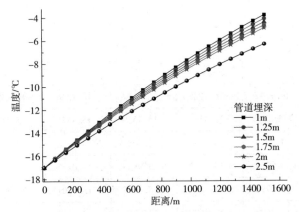

图 2-20 夏季管道埋深变化时 $CO_2$ 管道沿线温度分布曲线

以季节为夏季（7月20日）、低温液态 $CO_2$ 流量 $Q = 15t/d$、管道起点温度 $T_c = -17℃$ 为定值，管道埋深分别为 1m、1.25m、1.5m、1.75m、2m 及 2.5m 时，管道起点处的土壤温度场如图 2-21 所示。

低温液态 $CO_2$ 管道与集输管道的最小距离取决于液态 $CO_2$ 管道的热力影响

半径，夏季时由土壤深度 $Y=1.5\text{m}$ 与温度线 16.7℃ 交点所对应的 $X$ 轴坐标值确定，如表 2-15 所示。

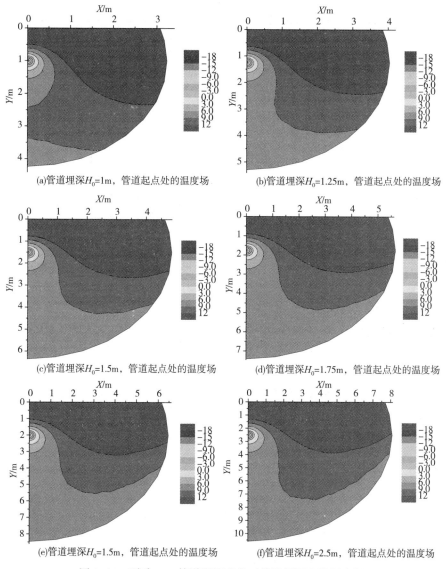

图 2-21  夏季 $CO_2$ 管道埋深变化时管道周围土壤温度场

**表 2-15  低温液态 $CO_2$ 管道埋深变化时起点处确定的热力影响半径**                                 m

| 埋深 | $H_0 = 1$ | $H_0 = 1.25$ | $H_0 = 1.5$ | $H_0 = 1.75$ | $H_0 = 2$ | $H_0 = 2.5$ |
|------|-----------|--------------|-------------|--------------|-----------|-------------|
| 夏季 | 3.56 | 5.62 | 8.15 | 10.15 | 11.8 | 15.2 |

由表 2-15 可知：低温液态 $CO_2$ 输送管道埋深越大，对管道周围土壤温度场的影响越大，低温液态 $CO_2$ 输送管道的热力影响半径越大。

### 2.4.3  低温液态 $CO_2$ 管道埋深变化时对地面表层土壤温度的影响

本地区农作物以马铃薯、玉米及少量小麦为主，该种农作物根系一般在地面以下 20cm 左右，耐温为 4~5℃。低温液态 $CO_2$ 管道的存在对管道周围土壤温度场产生一定的影响，进而影响农作物的正常生长。为研究低温液态 $CO_2$ 管道对地面的影响区间，需对各季节低温液态 $CO_2$ 管道埋深变化时管道周围土壤温度场分布规律进行研究。

综上分析可知：夏季时地面以下 20cm 处的土壤温度高于 12℃，因此夏季时低温液态 $CO_2$ 管道不会影响农作物生长；而冬季地面以下 20cm 均处于冻土层内。由此可见，低温液态 $CO_2$ 管道起点处土壤温度场分布受管道埋深变化的影响最大，下面对低温液态 $CO_2$ 管道埋深变化时春秋两季管道周围土壤温度场进行分析，进而确定管道埋深变化对地面影响区间。

在春季(以 4 月 20 日为代表)条件下，以低温液态 $CO_2$ 流量 $Q = 15t/d$、管道起点温度 $T_c = -17℃$ 为定值，管道埋深分别为 1m、1.25m、1.5m、1.75m、2m 及 2.5m 时，管道起点处的土壤温度场如图 2-22 所示。

在秋季(以 10 月 20 日为代表)条件下，以低温液态 $CO_2$ 流量 $Q = 15t/d$、管道起点温度 $T_c = -17℃$ 为定值，管道埋深分别为 1m、1.25m、1.5m、1.75m、2m 及 2.5m 时，管道起点处的土壤温度场如图 2-23 所示。

分析春季低温液态 $CO_2$ 管道周围土壤温度场可知，设计条件下：$CO_2$ 流量为 15t/d、起点温度为 -17℃，低温液态 $CO_2$ 输送管道埋深大于 1m 时，地面以下 20cm 处的土壤温度均高于 6℃，不会对农作物生长造成影响。

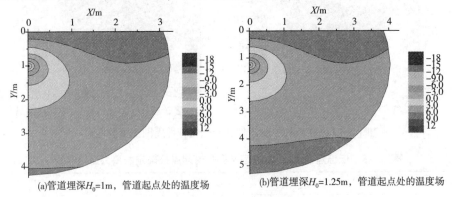

(a)管道埋深$H_0$=1m，管道起点处的温度场　　(b)管道埋深$H_0$=1.25m，管道起点处的温度场

图 2-22　春季 $CO_2$ 管道埋深变化时管道周围土壤温度场

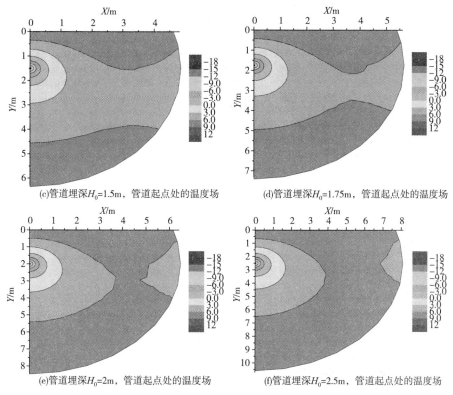

(c)管道埋深$H_0$=1.5m，管道起点处的温度场

(d)管道埋深$H_0$=1.75m，管道起点处的温度场

(e)管道埋深$H_0$=2m，管道起点处的温度场

(f)管道埋深$H_0$=2.5m，管道起点处的温度场

图 2-22　春季 $CO_2$ 管道埋深变化时管道周围土壤温度场(续)

　　分析秋季低温液态 $CO_2$ 管道周围土壤温度场可知，设计条件下：$CO_2$ 流量为 15t/d、起点温度为-17℃，低温液态 $CO_2$ 输送管道埋深大于 1m 时，地面以下 20cm 处的土壤温度均高于 6℃，不会对农作物生长造成影响。

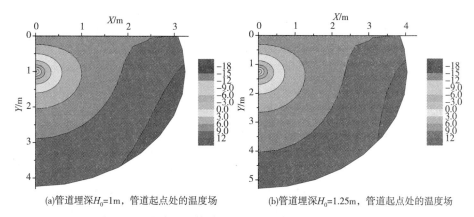

(a)管道埋深$H_0$=1m，管道起点处的温度场

(b)管道埋深$H_0$=1.25m，管道起点处的温度场

图 2-23　秋季 $CO_2$ 管道埋深变化时管道周围土壤温度场

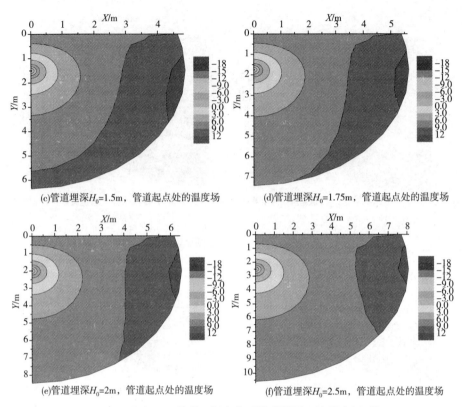

(c)管道埋深$H_0$=1.5m，管道起点处的温度场        (d)管道埋深$H_0$=1.75m，管道起点处的温度场

(e)管道埋深$H_0$=2m，管道起点处的温度场        (f)管道埋深$H_0$=2.5m，管道起点处的温度场

图2-23　秋季$CO_2$管道埋深变化时管道周围土壤温度场(续)

## 2.5　超临界$CO_2$管输方案设计

$CO_2$在输送过程中可以有4种状态方式，分别为气态输送、液态输送、超临界态输送和密相输送。

结合原油、天然气管道的经验可知：由于管道输送具有输量大、安全可靠性高、连续性强等优势，因此管道输送是目前最主要的$CO_2$输送方式。根据国外40多年的$CO_2$管道运输经验，超临界$CO_2$具有类似于液体的高密度和类似于气体的高扩散性与低黏度，被认为是最经济的管道输送方式。

### 2.5.1　$CO_2$管道输送优化模型

$CO_2$输送管道的输送方式，可以有多种设计方案，不同的方案对应着不同的壁厚、保温层以及温度、压力等参数，不同方案所对应的投资建设费用也不同，如何实现设计方案的最优即管道费用现值最少，也是设计部门关心的重要问题，本研究采用在超临界状态下输送 $CO_2$ 的方案及相应的管道特性。

考虑 $CO_2$ 输送管道的管材型号、管径、壁厚和保温层，同时考虑压缩机站数、站间距、进出站压力、温度、压缩机(泵)组合以及地形、气候等条件，以管道费用现值最小为目标，结合约束条件，建立 $CO_2$ 输送管道优化设计数学模型，并研究最佳的设计方案。

在调研国内外主要管材、压缩机、泵等设备的经济指标基础上，建立模型。结合目标函数，约束函数，采用方案优选可以确定出最佳的设计方案，如图 2-24所示。

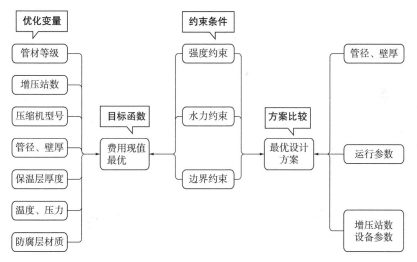

图 2-24   $CO_2$ 管道输送优化设计模型

进行管径、压力方案比选的第一步是拟定工艺方案。根据超临界 $CO_2$ 管道的设计输量，选取几种不同管径、压力等级的组合方案，通常选取 2~3 种压力等级，并初选不少于 4 种管径，按照一定压比对不同的设计压力下每种管径方案进行工艺计算，确定各种管径方案的压气站和工艺站场数量、管道壁厚等参数，检验强度、水力、能量和边界约束是否合格，根据费用现值选出最优设计方案。

目标函数：

$$F = S_R + S_C \tag{2-44}$$

$$F = C_1 + C_2 + C_3 + C_4 + C_5 \tag{2-45}$$

式中   $F$——费用现值；

   $C_1$——管道的固定投资费用；

   $C_2$——压气站的固定投资费用；

   $C_3$——管道的年运行费用；

   $C_4$——压气站的年运行费用；

$C_5$——消耗燃料费用。

目标函数中的子函数：

$$C_1 = \{a_0 + a_1 D_w + [a_2\delta(D_w - \delta)\pi w \times 10^{-6} + a_3 D_w \pi](1 + a_4)\} L_i \qquad (2\text{-}46)$$

式中　$a_0$——与管径无关的敷设费用，元/km；

　　　$a_1$——与管径成正比的敷设费用，元/(mm·km)；

　　　$D_w$——管段外径，mm；

　　　$a_2$——管材价格，元/t；

　　　$\delta$——管道的壁厚，mm；

　　　$w$——管道的钢材密度，t/m³；

　　　$a_3$——管道外防腐层费用，元/m²；

　　　$a_4$——管道附件费用系数；

　　　$L_i$——管段的长度，km。

$$C_2 = b_0 + Nb_1 \qquad (2\text{-}47)$$

式中　$b_0$——与功率无关的每座压气站投资，元/座；

　　　$N$——每座压气站消耗的功率，kW；

　　　$b_1$——压气站单位功率的投资，元/kW。

$$C_3 = \sum_{t=1}^{Y} (\alpha_1 C_1)_t (p/F, i_s, t) \qquad (2\text{-}48)$$

式中　　　$Y$——管道的设计寿命(30年)；

　　　　　$\alpha_1$——线路的年维护费用系数；

$(p/F, i_s, t)$——复利现值计算系数。

$$C_4 = \sum_{t=1}^{Y} (\alpha_2 C_2)_t (p/F, i_s, t) \qquad (2\text{-}49)$$

式中　$\alpha_2$——压气站的年维护费用系数。

$$C_5 = \sum_{t=1}^{Y} \left( \frac{NT_d \times 24 \times 3600}{\eta_1 H_d} C_g \right) \cdot (P/F, i_s, t) \qquad (2\text{-}50)$$

式中　$N$——压气站的消耗功率，kW；

　　　$\eta_1$——压缩机原动机热功率转化效率；

　　　$H_d$——燃气的低发热值，kJ/m³；

　　　$T_d$——管道的年运输天数，d；

　　　$C_g$——燃料气价格，元/m³。

## 2.5.2　设计条件

设计条件如下：

(1) 管道 $CO_2$ 输量为 200 万 t/a。

（2）输送 $CO_2$ 的组成和各种杂质的含量。

根据设计要求的 $CO_2$ 主要杂质及最高含量，输送 $CO_2$ 的体积含量不低于 90%，那么其他杂质的含量根据其最大值按比例进行减小，从而得出超临界 $CO_2$ 管道输送的气体组成，结果见表 2-16。

表 2-16 输送的 $CO_2$ 的组成和各种杂质的含量    %

| 组分 | $CO_2$ | $SO_2$ | $NO_2$ | $H_2S$ | CO |
|---|---|---|---|---|---|
| 含量 | 90.000 | 0.003 | 0.017 | 0.007 | 0.175 |
| 组分 | $N_2$ | $O_2$ | $H_2$ | $CH_4$ | |
| 含量 | 2.799 | 2.799 | 2.799 | 1.400 | |

输送的临界温度为 11.25℃，临界压力为 14.21MPa。

（1）管道采用超临界状态进行 $CO_2$ 输送。

（2） $CO_2$ 管道全长 155.9km，中间没有其他的分输站和接收站，通过初步研究计算，全线只需 1 座首站和 1 座末站，无须增压站。

（3） $CO_2$ 全线的管道中心埋深为 1.6m。全年每个月的月平均地温如表 2-17 所示。可知：夏季最热月的平均地温为 20.2℃，冬季最冷月的平均地温为 3.5℃。土壤的导热系数为 1.163W/(m·℃)。全年的月平均地温为 12.1℃。

表 2-17 全年的月平均地温

| 月份 | 1 | 2 | 3 | 4 | 5 | 6 |
|---|---|---|---|---|---|---|
| 平均温度/℃ | 5.7 | 3.5 | 5.2 | 8 | 12.1 | 15.7 |
| 月份 | 7 | 8 | 9 | 10 | 11 | 12 |
| 平均温度/℃ | 18.7 | 20.2 | 19.2 | 16.4 | 12.4 | 8 |

（1）沿线的起伏较为平缓，高程和里程见图 2-25。

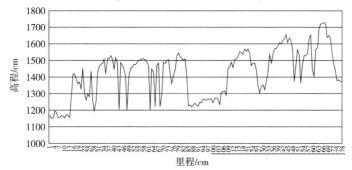

图 2-25 $CO_2$ 输送管道纵断面

（2）根据 GB 50251—2015《输气管道工程设计规范》，全年的管道输送计算天数为 350d。

（3）按照制管方式的不同，钢管可分为两类：分别为无缝钢管和有缝钢管。因为无缝钢管的口径范围偏小、制造工艺比较复杂、价格很高，在长距离输送管道时较少使用。所以选择有缝钢管的直缝管，粗糙度选取 0.1mm。各种管道的绝对粗糙度 $\kappa$ 见表 2-18。

表 2-18　各种管道的绝对粗糙度 $\kappa$

| 管线种类 | 绝对粗糙度 $\kappa$/mm | 管线种类 | 绝对粗糙度 $\kappa$/mm |
|---|---|---|---|
| 新无缝钢管 | 0.05~0.15 | 石棉水泥管 | 0.3~0.8 |
| 轻度腐蚀的钢管 | 0.1~0.3 | 新铅管 | 0.01 |
| 旧钢管 | 0.5~2.0 | 橡皮软管 | 0.01~0.03 |
| 新铸铁管 | 0.3 | | |

（1）根据 API 标准钢管部分规格选择壁厚以及公称直径系列。

（2）因为 $CO_2$ 需要在高于临界温度（钢管所承受的最高温为 60℃）之上进行运行，钢管的导热能力很强，其导热系数为 45~50W/（m·℃），散热较快，可能在管道末端会低于临界温度从而形成多相流，在必要时要在外围铺上一层保温层。常用的保温材料有聚氨酯泡沫塑料、泡沫硅藻土、矿渣棉、泡沫混凝岩棉管、玻璃棉管、橡塑海绵、聚乙烯保温材料、复合硅酸盐保温材料。

（3）防腐层是管道保护的主要屏障，防腐层选用应根据管线具体敷设环境的地形、土质状况，结合国内成熟的防腐层使用情况，以技术可靠、经济合理、管理维护方便、现场施工适应性强为选用原则。目前国内常用的管道外壁防腐工艺通常有三层 PE 结构防腐、石油沥青防腐、聚乙烯胶黏带防腐等。

① 三层 PE 由环氧树脂和挤压聚乙烯涂层相结合而形成，综合了两层 PE 和熔结环氧的优点，克服了各自的缺点，使三层 PE 具备各种优异的性能，适应范围更广，使管道的防腐能力得到进一步提高，提高了管道的使用寿命，但成本高。

② 石油沥青防腐，主要优点是预制技术较为简单、施工技术成熟、经验丰富、造价低、施工适应性强，但吸水率大，耐老化性能差，不耐细菌，属于比较落后的防腐工艺。

③ 聚乙烯胶黏带防腐层为不需加热施工的防腐层，具有施工方便灵活、防腐层致密、吸水率小、耐化学侵蚀等特点，但存在耐土壤应力差的特点。剥离强度是胶黏带性能指标中应该重点关注的，通常应采用有隔离纸的胶黏带，且对底漆钢的剥离强度应达到 40N/cm。

根据以上分析，推荐综合性能最好的普通级 PE 作为管道的防腐层，其中熔结环氧层为 50μm，胶黏层为 50μm，聚乙烯层为 2.7μm。

### 2.5.3 设计模型

图 2-26 所示为输送 CO$_2$ 流程。根据初步计算，只需在首站设立一个站，即可进行长距离 CO$_2$ 的超临界输送。选择假设周边煤化工捕集气体提纯后为含杂质的气相 CO$_2$，经多级压缩后，压力升高致使含杂质 CO$_2$ 达到超临界态的压力。因经过压缩机压缩后压力增大，同时温度升高(可能超过管道所能承受的热应力)，所以通过换热器使其冷却至安全温度范围内。此时，含杂质的 CO$_2$ 由气相转变为超临界相态，再通过管道进行长距离输送。

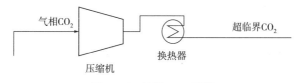

图 2-26　输送 CO$_2$ 流程

压缩机的选取：

本次设计采用往复式压缩机，往复式压缩机的用途十分广泛，在石油、天然气的加工、输送及其他工业部门中占有相当重要的地位。往复式压缩机与其他类型的压缩机相比，有其独特的优点：

(1) 压力范围最广，从低压到高压都能使用；

(2) 效率较高；

(3) 适应性强，排气量可在较广的范围内变化；

(4) 对制造压缩机的金属材料要求也不苛刻。

相对于普通介质的压缩机，CO$_2$ 压缩机主要具有以下特殊性：

(1) CO$_2$ 分子量大，因此 CO$_2$ 压缩机具有转速低，活塞线速度低的特点；

(2) CO$_2$ 临界温度高，因此当采用多级压缩时，需考虑级间是否有液相；

(3) CO$_2$ 是酸性气体，含水的情况下会产生腐蚀，主要对活塞杆产生影响，因此需采用不锈钢材质或做表面硬化处理；

(4) CO$_2$ 能与油互溶，若油中含水则会生成腐蚀性酸，因此 CO$_2$ 压缩机润滑油采用掺脂肪的专用润滑油；

(5) 脉动严重，CO$_2$ 分子量大，CO$_2$ 压缩机冲击力大，脉动更严重，因此 CO$_2$ 压缩机全部脉动分析；

(6) 为了防止 CO$_2$ 液态腐蚀或形成干冰，回流线一般采用加热回流，不能采用冷回流。因此可以认为制造 CO$_2$ 压缩机的技术难题是，CO$_2$ 的重气影响、腐蚀影响、相变影响，以及速度控制和噪声控制。

## 2.5.4 CO₂ 超临界输送方案选取

首先根据经济流速计算管径的范围，因为超临界 $CO_2$ 介于液体和气体之间，而输送的黏度更接近于气相，故根据参考文献选取经济流速为 $1 \sim 5 \mathrm{m/s}$。管径预测的大小会关系到经济模型投资的预测，管径过大会导致钢材消耗过大，但压缩机功率降低。而管径预测过小会导致钢材消耗小，降低了固定投资但同时压缩机功率会升高。综合多个方面，优选出一个最佳管径，使得相应的费用现值最小。

$$d = \sqrt{\frac{4Q}{\pi v}} \qquad (2-51)$$

式中  $d$——管道内径，m；

$Q$——设计输量的体积流量，$\mathrm{m^3/s}$；

$n$——经济流速，$\mathrm{m/s}$。

在现有有关规范中没有明确指出超临界 $CO_2$ 的经济流速，只是利用式(2-51)进行估算，本次设计同时参照国外长距离 $CO_2$ 管道的管径，见表2-19。

**表 2-19　国外长距离 CO₂ 管道**

| 管线名称 | 管线位置 | 输量/($10^6$t/a) | 管道直径/mm | 管线长度/km |
|---|---|---|---|---|
| Cortez | 美国 | 8.04 | 762 | 808 |
| Sheep | 美国 | 3.96 | 508.4 | 660 |
| Bravo | 美国 | 3.04 | | 350 |
| Canyon | 美国 | 2.17 | 360 | 225 |
| Val Verde | 美国 | 1.04 | | 130 |
| Bati Raman | 土耳其 | 0.46 | | 90 |
| Weyburn | 加拿大 | 2.08 | 356 | 328 |

由表2-19可知：本次输送量为200万 t/a，和美国 Canyon 管道工程的输量接近，Canyon 管道的直径为 DN360，所以参考此种方案选取其附近的4种管径，并从这4种管径中优选出最佳方案(费用现值最小)。

根据 API 标准钢管部分规格，选取钢管的外径为 DN273.1、DN323.9、DN355.6 和 DN406.4 共4种规格的管径。

根据国外 $CO_2$ 管道的建设和运行经验，不建议使用内防腐涂层或减阻剂。而在外防腐涂层的设计中，由于管道在正常工况和事故工况下的防控流程可能导致较低的温度，因此选择的外防腐涂层应具有较好的耐低温性能。

设备、阀门的密封性能。当压力从 $CO_2$ 超临界态快速降低至气相时，$CO_2$ 流体会引起设备、阀门出现不同类型的密封失效。因此非金属密封材料需要具备以下性能：抵制破坏性泄压的能力，与 $CO_2$ 接触时不会发生分解、硬化或对材料关键特性产生明显的负面影响，可以承受正常工况和事故工况下所有的温度范围。

润滑剂。$CO_2$ 会使阀门、泵等管道部件处的石油基润滑脂和许多合成润滑脂恶化变质，因此，必须根据 $CO_2$ 管道的组分、设计压力、设计温度优选润滑脂，确保润滑脂的性能正常。

管道止裂性能。当 $CO_2$ 管道采用超临界态输送时，操作压力可能为 20MPa 以上，加之 $CO_2$ 的特殊物性，在管材选取时要特别考虑止裂性能和断裂控制方法。部分国外管道每隔 300m 左右安装止裂器，用以保证管道的止裂性能。

### 2.5.4.1 设计输量下的方案

（1）$CO_2$ 管道设计

热力计算公式：

$$T_L = (T_0 + b) + [T_r - (T_0 + b)]e^{-aL} \tag{2-52}$$

$$a = \frac{K\pi D}{GC}, \quad b = \frac{Gig}{K\pi D} = \frac{gi}{aC} \tag{2-53}$$

式中　$K$——总传热系数，$W/(m^2 \cdot ℃)$；

　　$T_0$——周围介质温度，℃，取最冷月平均地温；

　　$G$——油品质量流量，kg/s；

　　$C$——输油平均温度下油品比热容，$J/(kg \cdot ℃)$；

　　$D$——管道外直径，m；

　　$L$——管道加热输送的长度，即加热站之间的间距，m；

　　$T_r$——管道起点温度，℃；

　　$T_L$——距离起点 L 处油温，℃；

　　$i$——油流水力坡降；

　　$g$——重力加速度，$m/s^2$，此处为 $9.8m/s^2$。

总传热系数 $K$ 由式（2-54）确定。

当管道无保温层时，忽略内外径的差值、钢管壁热及介质流至内壁放热热阻时有：

$$K = \frac{1}{\sum \dfrac{\delta_i}{\lambda_i} + \dfrac{1}{\alpha_2}} \tag{2-54}$$

式中　$\delta_i$——第 $i$ 层的厚度，m；

　　$\lambda_i$——各层相应的导热系数，$W/(m \cdot ℃)$；

$\alpha_2$——管外壁至土壤的放热系数。

水力计算公式：

$$h = \lambda \frac{L}{d} \frac{v^2}{2g} \tag{2-55}$$

式中 $h$——管道沿程水力摩阻损失，m；

$\lambda$——水力摩阻系数；

$L$——管道长度，m；

$d$——管道内径，m；

$v$——原油在管内的平均流速，m/s；

$g$——重力加速度，取 9.81m/s$^2$。

当 CO$_2$ 在超临界条件下输送时，黏度随着温度降低而升高，黏度的性质和液体相似，所以最冷月是超临界 CO$_2$ 管线运输最危险的工况，以最冷月的地温条件（3.5℃）进行管道设计。输送的 CO$_2$（含杂质）临界压力为 14.21MPa，临界温度为 11.28℃，输送时的压力和温度要远离临界点，避免管道中的参数发生波动。在模拟软件 SPS 中设定出站压力为 15MPa，进站温度为 35℃（保证出站温度不小于 13℃）。SPS 模拟界面如图 2-27 所示。

take　　node_1　　　　　pipe_1　　node_3　　sale_2

图 2-27　SPS 模拟界面

（2）CO$_2$ 压缩机站设计

根据文献可知煤化工捕集气体的压力和温度范围，设定含杂质 CO$_2$ 的进站压力为 0.2MPa，进站温度为 40℃，密度为 3.413kg/m$^3$。

$$N_j = \frac{1}{\eta_s} \frac{k_{vj}}{k_{vj}-1} Z_{ij} R_m T_{ij} \left[ \varepsilon^{\frac{k_{vj}-1}{k_{vj}}} - 1 \right] M_j \tag{2-56}$$

式中 $M_j$——压气站 CO$_2$ 流量，kg/s；

$\eta_s$——压缩机的多变效率，通常取 0.85；

$k_{vj}$——压气站平均容积绝热指数，通常取 1.25；

$Z_{ij}$——压气站进口处的压缩因子；

$R_m$——气体常数，8.3143kJ/（kmol·k）；

$T_{ij}$——压气站的进站温度，k；

$\varepsilon$——压气站的压比。

利用相关软件模拟压缩机和换热器消耗的功率和能量。最冷月设计输量下的方案如表 2-20 所示。

表 2-20  最冷月设计输量下的方案

| 方案 | CO$_2$管道输送段 | | | |
|---|---|---|---|---|
| 管径方案 | 出站温度/℃ | 进站温度/℃ | 进站压力/MPa | 出站压力/MPa |
| DN273.1 | 35 | 14.702 | 15 | 26.3 |
| DN323.9 | 35 | 14.849 | 15 | 20.4 |
| DN355.6 | 35 | 14.883 | 15 | 19.93 |
| DN406.4 | 35 | 14.930 | 15 | 17.8 |

由表 2-20 可知:出站压力随着管径增大而减小,首站压缩机的压比会减小,进站温度随着管径增加有小幅度的变化,但是变化并不明显。可见在本次设计中并不需要在管道外加敷一层保温层。

含杂质 CO$_2$ 的注入流程如图 2-28 所示。

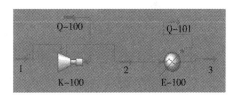

图 2-28  含杂质 CO$_2$ 的注入流程

设含杂质 CO$_2$ 的进站压力为 0.2MPa,温度为 40℃,经压缩机压缩达到出站所需的压力(要保证在 CO$_2$ 管道运输过程中,CO$_2$ 始终保持在超临界状态),之后经过换热器降温(管道所承受的最高温度为 60℃),最后将增压、增温、含杂质的 CO$_2$ 通过长输管道进行运输。

以方案 1 为例对图 2-28 中各个节点的参数进行说明,在此种模拟条件下设压缩机没有级间冷却,理想压缩机没有压比和压缩机出口温度的限制。方案 1 压缩机前后参数如图 2-29 所示。方案 1 换热器前后参数如图 2-30 所示。

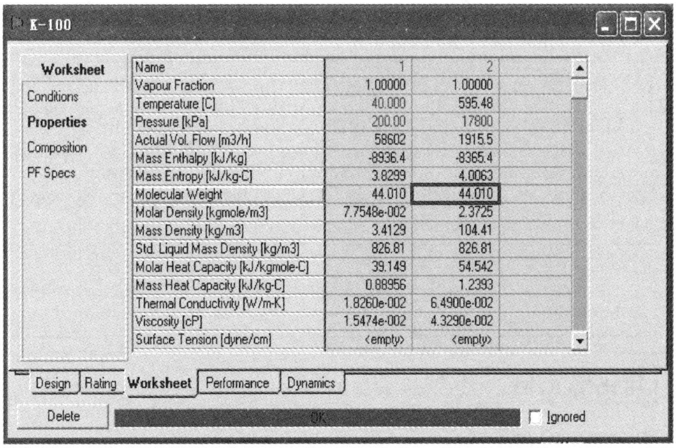

| K-100 | | |
|---|---|---|
| **Worksheet** | Name | 1 | 2 |
| Conditions | Vapour Fraction | 1.00000 | 1.00000 |
| **Properties** | Temperature [C] | 40.000 | 595.48 |
| | Pressure [kPa] | 200.00 | 17800 |
| Composition | Actual Vol. Flow [m3/h] | 58602 | 1915.5 |
| PF Specs | Mass Enthalpy [kJ/kg] | -8936.4 | -8365.4 |
| | Mass Entropy [kJ/kg-C] | 3.8299 | 4.0063 |
| | Molecular Weight | 44.010 | 44.010 |
| | Molar Density [kgmole/m3] | 7.7548e-002 | 2.3725 |
| | Mass Density [kg/m3] | 3.4129 | 104.41 |
| | Std. Liquid Mass Density [kg/m3] | 826.81 | 826.81 |
| | Molar Heat Capacity [kJ/kgmole-C] | 39.149 | 54.542 |
| | Mass Heat Capacity [kJ/kg-C] | 0.88956 | 1.2393 |
| | Thermal Conductivity [W/m-K] | 1.8260e-002 | 6.4900e-002 |
| | Viscosity [cP] | 1.5474e-002 | 4.3290e-002 |
| | Surface Tension [dyne/cm] | <empty> | <empty> |

Design | Rating | **Worksheet** | Performance | Dynamics

Delete　　　　OK　　　　□ Ignored

图 2-29  方案 1 压缩机前后参数

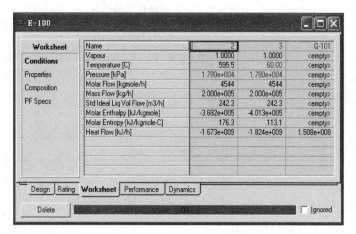

图 2-30　方案 1 换热器前后参数

流程各个节点的温度、压力以及含杂质 $CO_2$ 的密度如表 2-21 所示。

表 2-21　流程各个节点的温度、压力以及含杂质 $CO_2$ 的密度

| 节点 | DN406.4 | | DN355.6 | | DN323.9 | | DN273.1 | |
|---|---|---|---|---|---|---|---|---|
| | 温度/℃ | 压力/MPa | 温度/℃ | 压力/MPa | 温度/℃ | 压力/MPa | 温度/℃ | 压力/MPa |
| 1 | 40 | 0.2 | 40 | 0.2 | 40 | 0.2 | 40 | 0.2 |
| 2 | 595.5 | 17.8 | 606.2 | 19 | 618 | 20.4 | 661.1 | 26.3 |
| 3 | 60 | 17.8 | 60 | 19 | 60 | 20.4 | 60 | 26.3 |

流程各设备的功率和传热量如表 2-22 所示。

表 2-22　流程各设备的功率和传热量

| 设备 | DN406.4 | | DN355.6 | | DN323.9 | | DN273.1 | |
|---|---|---|---|---|---|---|---|---|
| | 功率/kW | 能量/<br>(kJ/h×10⁸) | 功率/kW | 能量/<br>(kJ/h×10⁸) | 功率/kW | 能量/<br>(kJ/h×10⁸) | 功率/kW | 能量/<br>(kJ/h×10⁸) |
| 压缩机<br>K-100 | 30022 | 1.132 | 32444 | 1.168 | 33222 | 1.196 | 36139 | 1.301 |
| 冷却器<br>E-100 | 41889 | 1.508 | 42611 | 1.534 | 43389 | 1.562 | 46333 | 1.668 |

### 2.5.4.2　设计压力及壁厚

（1）X70 和 X80 钢级比较

管线钢是指用于输送石油、天然气等的大口径焊接钢管用热轧卷板或宽厚

板。管线钢在使用过程中，除要求具有较高的耐压强度外，还要求具有较高的低温韧性和优良的焊接性能。高强度管线钢是在低碳含锰钢基础上，添加微量的铌、钒、钛微合金化处理，采用精炼提高钢质纯净度，降低钢中硫、磷含量，从钢坯加热开始加以控制低温烧钢，粗轧区采用再结晶控制轧制，精轧区奥氏体非再结晶区的控制轧制，轧后控冷，进而得到极细(晶粒度 11~12 级)的铁素体和少量珠光体组织，满足管线钢苛刻的强度、韧性要求。这类钢的化学成分：C≤0.2%，合金元素≤3%~5%。X80、X70 是高强度管线钢的美国分类型号，主要体现在力学性能和焊接性。X80 最小屈服值($\sigma_s$)为 555MPa，抗拉强度为740MPa；X70 最小屈服值($\sigma_s$)为 485MPa，抗拉强度为 655MPa。随着石油、天然气消费量的增长，石油、天然气输送管线的重要性越来越突出。为了实现安全、经济的输送，管线钢钢管起到重要作用。

管材和制管费用计算 2009 年上半年国内知名钢厂报价，X70 级板材 5550元/t，X80 级板材 6050 元/t，根据制管厂报价，X80 级钢管制造技术与 X70 基本相同，属于常规工艺，单位制造费用存在的差异不大，可忽略不计。

焊接费用、工艺比较：

在本工程施工中，不论采用气体保护自动焊还是焊条电弧焊方法，在焊缝质量、生产速度、强度匹配等方面均与 X70 基本相同。X70 与 X80 钢管进行现场焊接时，采用的焊材等级基本相同，焊接技术方面也不存在差异，因此，本工程X80 管道焊接成本不比 X70 高。但是，由于采用 X80 管材后，钢管壁厚变薄，一条焊缝所需焊材量有所减少，焊材总费用有所降低。

（2）设计压力及壁厚计算

另外，采用 X70 管材，由于管壁较厚，可能需要采用 X 形对接焊缝、双面焊接。增大了操作难度，不容易保证焊接质量。因此，不论是从焊接费用还是从焊接工艺考虑，X80 级管材均优于 X70 级管材。

采用高材质管材作为输送介质的优势不仅体现在节约工程造价一次性投资上，同时明显地体现在项目运营成本上。相同输送压力下，选用两种管材方案，X80 材质的投资要低，相应在运行成本中与投资呈比例关系的成本费用减少，如维护与修理费等。另外，输送压力增高，使压气站数量减少，大幅度降低输送损耗，从而降低整个运行成本，创造更大的经济效益。

根据设计输量下的水力计算结果，选出 2~3 组设计压力。此次设计在高于临界点的压力和温度下输送 CO₂，采用高压输送以及选用高级钢材可以大量节约建设成本，X80 钢级是国际上成熟和标准的管线钢钢级，国际上在管道设计、生产和施工中已经有成熟的经验。国内在经过长时间实验和应用的基础上，已经与国外应用 X80 钢处于同一水平，在大口径高压力输送流体时建议选用 X80 钢级。

考虑一定的腐蚀余量可以得出设计的壁厚：

$$\delta = \frac{PD}{2\sigma_s F\phi t} + C \qquad\qquad (2-57)$$

式中　$\delta$——钢管壁厚，mm；

　　　$P$——管道设计压力，MPa；

　　　$D$——钢管外径，mm；

　　　$F$——强度设计系数，取 0.9；

　　　$\sigma_s$——钢管最低屈服强度，MPa；

　　　$\phi$——焊缝系数，焊接钢管取 0.95；

　　　$C$——腐蚀余量，取 1mm；

　　　$t$——温度折减系数，当 $t \leqslant 120℃$ 时，$t$ 取 1.0。

　　X80 钢级工程应用段的设计严格执行 GB 50251—2015《输气管道工程设计规范》，满足管道设计标准的各项指标要求，X80 钢的屈服强度为 555MPa。管道的最小管壁厚厚度不应小于 4.5mm，钢管外径与壁厚之比不应大于 100。X80 钢级下设计压力及壁厚的选取如表 2-23 所示。

表 2-23　X80 钢级下设计压力及壁厚的选取

| 方案 | CO₂ 管道输送段 | | | | | |
|---|---|---|---|---|---|---|
| 管径方案 | 设计压力/MPa | 腐蚀余量/mm | 计算壁厚/mm | 设计壁厚/mm | 内径/mm | 管重/(kg/m) |
| DN273.1 | 27 | 0.5 | 8.27 | 8.60 | 255.9 | 55.74 |
|  | 30 | 0.5 | 9.13 | 10.00 | 253.1 | 64.47 |
|  | 33 | 0.5 | 10.00 | 10.50 | 252.1 | 67.57 |
| DN323.9 | 21 | 0.5 | 7.67 | 7.90 | 308.1 | 61.56 |
|  | 24 | 0.5 | 8.69 | 8.70 | 306.5 | 67.62 |
|  | 27 | 0.5 | 9.71 | 10.30 | 303.3 | 79.65 |
| DN355.6 | 20 | 0.5 | 7.99 | 8.70 | 338.2 | 74.42 |
|  | 23 | 0.5 | 9.12 | 9.50 | 336.3 | 81.08 |
|  | 26 | 0.5 | 10.24 | 10.30 | 335.0 | 87.71 |
| DN406.4 | 18 | 0.5 | 8.21 | 8.70 | 389.0 | 85.32 |
|  | 21 | 0.5 | 9.49 | 9.50 | 387.4 | 92.98 |
|  | 24 | 0.5 | 10.78 | 11.10 | 384.2 | 108.20 |

（3）经济性（费用现值）分析

长距离输送超临界 CO₂ 管道项目工程费用估算见表 2-24。

表 2-24 长距离输送超临界 $CO_2$ 管道项目工程费用估算

| 序号 | 工程项目或费用名称 | 单位 | DN200 | DN300 | DN400 | 备注 |
|---|---|---|---|---|---|---|
| 1 | 与管径无关的敷设费用 | 元/km | 6.52 | 8.18 | 8.84 | |
| 2 | 与管径成正比的敷设费用 | 元/km | 31.1 | 39.96 | 45.58 | |
| 3 | 管材价格 X80 | 元/km | 69.35 | 87.16 | 96.22 | 7200 元/t |
| 4 | 管道的外防腐层费用 | 元/km | 19.35 | 24.32 | 26.79 | |
| 5 | 与功率无关的每座压气站投资 | 元/座 | $2 \times 10^7$ | | | |
| 6 | 压气站单位功率的投资 | 元/kW | 7200 | | | |
| 7 | 复利现值计算系数 | | 0.5 | | | |
| 8 | 燃料气价格 | 元/m³ | 1.37 | | | 对外出厂交接价格，各地不同 |
| 9 | 管道附件费用系数 | | 0.087 | | | |
| 10 | 线路的年维护费用系数 | | 0.05 | | | |
| 11 | 压气站的年维护费用系数 | | 0.05 | | | |
| 12 | 压缩机效率 | | 0.75 | | | |
| 13 | 原动机效率 | | 0.35 | | | |

注：没有提供的价格参数根据参考文献估计。

对各种输送方案进行经济分析，费用现值的计算结果如表 2-25 所示。

表 2-25 各个方案费用现值计算

| 管径方案 | $C_1$/元 | $C_2$/元 | $C_3$/元 | $C_4$/元 | $C_5$/元 | 费用现值/百万元 |
|---|---|---|---|---|---|---|
| DN273.1(1) | 3146633 | 613798400 | 2359975 | 460000000 | 5441497 | 1085.1 |
| DN273.1(2) | 3156990 | 613798400 | 2367743 | 460000000 | 5441497 | 1085.11 |
| DN273.1(3) | 3160661 | 613798400 | 2370496 | 460000000 | 5441497 | 1085.12 |
| DN323.9(4) | 4140873 | 571599200 | 3105654 | 429000000 | 5054789 | 1012.6 |
| DN323.9(5) | 4148019 | 571599200 | 3111014 | 429000000 | 5054789 | 1012.61 |
| DN323.9(6) | 4162199 | 571599200 | 3121649 | 429000000 | 5054789 | 1012.64 |
| DN355.6(7) | 4645772 | 560396000 | 3484329 | 420000000 | 4952124 | 993.78 |
| DN355.6(8) | 4653618 | 560396000 | 3490213 | 420000000 | 4952124 | 993.79 |
| DN355.6(9) | 4661426 | 560396000 | 3496070 | 420000000 | 4952124 | 993.8 |
| DN406.4(10) | 5686444 | 560000000 | 4264833 | 420000000 | 4948495 | 994.9 |
| DN406.4(11) | 5695472 | 560000000 | 4271604 | 420000000 | 4948495 | 994.92 |
| DN406.4(12) | 5713414 | 560000000 | 4285061 | 420000000 | 4948495 | 994.95 |

管道建设费用如图 2-31 所示。

压缩机站建设费用如图 2-32 所示。

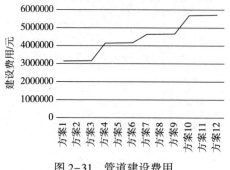

图 2-31　管道建设费用

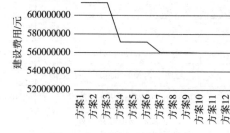

图 2-32　压缩机站建设费用

运行费用如图 2-33 所示。

费用现值如图 2-34 所示。

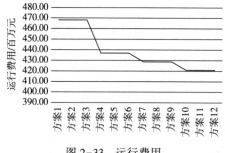

图 2-33　运行费用

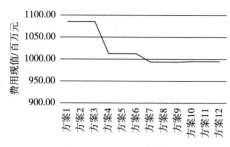

图 2-34　费用现值

由图 2-31~图 2-34 可知：管径增大，管道的材料耗费多，管道的建设费用增大，随着管径增大，压缩机站的建设费用减小(所需压缩机的压比减小)。管道的运行寿命为 30 年，根据理想状态的估算可知，随着管径增大，管道的年运行费用减小。计算 12 种方案的费用现值，从中选取最优方案(费用现值最小)，费用现值最小的方案为方案 7，管径为 $DN355.6$。

### 2.5.4.3　最优方案选取

根据费用现值最优(最小)可以选取最优方案，如表 2-26 所示。

表 2-26　超临界 $CO_2$ 输送管道的设计参数

| 公称直径 | 保温层厚度/mm | 设计压力/MPa | 设计壁厚/mm | 钢级 | 压缩机站 |
|---|---|---|---|---|---|
| $DN355.6$ | 0 | 20 | 8.7 | X80 | 1 |

| 出站压力/MPa | 进站压力/MPa | 出站温度/℃ | 进站温度/℃ |
|---|---|---|---|
| 19.93 | 15 | 35 | 14.9 |

站场周边煤化捕集气,其原料气的压力根据参考文献定为 0.2~0.3MPa,原料气的温度为 40℃,密度为 3.413kg/m³,设定原料气内含有一定的游离水,根据压缩机压比的限制,经过计算,需要用四级压缩机才可以将煤化捕集气从 0.2MPa 压缩到 19.93MPa 及以上(见表 2-27),故压缩机的出口压力按照 19.93MPa 计算,当输量为 200 万 t/a 时,采用四级压缩,压缩机压比在理想情况下暂时设定为 3.12。

表 2-27 CO₂ 超临界输送时各级压缩机的参数

| 参数 | 1 级 | | 2 级 | | 3 级 | | 4 级 | |
|---|---|---|---|---|---|---|---|---|
| | 入口 | 出口 | 入口 | 出口 | 入口 | 出口 | 入口 | 出口 |
| 压力/MPa | 0.20 | 0.62 | 0.62 | 1.95 | 1.95 | 6.07 | 6.07 | 19.93 |
| 温度/℃ | 40 | 95.4 | 40 | 97.6 | 40 | 99.3 | 40 | 102.4 |

长距离 CO₂ 运输工艺流程包含 3 个部分,分别为预处理系统、增压系统和长距离管道运输。站场周边煤化捕集气在预处理中包含除尘、除液和捕雾后,进入增压系统,在增压系统经四级压缩机加压至 19MPa 左右,在经过换热器冷却后去往含杂质 CO₂ 的长距离输送管道进行输送。

#### 2.5.4.4 设计输量下的运行方案

在选定的最佳超临界 CO₂ 管道输送设计方案的基础上,针对三种季节(夏季、冬季、春秋季)不同地温下的运行方案,计算沿线的水力和热力变化,可以给出相应的增压方案,同样利用 SPS 进行模拟,见表 2-28~表 2-30。

表 2-28 不同季节的地温参数

| 季节 | 冬季 | 春秋季 | 夏季 |
|---|---|---|---|
| 温度/℃ | 5.7 | 12.2 | 18.2 |

由表 2-28 可知:在不同季节地温不相同,随着地温温度升高,出站温度保持一致时,进站温度升高。固定进站压力,出站压力随着地温升高而有小幅度下降。

表 2-29 不同季节下的运行方案 1

| 季节 | 管径方案 | 出站温度/℃ | 进站温度/℃ | 进站压力/MPa | 出站压力/MPa |
|---|---|---|---|---|---|
| 冬季 | DN355.6 | 35 | 14.90 | 15 | 19.93 |
| 春秋季 | DN355.6 | 35 | 20.11 | 15 | 19.59 |
| 夏季 | DN355.6 | 35 | 23.64 | 15 | 19.00 |

由表 2-29 可知：$CO_2$ 在最恶劣的工况下最低出站温度要求为 35℃，但当气体经过四级压缩机压缩后，出站温度可达到 100℃ 左右，经冷却器冷却到不超过管道热应力的温度即可，管道最高承受温度为 60℃，故出站温度可以定为 60℃，对不同季节下的运行方案重新进行调整。

表 2-30　不同季节下的运行方案 2

| 季节 | 管径方案 | 出站温度/℃ | 进站温度/℃ | 进站压力/MPa | 出站压力/MPa |
|---|---|---|---|---|---|
| 冬季 | $DN$355.6 | 60 | 26.73 | 15 | 18.93 |
| 春秋季 | $DN$355.6 | 60 | 31.61 | 15 | 18.86 |
| 夏季 | $DN$355.6 | 60 | 34.85 | 15 | 18.47 |

由表 2-30 可知：出站温度设为 60℃ 时，进站温度会提高，在不同季节(冬季、春秋季、夏季)输送 $CO_2$ 时，含杂质 $CO_2$ 均处于超临界状态。在不加保温层时，进站温度可达到超临界态。由此可知，在此种运行方案下并不需要另外敷设保温层。在此种条件下运行，会使四级压缩机压缩后的换热器功率降低，节省能源，使费用现值降低，因此出站温度选取 60℃。

### 2.5.4.5　水力热力分析

以管道外径 $DN$355.6 为例对管道的水力和热力性质进行简单的分析。

(1) 管道沿线流体温降特性

设计输量下 $DN$355.6 管道在最冷月的沿线温降曲线见图 2-35。

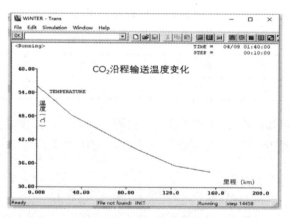

图 2-35　$DN$355.6 最冷月设计输量温降曲线

因要求在超临界条件下输送 $CO_2$，运输温度要求高于周围环境的温度，不能直接采用等温输送的方式，需采用加热输送的方式。在超临界 $CO_2$ 沿管道向前输送的过程中，由于输送介质的温度高于管道周围的环境温度，在径向温差的推动下，介质流所携带的热量将不断地往管外损失，使 CO$_2$ 温度降低。散热量及沿线温度的分布和很多因素有关，如输量、加热温度、环境条件、管道散热条件等。严格来说，这些因素是随着时间不断变化的，故管道经常处于热力不稳定的状态。本次设计的管道在较为理想的情况下运行，设计阶段根据稳态计算结果确定进出站的温度。

分别改变输气量、加热温度、环境条件和管道的散热条件(并在改变其中一个条件时，其他条件保持不变)对沿程的温降进行进一步分析。

由于输油和输气的温降都可以用苏霍夫公式来分析，利用苏霍夫公式进行定性分析：

$$T_L = T_0 + (T_R - T_0) e^{-aL} \qquad (2-58)$$

$$a = \frac{K\pi D}{Gc} \qquad (2-59)$$

式中  $G$——输送介质的质量流量，kg/s；

$c$——输送介质的比热容，J/(kg·℃)；

$D$——管道的外直径，m；

$L$——管道加热输送的长度，m；

$K$——管道总传热系数，1.163W/(m$^2$·℃)；

$T_R$——管道起点温度，℃；

$T_L$——距起点 L 处的温度，℃；

$T_0$——管道中心埋深处自然地温，℃。

① 质量流量对沿程温降的影响

不同质量流量下管道的温降见表 2-31。

表 2-31  不同质量流量下管道的温降

| 输气量/(万 t/a) | 出站温度/℃ | 进站温度/℃ | 进站压力/MPa | 出站压力/MPa |
|---|---|---|---|---|
| 200 | 60 | 26.733 | 15 | 18.93 |
| 150 | 60 | 22.068 | 15 | 17.79 |
| 100 | 60 | 14.764 | 15 | 17.03 |
| 50 | 60 | 6.251 | 15 | 16.75 |

由表 2-31 可知：随着 CO$_2$ 质量流量的减小，固定出站温度，进站温度会大幅度降低，因此在输送过程中一定要控制输送量，保证进站温度在 CO$_2$ 超临界温度的范围内。

② 加热温度对沿程温降的影响

不同加热温度下管道的温降见表 2-32。

表 2-32　不同加热温度下管道的温降

| 加热温度/℃ | 出站温度/℃ | 进站温度/℃ | 进站压力/MPa | 出站压力/MPa |
|---|---|---|---|---|
| 60 | 60 | 26.733 | 15 | 18.93 |
| 50 | 50 | 21.57 | 15 | 18.96 |
| 40 | 40 | 17 | 15 | 18.99 |
| 30 | 30 | 12.84 | 15 | 19.03 |

由表 2-32 可知：随着出站温度升高，进站温度也随之升高。从图 2-35 可以看出，出站口处 $CO_2$ 的温度较高，管输 $CO_2$ 与周围的介质温差大，温降很快，而在进站前的管段上，由于管输气体温度降低和周围介质的温差减小，其温降会减缓。因此，当出站温度提高 10℃ 时，进站温度会提高 4~5℃，因此想要通过出站温度的升高来提高进站温度需要考虑其经济性。

③ 环境温度对沿程温降的影响

不同环境温度下管道的温降见表 2-33。

表 2-33　不同环境温度下管道的温降

| 环境温度/℃ | 出站温度/℃ | 进站温度/℃ | 进站压力/MPa | 出站压力/MPa |
|---|---|---|---|---|
| 5.7 | 35 | 14.9 | 15 | 19.93 |
| 12.2 | 35 | 20.11 | 15 | 19.59 |
| 18.2 | 35 | 23.64 | 15 | 19 |

由表 2-33 可知：在固定出站温度的条件下，随着管道埋深处土壤自然环境温度的升高，管道的进站温度上升。

④ 散热条件对沿程温降的影响

不同散热条件通过改变管道的总传热系数来实现(见表 2-34)。

表 2-34　不同散热条件下管道的温降(土壤温度 3.5℃)

| 管道的总传热系数 $W/(m^2 \cdot ℃)$ | 出站温度/℃ | 进站温度/℃ | 进站压力/MPa | 出站压力/MPa |
|---|---|---|---|---|
| 1.163 | 60 | 26.73 | 15 | 18.93 |
| 2 | 60 | 25.48 | 15 | 18.67 |
| 3 | 60 | 24.08 | 15 | 18.32 |

由表 2-34 可知：在固定出站温度的情况下，随着管道总传热系数升高，进站温度会略有降低。随着管道总传热系数增大，在输送过程中流体热量损失会增大，因此进站温度会降低。

$DN355.6$ 出站与进站节点参数如图 2-36 和图 2-37 所示。

**NODE_1 - CO2 WINTER - Trans**

node: NODE_1

| Description | Abbrev. | Value | Units |
|---|---|---|---|
| Pressure | P | 189.270 | BARG |
| Setpoint Pressure | SP | 0.000 | BARG |
| Flowing Temperature | T | 60.000 | DC |
| Node Temperature | NT | 60.000 | DC |
| Setpoint Temperature | ST | 3.500 | DC |
| Flow | Q | 0.000 | M3/HR |
| Setpoint Flow | SQ | 0.000 | M3/HR |
| Nominal Flow | NQ | 0.000 | M3/HR |
| Setpoint Nominal Flow | SNQ | 0.000 | M3/HR |
| Flowing Thermal Flow | H | 0.000 | GJOULE/D |
| Setpoint Thermal Flow | SH | 0.000 | GJOULE/D |
| Nominal Thermal Flow | NH | 0.000 | GJOULE/D |
| Setpoint Nominal Ther... | SNH | 0.000 | GJOULE/D |
| Subtype of External | STYP | TAKE | |
| Control Mode | MODE | SQ | |
| Number of Control Mo... | NCMC | 0.000 | |
| Actual Flow | F | 0.000 | AM3/HR |
| Nominal Actual Flow | NF | 0.000 | AM3/HR |
| Cumulative Flow | CF | 0.000 | M3 |
| Highest Allowable Pres... | PMAX | 344.737 | BARG |
| Lowest Allowable Pres... | PMIN | -1.006 | BARG |
| Highest Allowable Flow | QMAX | 662447... | M3/HR |
| Lowest Allowable Flow | QMIN | -662447... | M3/HR |
| Maximum Thermal Flow | HMAX | 105540... | GJOULE/D |
| Minimum Thermal Flow | HMIN | -105540... | GJOULE/D |
| Difference Between S... | DP | 0.000 | BAR |
| Difference Between S... | DQ | 0.000 | M3/HR |
| Flowing Density | DEN | 709.746 | KG/M3 |
| Node Density | NDEN | 709.746 | KG/M3 |
| Setpoint Density | SDEN | 993.220 | KG/M3 |
| Flowing Viscosity | VISC | 0.045 | CP |
| Node Viscosity | NVISC | 0.045 | CP |
| Setpoint Viscosity | SVISC | 0.046 | CP |
| | QERR | 0.000 | M3/HR |
| | CNCS | +TAKE... | |
| | DESC | | |
| | KYLT | NO | |
| | MAOP | 689.473 | BARG |
| | MASP | 758.407 | BARG |
| | LAOP | 0.000 | BARG |
| | LASP | 0.000 | BARG |

图 2-36　$DN355.6$ 出站节点参数

**NODE_3 - CO2 WINTER - Trans**

node: NODE_3

| Description | Abbrev. | Value | Units |
|---|---|---|---|
| Pressure | P | 150.000 | BARG |
| Setpoint Pressure | SP | 0.000 | BARG |
| Flowing Temperature | T | 26.733 | DC |
| Node Temperature | NT | 26.733 | DC |
| Setpoint Temperature | ST | 3.500 | DC |
| Flow | Q | 0.000 | M3/HR |
| Setpoint Flow | SQ | 0.000 | M3/HR |
| Nominal Flow | NQ | 0.000 | M3/HR |
| Setpoint Nominal Flow | SNQ | 0.000 | M3/HR |
| Flowing Thermal Flow | H | 0.000 | GJOULE/D |
| Setpoint Thermal Flow | SH | 0.000 | GJOULE/D |
| Nominal Thermal Flow | NH | 0.000 | GJOULE/D |
| Setpoint Nominal Ther. | SNH | 0.000 | GJOULE/D |
| Subtype of External | STYP | TAKE | |
| Control Mode | MODE | SQ | |
| Number of Control Mo... | NCMC | 0.000 | |
| Actual Flow | F | 0.000 | AM3/HR |
| Nominal Actual Flow | NF | 0.000 | AM3/HR |
| Cumulative Flow | CF | 0.000 | M3 |
| Highest Allowable Pres. | PMAX | 344.737 | BARG |
| Lowest Allowable Pres. | PMIN | -1.006 | BARG |
| Highest Allowable Flow | QMAX | 662447... | M3/HR |
| Lowest Allowable Flow | QMIN | -662447... | M3/HR |
| Maximum Thermal Flow | HMAX | 105540... | GJOULE/D |
| Minimum Thermal Flow | HMIN | -105540... | GJOULE/D |
| Difference Between S... | DP | 0.000 | BAR |
| Difference Between S... | DQ | -0.000 | M3/HR |
| Flowing Density | DEN | 882.908 | KG/M3 |
| Node Density | NDEN | 882.908 | KG/M3 |
| Setpoint Density | SDEN | 980.562 | KG/M3 |
| Flowing Viscosity | VISC | 0.044 | CP |
| Node Viscosity | NVISC | 0.044 | CP |
| Setpoint Viscosity | SVISC | 0.044 | CP |
| | QERR | 0.000 | M3/HR |
| | CNCS | +PIPE... | |
| | DESC | | |
| | KYLT | NO | |
| | MAOP | 689.473 | BARG |
| | MASP | 758.404 | BARG |
| | LAOP | 0.000 | BARG |
| | LASP | 0.000 | BARG |

图 2-37　$DN355.6$ 进站节点参数

（2）管道沿线流体密度变化特性

超临界 $CO_2$ 密度在管道流动过程中的变化曲线见图 2-38。

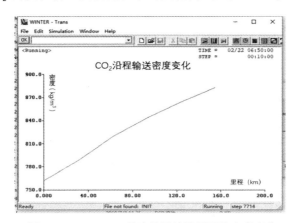

图 2-38　$DN355.6$ 最冷月设计输量下的密度变化

由图 2-38 可见，管输超临界 $CO_2$ 密度在输送过程中逐渐变大。在输送过程中由于温度降低使 $CO_2$ 密度增大，同时压力降低又使 $CO_2$ 密度减小。其中参考含杂质 $CO_2$ 相图(试样 15)可以判断温度的变化对密度的影响起主要作用，因此

整体趋势是 $CO_2$ 密度在输送过程中逐渐增大。

（3）管道沿线流体体积流量和流速变化特性

超临界 $CO_2$ 流体体积流量和流速变化曲线分别见图 2-39 和图 2-40。

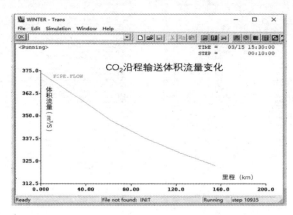

图 2-39　DN355.6 最冷月设计输量下体积流量变化

由图 2-39 可知：因为管道所输送的质量流量是一定的，体积流量随着密度增大而减小。

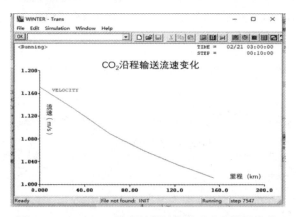

图 2-40　DN355.6 最冷月设计输量下流速沿程变化

由图 2-40 可知：本设计所选方案的流体速度在有关资料建议的 1~5m/s 范围内。

### 2.5.5　设计保温层的方案

在长距离管道输送时，一般不需要敷设保温层，由于本次管道出站温度确定，为管道（防腐层）的最高承受温度 60℃，而出站温度又远高于输送超临界 $CO_2$ 的临界温度，所以敷设保温层的意义不大。但是，为了进一步比较不同方案的经济性,同时为了定性比较超临界 CO$_2$ 适合于低温输送还是高温输送,以下计算围绕在管道外敷设不同的保温层厚度展开。

本次方案设计采用聚氨酯泡沫塑料作为保温层,其具有容重小、导热系数低、吸水率低、抗压强度高、与钢铁表面的粘接性好以及施工方便的特点。

当保温层材料确定后,保温层的单位价格已知,保温层厚度是影响技术经济指标的重要参数。保温层厚度增大,管道传热系数减小,可以减少加热温度,降低能耗,节约运行费用,但保温层材料费和施工费增加,且保温层厚度增加至一定程度后,保温效果的提高就不大明显了。所以应该通过技术经济的比较确定保温层厚度,拟选取不同的保温层厚度,对它们进行热力、水力工艺计算,并确定运行参数,计算其投资、经营费用,再对各个方案进行技术经济比较,确定最佳的保温层厚度。

对保温材料的要求是:应有低的导热系数,一般不大于 0.14W/(m·℃),最大也不应超过 0.233W/(m·℃);密度要小,一般应低于 600kg/m$^3$;耐热温度高,耐振动;抗压强度应不小于 0.3MPa;含可燃物及水分极少;吸水性低;对金属没有明显的腐蚀作用;化学稳定性好等。具体见表 2-35。

表 2-35  常用保温材料的密度和导热系数

| 材料名称 | 密度 $\rho$/(kg/m$^3$) | 导热系数 $\lambda$/[W/(m·℃)] |
|---|---|---|
| 玻璃棉毡 | 100~160 | 0.041~0.058 |
| 矿渣棉毡 | 130~250 | 0.041~0.070 |
| 石棉硅藻土 | 280~380 | 0.070~0.081 |
| 水泥蛭石壳管 | 430~500 | 0.088~0.140 |
| 沥青蛭石壳管 | 350~400 | 0.081~0.105 |
| 水泥泡沫混凝土 | 400~450 | 0.093~0.140 |
| 粉煤灰泡沫混凝土 | 300~700 | 0.151~0.163 |
| 聚氨酯硬质泡沫塑料 | <65 | 0.026~0.028 |

在确定保温层厚度时,应该综合考虑保温层投资费用和每年管路的热能消耗费用,使总的费用最少。单位管长每年的总费用应等于每年的保温层投资抵偿金额和每年的热能消耗费用之和:

$$F=\frac{\pi}{4}(D_b^2-D^2)aN+h\,q_b b \qquad (2-60)$$

式中  $F$——每米管长的总费用,元/年;

$N$——抵偿率，$N=\dfrac{i\,(1+i)^{n}}{(1+i)^{n}-1}$；

$a$——保温层投资，元/m$^3$；

$b$——热能价格，元/J；

$q_{\mathrm{b}}$——单位管长热量损失，W/m；

$h$——每年运行时间，s。

同样条件下，保温管道与不保温管道热损失的比值 $a$ 可按式（2-61）进行计算：

$$a=\frac{q_{\mathrm{b}}}{q} \tag{2-61}$$

式中　$q_{\mathrm{b}}$——管道有保温层时，单位管长上的热损失；

　　　$q$——管道无保温层时，单位管长上的热损失。

$$q_{\mathrm{b}}=\frac{\pi(t-t_{\mathrm{j}})}{\dfrac{1}{a_{1}d}+\dfrac{1}{2\lambda}\ln\dfrac{D}{d}+\dfrac{1}{2\lambda_{\mathrm{b}}}\ln\dfrac{D_{\mathrm{b}}}{d}+\dfrac{1}{2\lambda_{\mathrm{tu}}}\ln\dfrac{4h}{D_{\mathrm{b}}}} \tag{2-62}$$

$$q=\frac{\pi(t-t_{\mathrm{j}})}{\dfrac{1}{a_{1}d}+\dfrac{1}{2\lambda}\ln\dfrac{D}{d}+\dfrac{1}{2\lambda_{\mathrm{b}}}+\dfrac{1}{2\lambda_{\mathrm{tu}}}\ln\dfrac{4h}{D_{\mathrm{b}}}} \tag{2-63}$$

式中　$t$——管内流体的温度，℃；

　　　$t_{\mathrm{j}}$——管外介质的温度，℃；

　　　$d$——管道内径，m；

　　　$D$——管道外径，m；

　　　$D_{\mathrm{b}}$——保温层外径，m；

　　　$\lambda$——钢管导热系数，W/(m·K)；

　　　$\lambda_{\mathrm{b}}$——保温材料导热系数，W/(m·K)；

　　　$a_{1}$——管道内部的放热系数，W/(m·K)；

　　　$\lambda_{\mathrm{tu}}$——土壤的导热系数，W/(m·K)；

　　　$h$——管道中心至地表的距离，m。

由此可求得：

$$a=\frac{\dfrac{1}{a_{1}d}+\dfrac{1}{2\lambda}\ln\dfrac{D}{d}+\dfrac{1}{2\lambda_{\mathrm{b}}}+\dfrac{1}{2\lambda_{\mathrm{tu}}}\ln\dfrac{4h}{D_{\mathrm{b}}}}{\dfrac{1}{a_{1}d}+\dfrac{1}{2\lambda}\ln\dfrac{D}{d}+\dfrac{1}{2\lambda_{\mathrm{b}}}\ln\dfrac{D_{\mathrm{b}}}{d}+\dfrac{1}{2\lambda_{\mathrm{tu}}}\ln\dfrac{4h}{D_{\mathrm{b}}}} \tag{2-64}$$

整理后可写成:

$$\frac{D_b}{D} = Z^{\frac{1-a}{a}} \tag{2-65}$$

其中:

$$Z = \left(\frac{4h}{D}\right)^{\frac{\lambda_b}{\lambda_{tu}-\lambda_b}} \cdot \left(\frac{D}{d}\right)^{\frac{\lambda_{tu}}{\lambda} \cdot \frac{\lambda_b}{\lambda_{tu}-\lambda_b}} \cdot e^{\frac{2\lambda_{tu}}{a_1 d} \cdot \frac{\lambda_b}{\lambda_{tu}-\lambda_b}} \tag{2-66}$$

在不同的 $a$ 值下,$\frac{D_b}{D}$ 随 $Z$ 的变化表示在图 2-41 中。可以看出,在 $a$ 值较大时,如 $a = 0.7 \sim 0.9$ 时,随着 $Z$ 变化很多,$\frac{D_b}{D}$ 却变化很少。相反,当 $a$ 值较小时,如 $a = 0.1 \sim 0.3$ 时,$Z$ 的微小变化都将引起 $\frac{D_b}{D}$ 的较大变化,因此选取过小的 $a$ 值往往造成保温层显著增厚,反而在经济上是不合理的,一般选取 $a \geq 0.5$,以 0.5 为极限。

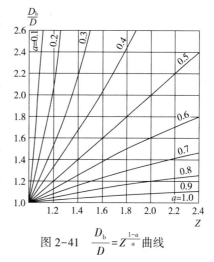

图 2-41 $\frac{D_b}{D} = Z^{\frac{1-a}{a}}$ 曲线

再从保温管路的工作情况进行分析,土壤的导热系数 $\lambda_{tu}$ 可随着季节发生变化,保温材料的导热系数 $\lambda_b$ 也可随工作条件的变化而变化,例如保温层受到破坏或受潮将使 $\lambda_b$ 增大。当 $\lambda_{tu}$ 和 $\lambda_b$ 变化时,将使 $Z$ 值发生变化。如果选用较大的 $a$ 值,当 $Z$ 发生变化时,对式(2-65)的等式关系影响不大,保温管路工作状况在 $\lambda_{tu}$ 和 $\lambda_b$ 变化时基本上稳定。若选用较小的 $a$ 值来决定保温层厚度,则当 $\lambda_{tu}$ 和 $\lambda_b$ 变化时,式(2-65)的等式关系将遭到严重破坏,使保温管路的工作状况不稳定,如可能发生明显的温降。

综上所述,不论从经济角度还是从操作管理角度,都应该选取较大的 $a$ 值,使 $a \geq 0.5$。也就是说,在地下保温管路的保温层厚度不宜过大(对于地下管道,保温层厚度常取值为 $30 \sim 50mm$)。

根据该条件,可在 $30 \sim 50mm$ 选取不同的保温层厚度进行计算和分析,本次选取 5 种厚度的保温层,分别为 30mm、35mm、40mm、45mm 和 50mm。

### 2.5.5.1 敷设 30mm 保温层

30mm 厚保温层下最冷月设计输量下的方案如表 2-36 所示。

表 2-36　30mm 厚保温层下最冷月设计输量下的方案

| 方案 | CO₂ 管道输送段 | | | |
|---|---|---|---|---|
| 管径方案 | 出站温度/℃ | 进站温度/℃ | 进站压力/MPa | 出站压力/MPa |
| DN273.1 | 60 | 41.62 | 15 | 25.9 |
| DN323.9 | 60 | 41.75 | 15 | 19.7 |
| DN355.6 | 60 | 41.96 | 15 | 19.23 |
| DN406.4 | 60 | 42.04 | 15 | 17.2 |

30mm 保温层下 X80 钢级下设计压力及壁厚的选取如表 2-37 所示。

表 2-37　30mm 保温层下 X80 钢级下设计压力及壁厚的选取

| 方案 | CO₂ 管道输送段 | | | | | |
|---|---|---|---|---|---|---|
| 管径方案 | 设计压力/MPa | 腐蚀余量/mm | 计算壁厚/mm | 设计壁厚/mm | 内径/mm | 管重/(kg/m) |
| DN273.1 | 26 | 0.5 | 7.98 | 8.40 | 307.1 | 65.35 |
| DN323.9 | 20 | 0.5 | 7.33 | 7.90 | 308.1 | 61.56 |
| DN355.6 | 20 | 0.5 | 7.99 | 8.40 | 307.1 | 65.35 |
| DN406.4 | 18 | 0.5 | 8.21 | 8.70 | 389.0 | 85.32 |

30mm 保温层下各个方案费用现值计算如表 2-38 所示。

表 2-38　30mm 保温层下各个方案费用现值计算

| 方案 | 管径方案 | $C_1$ | $C_2$ | $C_3$ | $C_4$ | $C_5$ | $F$ | 费用现值/百万元 |
|---|---|---|---|---|---|---|---|---|
| 方案 1 | DN273.1 | 31.5 | 6138.0 | 23.6 | 4603.5 | 54.4 | 88.6 | 1093.9 |
| 方案 2 | DN323.9 | 41.4 | 5716.0 | 31.1 | 4287.0 | 50.5 | 97.2 | 1022.3 |
| 方案 3 | DN355.6 | 46.4 | 5604.0 | 34.8 | 4203.0 | 49.5 | 117.5 | 1005.5 |
| 方案 4 | DN406.4 | 56.9 | 5600.0 | 42.6 | 4200.0 | 49.5 | 134.7 | 1008.4 |

注：表中没有标明单位的价格以 10 万元为单位，下同。

### 2.5.5.2　敷设 35mm 保温层

35mm 厚保温层下最冷月设计输量下的方案如表 2-39 所示。

35mm 保温层下 X80 钢级下设计压力及壁厚的选取如表 2-40 所示。

35mm 保温层下各个方案费用现值计算如表 2-41 所示。

表 2-39　35mm 厚保温层下最冷月设计输量下的方案

| 方案 | CO₂ 管道输送段 | | | |
|---|---|---|---|---|
| 管径方案 | 出站温度/℃ | 进站温度/℃ | 进站压力/MPa | 出站压力/MPa |
| $DN273.1$ | 60 | 42.21 | 15 | 25.7 |
| $DN323.9$ | 60 | 42.46 | 15 | 19.54 |
| $DN355.6$ | 60 | 42.93 | 15 | 19.01 |
| $DN406.4$ | 60 | 43.08 | 15 | 17.11 |

表 2-40　35mm 保温层下 X80 钢级下设计压力及壁厚的选取

| 方案 | CO₂ 管道输送段 | | | | | |
|---|---|---|---|---|---|---|
| 管径方案 | 设计压力/MPa | 腐蚀余量/mm | 计算壁厚/mm | 设计壁厚/mm | 内径/mm | 管重/(kg/m) |
| $DN273.1$ | 26 | 0.5 | 7.98 | 8.40 | 258.9 | 55.74 |
| $DN323.9$ | 20 | 0.5 | 7.33 | 7.90 | 308.1 | 61.56 |
| $DN355.6$ | 19 | 0.5 | 7.62 | 7.90 | 339.8 | 74.42 |
| $DN406.4$ | 18 | 0.5 | 8.21 | 8.70 | 389.0 | 85.32 |

表 2-41　35mm 保温层下各个方案费用现值计算

| 方案 | 管径方案 | $C_1$ | $C_2$ | $C_3$ | $C_4$ | $C_5$ | $F$ | 费用现值/百万元 |
|---|---|---|---|---|---|---|---|---|
| 方案 1 | $DN273.1$ | 31.5 | 6138.0 | 23.6 | 4603.5 | 54.4 | 73.5 | 1092.4 |
| 方案 2 | $DN323.9$ | 41.4 | 5716.0 | 31.1 | 4287.0 | 50.5 | 97.2 | 1022.3 |
| 方案 3 | $DN355.6$ | 46.4 | 5604.0 | 34.8 | 4203.0 | 49.5 | 107.0 | 1004.5 |
| 方案 4 | $DN406.4$ | 56.9 | 5600.0 | 42.6 | 4200.0 | 49.5 | 134.7 | 1008.4 |

## 2.5.5.3　敷设 40mm 保温层

40mm 厚保温层下最冷月设计输量下的方案如表 2-42 所示。

表 2-42　40mm 厚保温层下最冷月设计输量下的方案

| 方案 | CO₂ 管道输送段 | | | |
|---|---|---|---|---|
| 管径方案 | 出站温度/℃ | 进站温度/℃ | 进站压力/MPa | 出站压力/MPa |
| $DN273.1$ | 60 | 42.75 | 15 | 25.44 |
| $DN323.9$ | 60 | 42.83 | 15 | 19.49 |
| $DN355.6$ | 60 | 43.12 | 15 | 18.83 |
| $DN406.4$ | 60 | 43.56 | 15 | 16.98 |

40mm 保温层下 X80 钢级下设计压力及壁厚的选取如表 2-43 所示。

**表 2-43　40mm 保温层下 X80 钢级下设计压力及壁厚的选取**

| 方案 | CO$_2$ 管道输送段 | | | | | |
|------|----------------|----------|----------|----------|--------|------------|
| 管径方案 | 设计压力/MPa | 腐蚀余量/mm | 计算壁厚/mm | 设计壁厚/mm | 内径/mm | 管重/(kg/m) |
| DN273.1 | 26 | 0.5 | 7.98 | 8.40 | 255.9 | 55.74 |
| DN323.9 | 20 | 0.5 | 7.33 | 7.90 | 308.1 | 61.56 |
| DN355.6 | 19 | 0.5 | 7.62 | 7.90 | 339.8 | 67.74 |
| DN406.4 | 17 | 0.5 | 7.78 | 7.90 | 390.6 | 77.63 |

40mm 保温层下各个方案费用现值计算如表 2-44 所示。

**表 2-44　40mm 保温层下各个方案费用现值计算**

| 方案 | 管径方案 | $C_1$ | $C_2$ | $C_3$ | $C_4$ | $C_5$ | $F$ | 费用现值/百万元 |
|------|---------|-------|-------|-------|-------|-------|-----|---------------|
| 方案 1 | DN273.1 | 31.5 | 6138.0 | 23.6 | 4603.5 | 54.4 | 88.6 | 1093.9 |
| 方案 2 | DN323.9 | 41.4 | 5716.0 | 31.1 | 4287.0 | 50.5 | 97.2 | 1022.3 |
| 方案 3 | DN355.6 | 46.4 | 5604.0 | 34.8 | 4203.0 | 49.5 | 107.0 | 1004.5 |
| 方案 4 | DN406.4 | 56.8 | 5600.0 | 42.6 | 4200.0 | 49.5 | 122.6 | 1007.1 |

#### 2.5.5.4　敷设 45mm 保温层

45mm 厚保温层下最冷月设计输量下的方案如表 2-45 所示。

**表 2-45　45mm 厚保温层下最冷月设计输量下的方案**

| 方案 | CO$_2$ 管道输送段 | | | |
|------|----------------|----------|----------|----------|
| 管径方案 | 出站温度/℃ | 进站温度/℃ | 进站压力/MPa | 出站压力/MPa |
| DN273.1 | 60 | 42.98 | 15 | 25.23 |
| DN323.9 | 60 | 43.02 | 15 | 19.25 |
| DN355.6 | 60 | 43.44 | 15 | 18.62 |
| DN406.4 | 60 | 43.87 | 15 | 16.7 |

45mm 保温层下 X80 钢级下设计压力及壁厚的选取如表 2-46 所示。

45mm 保温层下各个方案费用现值计算如表 2-47 所示。

表 2-46  45mm 保温层下 X80 钢级下设计压力及壁厚的选取

| 方案 | CO₂ 管道输送段 | | | | | |
|---|---|---|---|---|---|---|
| 管径方案 | 设计压力/MPa | 腐蚀余量/mm | 计算壁厚/mm | 设计壁厚/mm | 内径/mm | 管重/(kg/m) |
| DN273.1 | 26 | 0.5 | 7.98 | 8.40 | 257.9 | 55.74 |
| DN323.9 | 20 | 0.5 | 7.33 | 7.90 | 308.1 | 61.56 |
| DN355.6 | 19 | 0.5 | 7.62 | 7.90 | 336.8 | 67.74 |
| DN406.4 | 17 | 0.5 | 7.78 | 7.90 | 385.6 | 77.63 |

表 2-47  45mm 保温层下各个方案费用现值计算

| 方案 | 管径方案 | $C_1$ | $C_2$ | $C_3$ | $C_4$ | $C_5$ | $F$ | 费用现值/百万元 |
|---|---|---|---|---|---|---|---|---|
| 方案 1 | DN273.1 | 31.5 | 6138.0 | 23.6 | 4603.5 | 54.4 | 78.6 | 1092.9 |
| 方案 2 | DN323.9 | 41.4 | 5716.0 | 31.1 | 4287.0 | 50.5 | 97.2 | 1022.3 |
| 方案 3 | DN355.6 | 46.4 | 5604.0 | 34.8 | 4203.0 | 49.5 | 126.7 | 1006.4 |
| 方案 4 | DN406.4 | 56.8 | 5600.0 | 42.6 | 4200.0 | 49.5 | 160.4 | 1010.9 |

### 2.5.5.5  敷设 50mm 保温层

50mm 厚保温层下最冷月设计输量下的方案如表 2-48 所示。

表 2-48  50mm 厚保温层下最冷月设计输量下的方案

| 方案 | CO₂ 管道输送段 | | | |
|---|---|---|---|---|
| 管径方案 | 出站温度/℃ | 进站温度/℃ | 进站压力/MPa | 出站压力/MPa |
| DN273.1 | 60 | 43.15 | 15 | 24.93 |
| DN323.9 | 60 | 43.27 | 15 | 19.02 |
| DN355.6 | 60 | 43.69 | 15 | 18.45 |
| DN406.4 | 60 | 43.99 | 15 | 16.52 |

50mm 保温层下 X80 钢级下设计压力及壁厚的选取如表 2-49 所示。

表 2-49  50mm 保温层下 X80 钢级下设计压力及壁厚的选取

| 方案 | CO₂ 管道输送段 | | | | | |
|---|---|---|---|---|---|---|
| 管径方案 | 设计压力/MPa | 腐蚀余量/mm | 计算壁厚/mm | 设计壁厚/mm | 内径/mm | 管重/(kg/m) |
| DN273.1 | 25 | 0.5 | 7.69 | 8.00 | 255.1 | 51.97 |
| DN323.9 | 20 | 0.5 | 7.33 | 7.90 | 305.1 | 61.56 |
| DN355.6 | 19 | 0.5 | 7.62 | 7.90 | 339.8 | 67.74 |
| DN406.4 | 17 | 0.5 | 7.78 | 8.40 | 387.6 | 77.63 |

50mm 保温层下各个方案费用现值计算如表 2-50 所示。

**表 2-50　50mm 保温层下各个方案费用现值计算**

| 方案 | 管径方案 | $C_1$ | $C_2$ | $C_3$ | $C_4$ | $C_5$ | $F$ | 费用现值/百万元 |
|---|---|---|---|---|---|---|---|---|
| 方案 1 | $DN$273.1 | 31.4 | 6138.0 | 23.6 | 4603.5 | 54.4 | 92.5 | 1094.3 |
| 方案 2 | $DN$323.9 | 41.4 | 5716.0 | 31.1 | 4287.0 | 50.5 | 115.1 | 1024.1 |
| 方案 3 | $DN$355.6 | 46.4 | 5604.0 | 34.8 | 4203.0 | 49.5 | 107.0 | 1014.5 |
| 方案 4 | $DN$406.4 | 56.8 | 5600.0 | 42.6 | 4200.0 | 49.5 | 145.3 | 1009.4 |

### 2.5.5.6　管道敷设不同厚度保温层的分析

不同厚度保温层最佳费用现值如表 2-51 所示。

**表 2-51　不同厚度保温层最佳费用现值**

| 管径 | 保温层厚度/mm | 费用现值/百万元 | 管径 | 保温层厚度/mm | 费用现值/百万元 |
|---|---|---|---|---|---|
| $DN$355.6 | 0 | 993.78 | $DN$355.6 | 40 | 1004.5 |
| $DN$355.6 | 30 | 1005.5 | $DN$355.6 | 45 | 1006.4 |
| $DN$355.6 | 35 | 1004.3 | $DN$355.6 | 50 | 1009.4 |

由表 2-51 可知：敷设保温层会增加管道的费用现值，因此敷设保温层在本次设计中是不合理的方案，仍然采取原方案(不敷设保温层的方案)。

### 2.5.6　含有不同杂质的超临界 CO$_2$ 输送效率

含有 N$_2$ 的 CO$_2$ 输送效率如表 2-52 所示。

**表 2-52　含有 N$_2$ 的 CO$_2$ 输送效率**

| N$_2$ 含量<br>(质量分数)/% | CO$_2$ 含量<br>(质量分数)/% | 体积流量/<br>(m$^3$/h) | 密度/<br>(kg/m$^3$) | 质量流量/<br>(kg/h) | 输送效率/% |
|---|---|---|---|---|---|
| 0 | 100 | 42337 | 644 | 27285730 | 100.00 |
| 2 | 98 | 54720 | 501 | 26906698 | 98.61 |
| 4 | 96 | 61283 | 443 | 26067670 | 95.54 |
| 6 | 94 | 63045 | 398 | 23626575 | 86.59 |
| 8 | 92 | 63580 | 365 | 21386722 | 78.38 |
| 10 | 90 | 63665 | 339 | 19458054 | 71.31 |

含有 O$_2$ 的 CO$_2$ 输送效率如表 2-53 所示。

表 2-53  含有 O$_2$ 的 CO$_2$ 输送效率

| O$_2$ 含量<br>(质量分数)/% | CO$_2$ 含量<br>(质量分数)/% | 体积流量/<br>(m$^3$/h) | 密度/<br>(kg/m$^3$) | 质量流量/<br>(kg/h) | 输送效率/% |
|---|---|---|---|---|---|
| 0 | 100 | 42337 | 644 | 27285730 | 100.00 |
| 2 | 98 | 49898 | 540 | 26441620 | 96.91 |
| 4 | 96 | 58409 | 478 | 26857224 | 98.43 |
| 6 | 94 | 61504 | 437 | 25278893 | 92.65 |
| 8 | 92 | 62763 | 405 | 23409629 | 85.79 |
| 10 | 90 | 63301 | 379 | 21632021 | 79.28 |

含有 H$_2$ 的 CO$_2$ 输送效率如表 2-54 所示。

表 2-54  含有 H$_2$ 的 CO$_2$ 输送效率

| H$_2$ 含量<br>(质量分数)/% | CO$_2$ 含量<br>(质量分数)/% | 体积流量/<br>(m$^3$/h) | 密度/<br>(kg/m$^3$) | 质量流量/<br>(kg/h) | 输送效率/% |
|---|---|---|---|---|---|
| 0 | 100 | 42337 | 644 | 27285730 | 100.00 |
| 2 | 98 | 105582.2 | 171 | 11489800 | 64.81 |
| 4 | 96 | 138825.5 | 111 | 8106769 | 54.44 |
| 6 | 94 | 160936.1 | 83. | 5873940 | 46.34 |
| 8 | 92 | 179361.6 | 67 | 4495420 | 40.54 |
| 10 | 90 | 195682.7 | 56 | 7189236 | 36.15 |

含有 CH$_4$ 的 CO$_2$ 输送效率如表 2-55 所示。

表 2-55  含有 CH$_4$ 的 CO$_2$ 输送效率

| CH$_4$ 含量<br>(质量分数)/% | CO$_2$ 含量<br>(质量分数)/% | 体积流量/<br>(m$^3$/h) | 密度/<br>(kg/m$^3$) | 质量流量/<br>(kg/h) | 输送效率/% |
|---|---|---|---|---|---|
| 0 | 100 | 42337 | 644 | 27285730 | 100.00 |
| 2 | 98 | 33416 | 747 | 24463826 | 89.66 |
| 4 | 96 | 65331 | 400 | 25115201 | 92.05 |
| 6 | 94 | 78610 | 351 | 25942938 | 95.08 |
| 8 | 92 | 82930 | 315 | 24039751 | 88.10 |
| 10 | 90 | 85603 | 287 | 22168112 | 81.24 |

含有不同杂质的管道输送效率如图 2-42所示。

由图 2-42 可以看出，每种杂质对 CO$_2$ 输送效率的影响并不相同，在 4 种含量

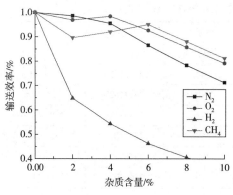

图 2-42 含有不同杂质的管道输送效率

较多的杂质中，H$_2$ 的存在对 CO$_2$ 管道输送效率的影响较大。4 种杂质在管输条件下都处在气相的范围内，因为 H$_2$ 密度远远低于超临界 CO$_2$ 密度，所以对超临界 CO$_2$ 管道输送效率有较大的影响。

含有 N$_2$ 和 H$_2$ 杂质对 CO$_2$ 管道输送效率影响趋于一致，都是随着杂质含量增多，CO$_2$ 管道输送效率下降。不同之处是：含有 N$_2$ 杂质输送效率减小幅度较小，含有 H$_2$ 杂质使输送效率减小的幅度较大。

含有 CH$_4$ 杂质和 O$_2$ 杂质对 CO$_2$ 管道输送效率的影响趋于一致，随着杂质含量增大，输送效率先减小后增大。当 CH$_4$ 含量(质量分数)为 0.06% 时，效率达到最大，为 95.08%。当 O$_2$ 含量(质量分数)为 0.04% 时，输送效率达到最大，为 98.43%。已知各个杂质对 CO$_2$ 输送效率的影响，有助于更好地控制 CO$_2$ 的杂质含量。

## 2.5.7 相态的控制方法

相态控制是通过采取相关措施，以保证管输过程中 CO$_2$ 状态均处于超临界状态。根据相态和最佳方案选取时的分析，将相态控制在超临界区域。总结出以下几点控制相态的方法：

(1) 合理选择管径和壁厚，以保证管道在输送过程中有足够的承压能力；

(2) 合理控制入口压力，避开在临界压力附近的压力下输送 CO$_2$；

(3) 合理控制入口温度和沿程温降，避开在临界温度附近输送 CO$_2$；

(4) 合理控制管道能量转换；

(5) 合理控制边界条件。

## 2.5.8 水合物的控制方法

水合物在管道内形成，会造成堵塞管道、增大管线的压差、因腐蚀损坏管件等危害，导致严重的管道事故。

当输送管道内含有水时，管道的输送压力大于超临界压力时，CO$_2$ 遇到水会形成碳酸使得管道内流体的 pH 值降低，且当 CO$_2$ 流体中还夹带其他杂质(NO$_x$、O$_2$ 等)也会部分溶于水中，进一步降低 pH 值，从而加速腐蚀。

NO$_x$ 和 O$_2$ 对于管道输送的影响主要取决于输送压力以及管道内是否有水的存在。在干燥的环境中不会发生腐蚀，但一旦有水的存在且压力超过 10MPa 时，腐蚀现象会愈加明显。$SO_2$ 和 $O_2$ 共存时会形成亚硫酸或者硫酸，更会加速对管道的腐蚀。

水合物是在一定温度和压力条件下、天然气的某些组分或 $CO_2$ 气与液态水生成的一种外形像冰，但晶体结构与冰不同的笼形化合物。在水合物中，水分子通过氢键形成不同形式的腔室，每个腔室能容纳一个气体分子。水和气体分子间通过范德华力相互吸引形成稳定结构。

在 $CO_2$ 运输过程中会包含一定量的水蒸气，高温 $CO_2$ 进入管道后，在输送过程中随着管内温降的作用，水蒸气或 $CO_2$ 内结合水凝结或游离出来形成自由水，自由水结合 $CO_2$ 形成碳酸根离子是 $CO_2$ 管道产生内腐蚀的主要因素。因此，国外有关 $CO_2$ 管道标准对 $CO_2$ 含水量做出规定，推荐管输 $CO_2$ 含水量不高于500ppmv(1ppmv 为 $10^{-6}$ 单位体积)。

$CO_2$ 气体在长距离管道输送之前需要在气体处理厂进行脱水，以满足管道对气体露点的要求(露点比最低输送环境温度低5℃以上)。在本次运输中，为了减少酸性气体对管线和设备的腐蚀，需要对气体进行脱水。脱水常用的方法有：甘醇吸收脱水、固体干燥剂吸附脱水、冷凝脱水以及国内外正在研发的膜分离脱水等。低温分离即为冷凝脱水的例子，高压气体经过节流降温后进入低温分离器，从气体内分出凝析油和冷凝水，使得流出分离器气体的露点降低，气体得到一定程度的干燥。甘醇脱水和固体干燥剂脱水是最常用的脱水方法。

进入脱水装置前气体露点与脱水后气体露点之差称为露点降，它表示气体水含量的降低程度或脱水深度。

破坏水合物的必要条件即可防止水合物的生成，例如：

(1) 加热气流，使气体温度高于气体水露点，系统内不再产生液态水；

(2) 对气体进行脱水，使气体露点降至气体工艺温度以下；

(3) 在气流内注入水合物抑制剂，使生成水合物和冰的温度降低至气体工艺温度以下；

(4) 控制进站压力和温度，使 $CO_2$ 在长距离管道输送时避开水合物的生成区。

输送含杂质 $CO_2$ 的水合物生成区如图 2-43 所示。

由图 2-43 可知：在输送温度高于12.2℃时就不能生成水合物，在本次设计中，管道沿程输送的最低温度为26.73℃，远高于生成水合物的温度，因此在运输过程中不会形成水合物。

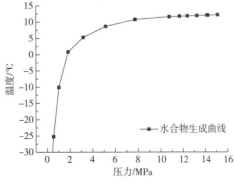

图 2-43　输送含杂质 $CO_2$ 的水合物生成区

# 3 CO₂ 储罐存储特性

CO₂ 特有的物理特性，如较高的蒸气压和较低的临界温度，决定了 $CO_2$ 存储的复杂性。由于液态 $CO_2$ 的低温特性和储罐隔热材料性能的局限，外界环境会不断向储罐内漏热引起罐内低温介质温度上升、内能增加、压力升高。当储罐内介质压力达到储罐安全阀设定的极限值后，安全阀会自动打开释放掉一部分蒸发气体以保证储罐安全。这部分气体的释放不仅会造成 $CO_2$ 的浪费，增加 $CO_2$ 储存成本，而且可能带来安全隐患，因此需要进行 $CO_2$ 储罐存储特性的相关研究。

## 3.1 低温液态储罐研究理论与方法

### 3.1.1 CO₂ 存储技术研究现状

#### 3.1.1.1 CO₂ 地下存储技术

目前最有前景的是孔隙地层中的地下储存，其基本思路是：把从集中排放源(发电厂、钢铁厂等)得到的废气进行净化处理后得到的纯净 $CO_2$，通过管道输送至隔离场地，调整压力后注入地下深处。

根据储库储存气体的采出特点，可将地下储库分为盐水驱采气和"干"驱动(压力驱动)采气两种形式。干式法是将气注入含盐水的地下储层，以注入气来驱替冲蚀后仍留在储层里的盐水。然后卸掉用于冲蚀的悬挂管柱而使套管成为生产管柱。用压缩机将气体注入储库，而气体的采出则靠储库的内部压力。干式储存时，储库可以被抽空到常压，而在每个采出和注入循环中，储库内的压力值变化范围都很大，这就必然会造成周围矿体中压力的再分配，因而降低了系统的稳定性。因此，在这种储存条件下，对储库的工作室必须有更加严格的要求。

带盐水的储存法就没有上述缺点，因为在这种储存条件下，储库可在常压下运行。这时，在整个工作期限内，注采井均保持双筒结构。悬挂管和套管之间的环形空间是用来注入和采出气体的。盐水顺着中心(悬挂)管柱送入储库内，采气时通过盐水将储存气体从储库内驱出，当通过中心管柱注气时，盐水就被挤出来。使用这种方法的缺点是必须储备大量的盐水，而且气体中含水。因此必须有辅助的干燥装置。

不管是废弃的油气藏或者正在开发的油气藏，还是已经不可开采的煤层都有储存空间封存 $CO_2$。直接注入废弃的油气藏或不可开采的煤层中封存，$CO_2$ 就会部分永久的封存于地下，大量封存 $CO_2$，可以缓解 $CO_2$ 向空中排放的压力。但考虑经济效益，为达到油气增产和 $CO_2$ 封存的双赢，更多采用的是将 $CO_2$ 注入正在开发的油气藏或煤田中，提高油(EOR)、气(EGR 或 ECBM)采收率。

### 3.1.1.2  CO₂储罐存储技术

将天然 $CO_2$ 气源或集中排放源分离得到的废气经过处理后，根据具体情况，可通过管道或者通过槽车运输到现场。对于后者，当汽车槽车开到接卸站后，分别接通储罐与槽车的气相管及液相管，利用槽车的接卸液泵，将 $CO_2$ 卸到储罐。在 $CO_2$ 罐车向用户储罐充装过程中，通过金属软管连接好输液管和平衡管，同时启动循环泵以保证必要的输送高度。$CO_2$ 低温储罐(槽)是 $CO_2$ 储存及汽化装置项目中的主要设备，储罐(槽)中 $CO_2$ 以 $-23 \sim -30$℃液态存在，低温状态由制冷机维持。低温液态 $CO_2$ 储罐结构为内外容器组成的双层容器，为真空粉末绝热型式，可分为立式和卧式两类，有效容积为 $5 \sim 50m^3$，最高工作压力为 2.2MPa。内容器材料选择 16MnDR，外容器材料可根据用户地区不同选择 Q235-B 或 16MnR，内、外容器夹层充填绝热材料珠光砂并抽真空。储罐内容器上部设置了压力表、差压式液位计和液位对照表，可以随时掌握内容器储存量及压力变化，便于充装及排液时的操作。储罐下部设置了专用储罐真空检测、真空规管及真空阀，可定期或随时用真空计进行检测夹层真空度，确保储罐的安全运行。

### 3.1.1.3  CO₂液化存储(储液站)技术

$CO_2$ 储液站是近年来发展起来的一项新技术。具有储运量大、自动化程度高、气体纯度高、效率高以及储运成本低等优点，可替代 $CO_2$ 气瓶技术。采用这种技术可以把气态 $CO_2$ 净化并且干燥，然后冷却成为液态 $CO_2$，压力一般在 $1.3 \sim 4.0$MPa，温度为 $-40 \sim 5$℃。

用二氧化碳槽车把液态 $CO_2$ 从生产厂家运送到使用地，槽车压力一般为 1.5MPa 左右，温度为 $-30$℃左右。把槽车液相及气相管与槽车接口相连，打开气相截止阀使储罐与槽车压力平衡，再打开液相球阀，启动槽车泵把 $CO_2$ 液体从槽车压入储罐。由于整个系统从环境中吸收热量，储罐内 $CO_2$ 的压力和温度逐步升高，设计压力增幅不大于 0.15MPa/d。

使用时，液态 $CO_2$ 通过液相截止阀从下部进入汽化器管程，同时水蒸气经调节阀从上部进入汽化器壳程，冷凝水经疏水阀排出。管程液态 $CO_2$ 从下至上逐渐升温变为气态。压力控制仪 PIC 根据测到的压力信号自动调节压缩空气压力的高低，从而控制压力调节阀使输出 $CO_2$ 气体的压力稳定在某一定值上。温度控制仪

TIC 将根据感知的温度信号自动控制压缩空气压力高低，来调节加热水蒸气的进量，使输出 $CO_2$ 气体的温度稳定在某一定值上，整个生产过程全部自动化。

当储罐里的压力升到允许最高工作压力时，关闭 $CO_2$ 液相截止阀，储罐里气相 $CO_2$ 通过气相截止阀进入汽化器，随着储罐里液态 $CO_2$ 的不断汽化，压力慢慢降低，当压力降至正常值时，再打开液相截止阀继续使用液相 $CO_2$。停车时关闭 $CO_2$ 出口截止阀及水蒸气进口截止阀，当压力升高到允许最高工作压力时，压力控制仪将启动制冷机组，对储罐中的气相 $CO_2$ 进行冷却，压力降低到正常值后，制冷机自动关闭。

#### 3.1.1.4 $CO_2$ 固态存储技术

固态 $CO_2$ 俗称"干冰"。通过将 $CO_2$ 强制制冷，然后在脱模内稍稍加温进行脱模处理，即可得到晶体干冰。但目前由于固态 $CO_2$ 生产工艺困难，同时因为低温（$-78℃$ 以下）制冷以及其后固态 $CO_2$ 的液化和液态 $CO_2$ 的汽化的能耗均较高，无法大规模生产，所以固态储存并不常用。

### 3.1.2 低温储罐研究现状

低温储罐是一种带压储运低温液化气体的特殊压力容器，因具有操作压力低、储运效率高的特点，正逐渐取代传统高压气瓶，为化工、生物及医疗等行业提供所需的工业气体。由于低温储罐所储运的低温液化气体沸点极低（如液氮 $-196℃$，液氧 $-189.6℃$，液氦 $-268.9℃$），在运输或非密闭储存时，低温液化气体吸热后极易汽化膨胀，使得储罐内压力升高，此时必须排出多余气体才能保证储罐的安全。这既不利于低温液化气体的储存，也造成了资源浪费。因此，准确计算静态传热量并合理设计保温结构对于提高低温储罐的安全性和经济性至关重要。

低温绝热的目的是采用各种不同的绝热类型与结构，将通过对流、传导及辐射等各种途径传递给低温系统的热量尽可能降低，以维持低温系统的正常运行。常见的绝热类型有：堆积绝热、真空绝热、真空粉末绝热、高真空多层绝热和高真空多屏绝热。其中，高真空多层绝热具有结构紧凑、绝热性能好的特点，目前在实际工程中被广泛应用。高真空多层绝热层由表面材料与夹层材料层层相叠构成，覆盖在需要绝热的设备表面，并将绝热空间抽至真空状态。绝热层的表面材料反射率高、吸收率小，可以极大地减少绝热表面由于热辐射而吸收的热量；层间材料的导热系数小，可以减少因高温侧热传导而产生的热量，最终达到综合提高保温效率、减少热损失的目的。

国内外学者对低温液体在储罐内的液体状态和传热过程，不仅进行了大量理论模拟和实验研究，还提出了很多理论模型。

在低温液体储罐内液体研究方面,黄泽等通过对自然对流的产生、形成过程的观察,并结合低温液体热分层的形成机理、发展规律及低温介质热物性,得到了低温液体产生热分层现象的前提和影响热分层进一步发展的主导因素。王磊等利用有限元软件,对不同气枕压力下液氢储罐内部进行数值模拟,并且选取Boussinesq模型解决了浮升力的影响,发现气枕的压力会对储罐内部速度场和温度场产生巨大影响。汪艳等利用有限元软件获得了大型液氧储罐停放过程中气枕区和液氧的热分层特征,通过数值模拟结果,研究了液氧储罐热分层的演化规律。液氧的热分层厚度随着时间增长,先增加然后保持不变。液氧区热分层的现象没有气枕区明显。程向华等研究了低温介质热分层现象的形成机理和发展规律,低温介质热分层是热物性参数、自然对流共同影响的结果,热分层现象越明显则低温介质的饱和温度越低。

Germeles首先运用动力学模型研究了液化天然气翻滚的现象。模型分为若干层,考虑了自由表面处的蒸发、加热;各层间的传热传质;各层内部的对流循环。Sugaware等则认为:热分层存在上、中、下三层,其中中间层会影响界面的传热传质;因为上下层之间存在对流,中间层的厚度逐渐减小并最终形成翻滚。Shi等给定热流量与密度差情况下决定翻滚模式与强度的重要因素是底部与侧壁加热量的比值。Bates通过对Chatterjee and Geist与Germeles模型的修正,给出一种新模型来模拟液化天然气的翻滚现象。Robbins等根据数值模拟结果发现:零重力情况下,壁面处的液氢受热没有发生自然对流,只能通过热传导。

在低温液体储罐传热漏热方面,谢立军等根据理论分析与实验测定,分析了环境温度对低温储罐日蒸发率的影响,得到了日蒸发率和环境温度之间的相互关系,给出理论计算和实验测定之间产生误差的原因,为减小低温储罐蒸发率提供了参考方法和依据。朱丽芳等分析了目前液化天然气储罐蒸发率测量的优缺点,根据某储罐运行的数据,运用称重法、蒸气流量法测量储罐的日蒸发率,研究了环境温度、充满率等对日蒸发率的影响。金明皇等基于某大型液化天然气储罐的结构特征,用较为简便的日蒸发率计算方法计算某$160000m^3$的液化天然气储罐的蒸发率。同时用液位差法对储罐实际日蒸发量进行计算,两个结果较为一致。最后给出了光照对储罐漏热量的影响及不同条件下储罐表面温度的简便计算式。

曹学文等通过对其隔热层厚度进行优化来改善大型液化天然气储罐的保冷性能。采用数值计算和理论分析相结合的方法,通过对比不同隔热层厚度下储罐的外罐壁受力及变形、蒸发率、保冷损失的情况来评价隔热层的保冷性能,进而优选隔热层厚度。吴文海等对某液化天然气储罐的罐顶、罐壁及罐底进行数值模拟,同时将标准值与模拟结果进行对比和验证,发现此储罐保冷设计满足工程需要。施雯等对液化天然气储罐的保冷绝热效果进行了研究,针对广东珠海某

160000m³大型 LNG 储罐进行了罐体的三维温度场模拟，发现罐体结构存在温度异常结构，在结构强度和保冷设计时应加以重视。

Morse 等对低温液体的蒸发速率提供了新的测量方法，对液化天然气和液氮进行了蒸发速率的直接测量，发现蒸发速率与物质本身物理的性质有关。Yang 等根据 LNG 储罐预应力混凝土墙体传热理论的结构特征，得出温度场分布的计算公式，建立了一套适用于温度场分析的方法，证明在 LNG 低温储罐分析的有限元分析技术的可行性，并对预应力混凝土墙和大型 LNG 储罐保温层的设计有一定的参考。Abdulkareem 在《低温容器中的传热：解析解与数值模拟》一书中介绍了由于低温容器内外有较高的温度差，对绝热材料热性能要求较高。因此，考虑材料导热系数随温度变化的情况。在一维圆柱坐标系下，使用基尔霍夫变换求解非线性偏微分方程的瞬态热传导；在二维圆柱坐标系下，对流换热边界条件、环境温度和太阳辐射热流量等边界条件下，求解非线性偏微分方程的瞬态热传导。

对于低温容器内温度分层的研究近些年来也有相关报道。Tanyun 等采用涡流函数法对低温流体液氢热分层进行了数值模拟，同时拟合出表面温度对热流密度、液体填充率及时间的函数表达式。Tatom 等利用边界层积分方法对火箭液氢推进剂的热分层进行了分析，并选用水作为研究工质进行了模拟实验。Bailey 等采用试验方法对大型容器内液氢热分层现象进行了研究，并分析了振荡与晃动对液氢热分层现象的影响。DAS 等通过对方形透明容器采用壁面加热的可视化试验方法，进行了水的热分层现象实验研究，并且采用数值模拟的方法对圆柱形筒体内液氢的热分层规律进行了分析，两种结果对比得到了相似的结论。林文胜等针对两个典型的液化天然气涡旋事故，分析了分层和涡旋现象的机理，并且对双向对流扩散模型、Bates-Morriso 模型和四阶段模型等进行了介绍。程栋等分析了液化天然气储槽内分层现象形成的原因、分层稳定性和破坏性的机理以及分层的存在对各个液体层之间的传热和传质的影响，并给出了此种情况下的热流率和质流率的计算关联式。江春波等采用大涡模拟方法对港口取水系统进行了数值计算，得到了水温与流速的分布。程向华等用 FLUENT 对火箭液氧储箱内液氧温度场和速度场进行了数值模拟，得到了火箭液氧储箱内温度与速度分布。王磊等采用 CFD 技术，对不同气枕压力下液氢储箱内部物理场进行数值模拟。研究表明：气枕压力会对储箱内部温度场与速度场产生重要影响。

## 3.1.3 计算方法

### 3.1.3.1 流体力学守恒方程

流体在流动过程中遵循流体力学基本原理，即机械运动的普遍规律，也就是流体力学三大定律：即质量守恒定律、动量守恒定律和能量守恒定律。其形式分别如下。

质量守恒方程:

$$\frac{\partial \rho}{\partial t}+\frac{\partial(\rho u)}{\partial x}+\frac{\partial(\rho v)}{\partial y}+\frac{\partial(\rho w)}{\partial z}=0 \tag{3-1}$$

动量守恒方程:

$$\left.\begin{array}{l} \dfrac{\partial(\rho u)}{\partial t}+\mathrm{div}(\partial uu)=-\dfrac{\partial p}{\partial x}+\dfrac{\partial\tau_{xx}}{\partial x}+\dfrac{\partial\tau_{yx}}{\partial y}+\dfrac{\partial\tau_{zx}}{\partial z}+F_x \\[2mm] \dfrac{\partial(\rho v)}{\partial t}+\mathrm{div}(\partial vu)=-\dfrac{\partial p}{\partial y}+\dfrac{\partial\tau_{xy}}{\partial x}+\dfrac{\partial\tau_{yy}}{\partial y}+\dfrac{\partial\tau_{zy}}{\partial z}+F_y \\[2mm] \dfrac{\partial(\rho w)}{\partial t}+\mathrm{div}(\partial wu)=-\dfrac{\partial p}{\partial z}+\dfrac{\partial\tau_{xz}}{\partial x}+\dfrac{\partial\tau_{yz}}{\partial y}+\dfrac{\partial\tau_{zz}}{\partial z}+F_z \end{array}\right\} \tag{3-2}$$

式中　　　　$p$——流体微元体上的压力;

$\tau_{xx}$、$\tau_{xy}$、$\tau_{xz}$等——因分子黏性左右而产生的作用在微元体表面的黏性应力 $\tau$ 的分量;

$F_x$、$F_y$ 和 $F_z$——微元体上的体力,若体力只有重力,且 $z$ 轴竖直向上,则 $F_x=0$,$F_y=0$,$F_z=-\rho g$。

对于牛顿流体,黏性应力 $\tau$ 与流体的变形率成比例,有:

$$\tau_{xx}=2\mu\frac{\partial u}{\partial x}+\lambda\,\mathrm{div}(u)\ \tau_{xy}=\tau_{yx}=\mu\left(\frac{\partial u}{\partial y}+\frac{\partial v}{\partial x}\right) \tag{3-3}$$

$$\tau_{yy}=2\mu\frac{\partial v}{\partial x}+\lambda\,\mathrm{div}(u)\ \tau_{xz}=\tau_{zx}=\mu\left(\frac{\partial u}{\partial z}+\frac{\partial w}{\partial x}\right) \tag{3-4}$$

$$\tau_{zz}=2\mu\frac{\partial w}{\partial x}+\lambda\,\mathrm{div}(u)\ \tau_{yz}=\tau_{zy}=\mu\left(\frac{\partial v}{\partial z}+\frac{\partial w}{\partial y}\right) \tag{3-5}$$

式中　$\mu$——动力黏度;

$\lambda$——第二黏度,一般可取 $\lambda=-2/3$。

能量守恒方程:

$$\frac{\partial(\rho T)}{\partial t}+\frac{\partial(\rho u T)}{\partial x}+\frac{\partial(\rho v T)}{\partial y}+\frac{\partial(\rho w T)}{\partial z}$$

$$=\frac{\partial}{\partial x}\left(\frac{k}{c_{\mathrm p}}\frac{\partial T}{\partial x}\right)+\frac{\partial}{\partial y}\left(\frac{k}{c_{\mathrm p}}\frac{\partial T}{\partial y}\right)+\frac{\partial}{\partial z}\left(\frac{k}{c_{\mathrm p}}\frac{\partial T}{\partial z}\right)+S_{\mathrm T} \tag{3-6}$$

式中　$c_{\mathrm p}$——比热容;

$T$——温度;

$k$——流体的传热系数;

$S_{\mathrm T}$——流体的内热源及由于黏性作用流体机械能转换为热能的部分,有时简称 $S_{\mathrm T}$ 为黏性耗散项。

### 3.1.3.2 湍流方程

目前已发展的常用湍流模型有零方程模型、单方程模型、Reynolds 应力输送方程模型(RSM)以及 $k$-$\varepsilon$ 模型等。

(1) 零方程模型(混合长度模型)

最早的湍流封闭方法是 1925 年 Prandtl 提出的，直接对 Reynolds 时均方程组中的 $\overline{u_i'u_j'}$ 用时均量进行模拟，加以封闭，称为混合长度模型，也称代数方程模型或零方程模型。该模型是从两个类比涡黏性类比和 Boussinesq 假设的简单物理设想出发的。混合长度模型的优点是直观、简单、无须附加湍流特性微分方程。

(2) 单方程模型(湍流动能方程模型)

湍流脉动是一种能量，是总体动能(时均动能加脉动动能)的一部分，因而服从一般输送定理或守恒定理，即有其对流、扩散、产生及耗散。

Kolmogorov 和 Prandtl 曾分别提出由求解湍流特性(包括湍流动能)的微分方程确定湍流黏性，要使方程封闭，须用模拟假设使三阶关联项降阶，并使二阶项表达为平均量的函数，这里的基本思想是用梯度模拟。然而，在单方程模型中，$l$ 仍需要由经验式给定。单方程模型优于混合长度模型之处是克服了后者的不足，考虑了湍能经历效应(对流)及混合效应(扩散)，因而更合理，对简单流动 $l$ 可以给出表达式，但对于复杂流动，$l$ 难以给定。

(3) Reynolds 应力输送方程模型

应力输送模型采用另一种封闭 Reynolds 时均方程的方法，它是对方程中二阶关联项 $\overline{u_i'\phi_j'}$ 继续推导其输送方程；对其中引入三阶未知量(三个脉动值乘积的时均值)适当的假设，引入模型进行封闭。对高阶项的简化处理方法不同，形成了不同的应力方程模型。目前较成熟的是二阶矩封闭法，由此形成了 Reynolds 应力输送(RSM)模型。它使用二阶关联量来模拟方程中未知的三阶关联量和其他关联量。

Reynolds 应力输送模型摒弃了 Boussinesq 假设，包含了更多物理过程的影响；优点是可以考虑各向异性效应，特别是旋转效应、浮力效应、曲率效应等，在很多情况下能够给出优于 $k$-$\varepsilon$ 模型的结果。但是这一模型对于工程应用尚过于繁杂，对于三维问题所用计算机的存储量及 CPU 时间太多。其次，对每种应力和通量分量的边界条件不易规定；经验系数多，也难确定。此外，对应变项的模拟尚有争议。

(4) $k$-$\varepsilon$ 模型

在湍流流动中湍流动能 $k$ 及湍流扩散率 $\varepsilon$ 是描述湍流过程的两个很重要的参数，因此湍流模型常使用的是标准 $k$-$\varepsilon$ 方程模型。这是一个经过验证、被认为是经验性的方程，这其中，$k$ 方程为一个相对精确的方程，而 $\varepsilon$ 则为一个通过经验性的模型方程推导出来的。标准 $k$-$\varepsilon$ 模型是目前应用较为广泛的、精度相对较高的流体力学方程。

$k$ 方程：

$$\frac{\partial}{\partial x_i}(\rho k u_i) = \frac{\partial}{\partial x_j}\left[\left(\mu+\frac{\mu_t}{\sigma_k}\right)\frac{\partial k}{\partial x_j}\right] + G_k - \rho\varepsilon \tag{3-7}$$

$\varepsilon$ 方程：

$$\frac{\partial}{\partial x_i}(\rho\varepsilon u_i) = \frac{\partial}{\partial x_j}\left[\left(\mu+\frac{\mu_t}{\sigma_\varepsilon}\right)\frac{\partial\varepsilon}{\partial x_j}\right] + C_1\frac{\varepsilon}{k}G_k - C_2\rho\frac{\varepsilon^2}{k} \tag{3-8}$$

其中：

$$\mu_t = \rho C_\mu \frac{k^2}{\varepsilon} \tag{3-9}$$

$$G_k = \mu_t\left(\frac{\partial\mu_i}{\partial x_j}+\frac{\partial\mu_j}{\partial x_i}\right)\frac{\partial\mu_i}{\partial x_j} \tag{3-10}$$

式中　　　　$u_i$、$u_j$——在 $x$，$y$ 方向上的分速度，m/s；

$\rho$——气流的密度，kg/m³；

$\mu$、$\mu_t$——在层流以及湍流中的黏性系数，Pa·s；

$G_k$——因为剪切力变化而引起的湍流动能的变化，kg/(s³·m)；

$k$——湍流过程中的动能，m²/s²；

$\varepsilon$——湍流过程中的能量耗散率，m²/s³；

$C_1$、$C_2$、$C_\mu$、$\sigma_k$、$\sigma_\varepsilon$——模型中常量，$C_1 = 1.44$，$C_2 = 1.92$，$C_\mu = 0.09$，$\sigma_k = 1.0$，$\sigma_\varepsilon = 1.3$。

$k$-$\varepsilon$ 方程是包含这两个重要参数的方程，实际上，$k$，$\varepsilon$ 两个参数都有各自的表达式。湍流强度是表征流体流动湍动强弱程度的一个物理量，其经验公式为：

$$I \equiv \frac{u'}{u_{avg}} \cong 0.16\,(Re_{D_H})^{-1/8} \tag{3-11}$$

当 $I$ 小于或等于 1%，湍流强度常被认定为低强度湍流；当强度大于 10% 被认定是高强度湍流。

湍流尺度 $l$ 是与携带湍流能量的大涡尺度相关的物理量。在完全发展的管流中，$l$ 要受管道的尺寸限制，因为大涡尺度不能大于管道尺寸。$L$ 和管道的物理尺寸之间的计算关系如式(3-12)所示：

$$l = 0.07L \tag{3-12}$$

式中　$L$——管道的尺寸。

因子 0.07 是基于完全发展湍流混合长度的最大值的，对于非圆形截面的管道，$L$ 的取值可以用水力学直径 $L_H$ 取代 $L$。

$$L_H = 4\frac{A}{S} \tag{3-13}$$

式中　　$A$——管道过流断面面积；

　　　　$S$——流体与固体的接触周长。

湍流动能 $k$ 可以用湍流强度和湍流平均速度来表示。

### 3.1.3.3　混合多相流模型

混合多相流模型（Mixture Model）使用单流体方法，允许各相之间相互贯穿，该模型引入滑流速度的概念，允许各相以不同的速度运动。

在混合多相流模型中，需要求解混合的连续性方程、混合的动量方程、混合的能量方程、第二相的体积分数方程，以及相间相对速度方程。各方程的表达式为：

$$\frac{\partial}{\partial t}(\rho_m) + \nabla \cdot (\rho_m \vec{v}_m) = 0 \tag{3-14}$$

$$\frac{\partial}{\partial t}(\rho_m \vec{v}_m) + \nabla \cdot (\rho_m \vec{v}_m \vec{v}_m)$$
$$= -\nabla p + \nabla \cdot [\mu_m(\nabla\vec{\mu}_m + \vec{\mu}_m^T)] + \rho_m \vec{g} + \vec{F} + \nabla \cdot (\sum_{k=1}^{n} \alpha_k \rho_k \vec{v}_{dr,k}, \vec{v}_{dr,k}) \tag{3-15}$$

$$\frac{\partial}{\partial t}\sum_{k=1}^{n}(\alpha_k \rho_k E_k) + \nabla \cdot \{\sum_{k=1}^{n}[\alpha_k \vec{v}_k(\rho_k E_k + p)], \vec{v}_{dr,k}\} = \nabla \cdot (k_{eff}\nabla T) + S_E \tag{3-16}$$

$$\vec{v}_{pq} = \frac{\tau_p}{f_{drag}}\frac{(\rho_p - \rho_m)}{\rho_p}\vec{\alpha} \tag{3-17}$$

$$\frac{\partial}{\partial t}(\alpha_p \rho_p) + \nabla \cdot (\alpha_p \rho_p \vec{v}_m) = -\nabla \cdot (\alpha_p \rho_p \vec{v}_{dr,p}) + \sum_{k=1}^{n}(\dot{m}_{qp} - \dot{m}_{pq}) \tag{3-18}$$

### 3.1.3.4　物性模型

$CO_2$ 的密度、黏度与比热容是储存过程中的重要物性参数，各物性随着温度、压力的变化会明显影响储存性能。本项目将基于美国国家标准与技术研究院（National Institute of Standards and Technology，NIST）公开的物性参数，结合国内外公开的物性表征关联式，将不同的物性模型代数化、编写对应子程序库，建立与文献一致的物性模型。获得的 $CO_2$ 各物性分布曲线如图 3-1 和图 3-2 所示。

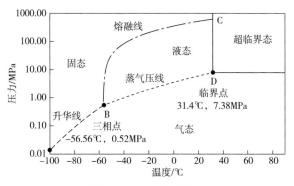

图 3-1 CO$_2$ 相态分布

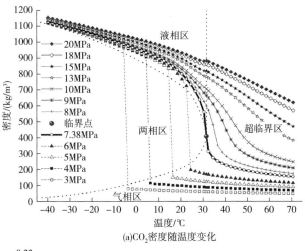

(a)CO$_2$密度随温度变化

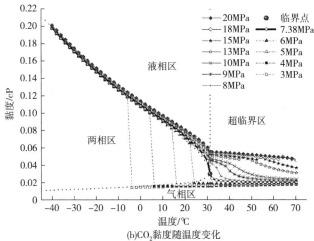

(b)CO$_2$黏度随温度变化

图 3-2 CO$_2$ 物性

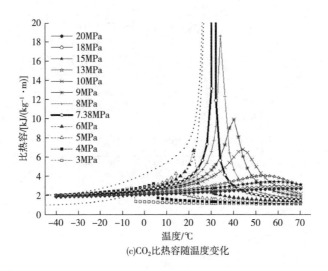

(c)CO₂比热容随温度变化

图 3-2　CO₂ 物性(续)

　　本项目采用前期的现场低温液态 $CO_2$ 储罐进行取样数据作为参考。通过取样操作对不同工况下储罐内的 $CO_2$ 进行取样，共取得样品 21 组，每组平行取样 2 次(见表 3-1)。利用气相色谱仪对气体样本进行组分分析，部分试样的原始组分分析数据如图 3-3 所示。

表 3-1　样品组分分析结果

| 样品编号 | 含量体积/% | | | | | | | | |
|---|---|---|---|---|---|---|---|---|---|
| | $H_2$ | $CO_2$ | CO | 甲烷 | 乙烷 | 乙烯 | 丙烷 | 羰基硫 | 二硫化碳 |
| 1 | 0.0000 | 99.9932 | 0.0000 | 0.0000 | 0.0030 | 0.0002 | 0.0020 | 0.0015 | 0.0000 |
| 2 | 0.0000 | 99.9910 | 0.0001 | 0.0000 | 0.0041 | 0.0008 | 0.0021 | 0.0018 | 0.0001 |
| 3 | 0.0001 | 99.9914 | 0.0002 | 0.0001 | 0.0033 | 0.0003 | 0.0017 | 0.0027 | 0.0002 |
| 4 | 0.0001 | 99.9942 | 0.0000 | 0.0001 | 0.0014 | 0.0001 | 0.0025 | 0.0014 | 0.0002 |
| 5 | 0.0003 | 99.9953 | 0.0003 | 0.0002 | 0.0019 | 0.0004 | 0.0006 | 0.0010 | 0.0001 |
| 6 | 0.0001 | 99.9936 | 0.0006 | 0.0004 | 0.0017 | 0.0003 | 0.0016 | 0.0013 | 0.0004 |
| 7 | 0.0000 | 99.9958 | 0.0000 | 0.0000 | 0.0018 | 0.0001 | 0.0014 | 0.0009 | 0.0000 |
| 8 | 0.0001 | 99.9957 | 0.0002 | 0.0002 | 0.0031 | 0.0001 | 0.0002 | 0.0003 | 0.0001 |
| 9 | 0.0001 | 99.9912 | 0.0004 | 0.0003 | 0.0034 | 0.0004 | 0.0024 | 0.0017 | 0.0001 |

续表

| 样品编号 | 含量体积/% | | | | | | | | |
|---|---|---|---|---|---|---|---|---|---|
| | H$_2$ | CO$_2$ | CO | 甲烷 | 乙烷 | 乙烯 | 丙烷 | 羰基硫 | 二硫化碳 |
| 10 | 0.0001 | 99.9938 | 0.0003 | 0.0004 | 0.0019 | 0.0002 | 0.0023 | 0.0007 | 0.0003 |
| 11 | 0.0068 | 99.6578 | 0.2355 | 0.0472 | 0.0473 | 0.0041 | 0.0008 | 0.0004 | 0.0001 |
| 12 | 0.0042 | 99.7382 | 0.1674 | 0.0499 | 0.0356 | 0.0036 | 0.0006 | 0.0003 | 0.0000 |
| 13 | 0.0061 | 99.6998 | 0.2114 | 0.0417 | 0.0354 | 0.0043 | 0.0007 | 0.0006 | 0.0000 |
| 14 | 0.0001 | 99.9796 | 0.0059 | 0.0041 | 0.0068 | 0.0008 | 0.0017 | 0.0008 | 0.0002 |
| 15 | 0.0003 | 99.9834 | 0.0044 | 0.0032 | 0.0053 | 0.0003 | 0.0018 | 0.0012 | 0.0001 |
| 16 | 0.0000 | 99.9792 | 0.0057 | 0.0056 | 0.0063 | 0.0007 | 0.0014 | 0.0011 | 0.0000 |
| 17 | 0.0001 | 99.9811 | 0.0047 | 0.0037 | 0.0072 | 0.0006 | 0.0013 | 0.0012 | 0.0001 |
| 18 | 0.0000 | 99.9792 | 0.0060 | 0.0045 | 0.0065 | 0.0005 | 0.0018 | 0.0014 | 0.0000 |
| 19 | 0.0001 | 99.9837 | 0.0043 | 0.0039 | 0.0051 | 0.0004 | 0.0011 | 0.0012 | 0.0002 |
| 20 | 0.0004 | 99.9816 | 0.0047 | 0.0041 | 0.0064 | 0.0002 | 0.0012 | 0.0013 | 0.0001 |
| 21 | 0.0002 | 99.9791 | 0.0056 | 0.0037 | 0.0068 | 0.0008 | 0.0021 | 0.0016 | 0.0001 |

通过分析可以发现，各组分杂质含量相对较高的成分为：CO、甲烷、乙烷三种成分，此外，再加上对工程运行较为敏感的 H$_2$ 和 N$_2$，本项目将对上述成分对储存过程中的影响进行分析。

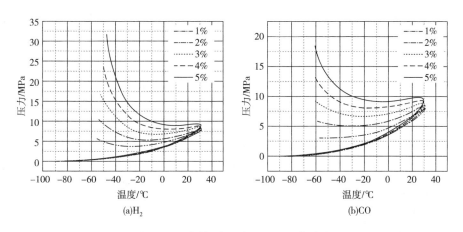

图 3-3  不同杂质组分下 CO$_2$ 相态分布

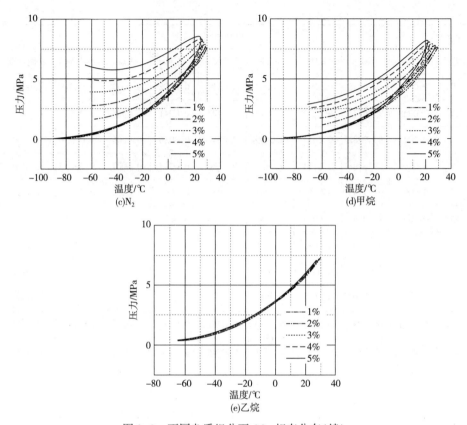

图 3-3　不同杂质组分下 $CO_2$ 相态分布(续)

### 3.1.3.5　液态低温储罐数值模拟建模

　　鉴于液化气体储罐传热过程中的耦合特征，依据实际储罐结构及尺寸，在 Ansys 软件中建立与现场储罐 1∶1 比例的模型，通过有限元法划分高密度计算网格，耦合质量方程、能量方程、动量方程，建立在封闭压力单元中纯净 $CO_2$ 与含杂质 $CO_2$ 的瞬态模型。建立的 CFD 仿真模型，包括气相区、液相区。同时求解计算液化气体、储罐壁和热环境之间的传热耦合过程。

　　结合现场运行工况，分析保冷条件、$CO_2$ 存储时间、压力、来液温度、环境温度、充满度、储罐保温变化条件下罐内压力、温度的变化规律，以及对液态 $CO_2$ 气化的影响；形成储罐存储参数变化计算方法，建立 $CO_2$ 存储过程中的传质换热相变计算模型；特别针对储罐中液体在装卸、储存、使用时的工艺环节，通过仿真分析结合实验，确定液态 $CO_2$ 最佳存储工况。

　　依据实际储罐结构及尺寸构建三维几何模型，由于结构是关于中心垂直面对称的，为提高计算效率可以选取 1/2 结构构建仿真模型进行计算。网格采用多面体单元进行划分，对液体入口及出口局部进行网格细化。几何模型及网格划分如图 3-4~图 3-6 所示。

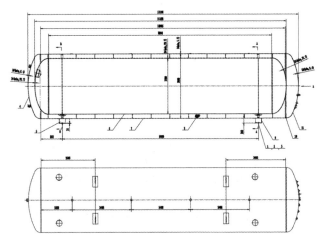

图 3-4　储罐设计结构

图 3-5　储罐几何模型

图 3-6　储罐网格划分

## 3.2　卸车条件下动态特性分析

卸车工况是 CO$_2$ 存储过程一种重要的动态工况，储罐内气态和液态 CO$_2$ 能够发生较大的压力和温度的变化，需要研究卸车条件下各种影响因素下储罐内压力、温度的变化规律，以及对液态 $CO_2$ 气化的影响。

### 3.2.1 流动特性分析

卸车条件下，储罐内液体及气体 $CO_2$ 有较明显且稳定的分层，由于气体部分的流动，在温度云图和速度云图能够观察到气体的流动形态，相对来说液体内部压力差异不大，和气体交界面附近有较明显过渡层，如图3-7~图3-10所示。

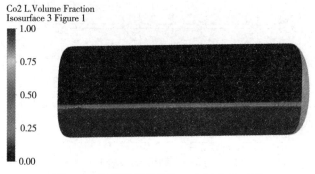

图3-7 卸车条件下液体 $CO_2$ 百分比云图

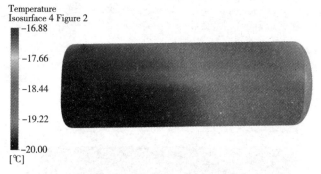

图3-8 卸车条件下温度云图

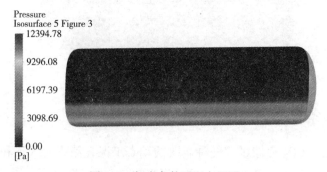

图3-9 卸车条件下压力云图

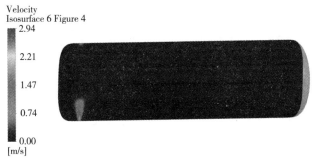

图 3-10　卸车条件下速度云图

## 3.2.2　来液温度影响分析

卸车条件下，储液罐内气温度随着来液的注入先快速降低，然后逐渐平缓，其中来液温度越低，气温度降低越迅速，如图 3-11 所示。

卸车条件下，储液罐内液温度随着来液的注入先快速升高，然后逐渐平缓，如图 3-12 所示。

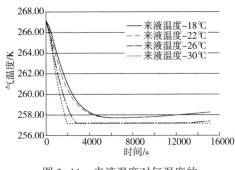

图 3-11　来液温度对气温度的
影响变化曲线

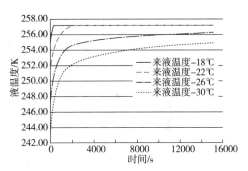

图 3-12　来液温度对液温度的
影响变化曲线

卸车条件下，储液罐内液位随着来液的注入逐渐升高，不同的来液温度对液位影响非常小，如图 3-13 所示。

卸车条件下，储液罐内液体积随着来液的注入逐渐升高，不同的来液温度对液体积影响非常小，如图 3-14 所示。

卸车条件下，储液罐内气体积随着来液的注入逐渐减少，不同的来液温度对气体积影响非常小，如图 3-15 所示。

卸车条件下，来液温度为-18℃、-22℃时沸腾量在前期有突然的升高，之后逐渐减少，并在约 6000s 后趋于缓慢上升趋势，其中来液温度为-18℃时，最大沸腾量达到 2.9kg，如图 3-16 所示。

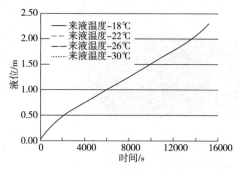

图 3-13　来液温度对液位的
影响变化曲线

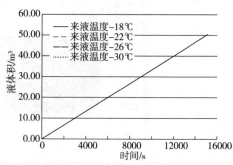

图 3-14　来液温度对液体积的
影响变化曲线

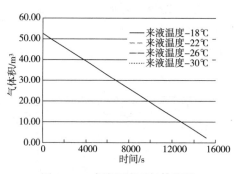

图 3-15　来液温度对气体积的
影响变化曲线

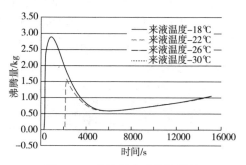

图 3-16　来液温度对沸腾量的
影响变化曲线

### 3.2.3　来液流量影响分析

卸车条件下，储液罐内气温度随着来液的注入先快速降低，然后逐渐平缓，其中来液流量越多，气温度降低越迅速，如图 3-17 所示。

卸车条件下，储液罐内液温度随着来液的注入温度先快速升高，然后逐渐平缓，如图 3-18 所示。

卸车条件下，储液罐内液位随着来液的注入前期逐渐升高，如图 3-19 所示。高来液流量下（40m³/h），储液罐最先达到满灌，卸车末段液位升高速率较快（可达到 4.9cm/min），存在回气管吸入液体的风险。

卸车条件下，储液罐内液体积随着来液的注入逐渐升高，来液流量越大液体积升高越快，如图 3-20 所示。

卸车条件下，储液罐内气体积随着来液的注入逐渐降低，来液流量越大气体积降低越快，如图 3-21 所示。

卸车条件下，来液流量为 8m³/h、12m³/h 时沸腾量在前期有突然的升高，之后逐渐减少，并在约 6000s 后趋于缓慢上升趋势，其中来液流量为 8m³/h 时最大沸腾量达到 2.46kg，如图 3-22 所示。

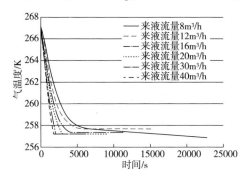

图 3-17　来液流量对气温度的
影响变化曲线

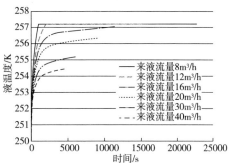

图 3-18　来液流量对液温度的
影响变化曲线

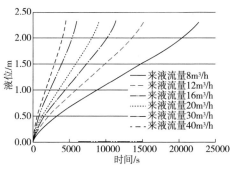

图 3-19　来液流量对液位的
影响变化曲线

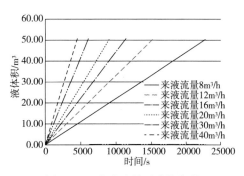

图 3-20　来液流量对液体积的
影响变化曲线

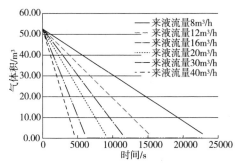

图 3-21　来液流量对气体积的
影响变化曲线

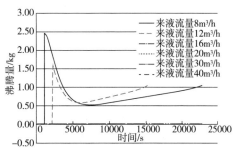

图 3-22　来液流量对沸腾量的
影响变化曲线

### 3.2.4 罐内压力影响分析

卸车条件下，储液罐内气温度随着来液的注入先快速降低，其中罐内压力越小，气温度降低越快；各气温度曲线后期逐渐平缓，随着时间推移有缓慢增大的趋势，如图 3-23 所示。

卸车条件下，储液罐内液温度随着来液的注入先快速升高，然后逐渐平缓；其中罐内压力越大，液温度升高越快，如图 3-24 所示。

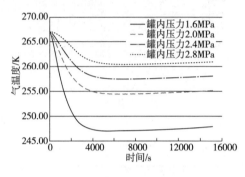

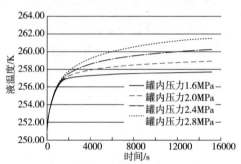

图 3-23　罐内压力对气温度的影响变化曲线

图 3-24　罐内压力对液温度的影响变化曲线

卸车条件下，储液罐内液位随着来液的注入逐渐升高，不同的罐内压力对液位影响非常小，如图 3-25 所示。

卸车条件下，储液罐内液体积随着来液的注入逐渐升高，不同的罐内压力对液体积影响非常小，如图 3-26 所示。

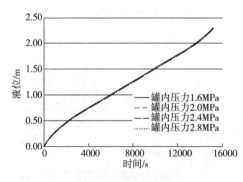

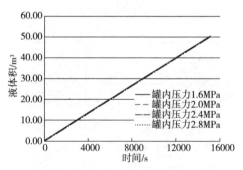

图 3-25　罐内压力对液位的影响变化曲线

图 3-26　罐内压力对液体积的影响变化曲线

卸车条件下，储液罐内气体积随着来液的注入逐渐减少，不同的罐内压力对气体积影响非常小，如图 3-27 所示。

卸车条件下，罐内压力为 1.6MPa、2.0MPa 时沸腾量在前期有突然的升高，之后逐渐减少，并在约 5200s 后趋于缓慢上升趋势，其中罐内压力为 1.6MPa 时最大沸腾量达到 8.65kg，如图 3-28 所示。

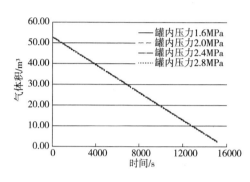
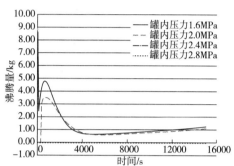

图 3-27　罐内压力对气体积的
影响变化曲线

图 3-28　罐内压力对沸腾量的
影响变化曲线

### 3.2.5　初始温度影响分析

卸车条件下，储液罐内气温度随着来液的注入温度先快速降低，然后逐渐平缓，如图 3-29 所示。由于罐内初始温度 -12℃ 已经较低，所以其气温度降低有限。

卸车条件下，储液罐内液温度随着来液的注入温度先快速升高，然后逐渐平缓，如图 3-30 所示。其中罐内初始温度越高，液温度升高越快。

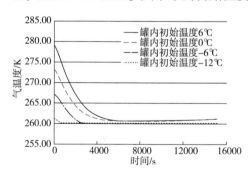
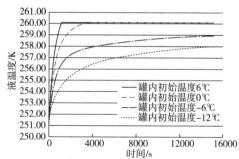

图 3-29　罐内初始温度对气温度的
影响变化曲线

图 3-30　罐内初始温度对液温度的
影响变化曲线

卸车条件下，储液罐内液位随着来液的注入逐渐升高，不同的罐内初始温度对液位影响非常小，如图3-31所示。

卸车条件下，储液罐内液体积随着来液的注入逐渐升高，不同的罐内初始温度对液体积影响非常小，如图3-32所示。

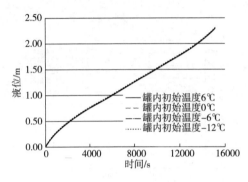

图3-31 罐内初始温度对液位的
影响变化曲线

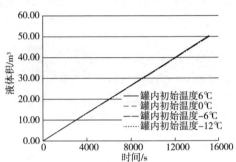

图3-32 罐内初始温度对液体积的
影响变化曲线

卸车条件下，储液罐内气体积随着来液的注入逐渐减少，不同的罐内初始温度对气体积影响非常小，如图3-33所示。

卸车条件下，罐内初始温度为6℃、0℃时沸腾量在前期有突然的升高，之后逐渐减少，并在约6300s后趋于缓慢上升趋势，其中罐内初始温度为6℃时最大沸腾量达到5.06kg，如图3-34所示。

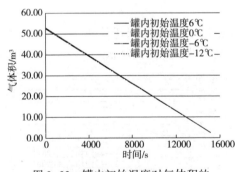

图3-33 罐内初始温度对气体积的
影响变化曲线

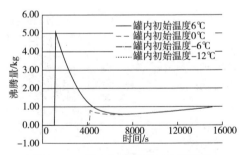

图3-34 罐内初始温度对沸腾量的
影响变化曲线

### 3.2.6 环境温度影响分析

卸车条件下，储液罐内气温度基本不随着来液的注入而变化，不同的环境温度对气温度影响非常小，如图3-35所示。

卸车条件下，储液罐内液温度随着来液的注入温度先快速升高，然后逐渐平缓，不同的环境温度对液温度影响较小，如图3-36所示。

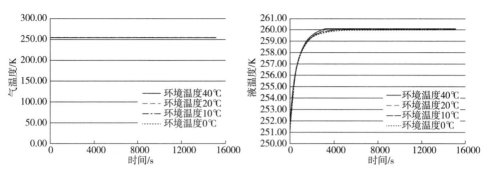

图3-35　环境温度对气温度的　　　　图3-36　环境温度对液温度的
　　　　影响变化曲线　　　　　　　　　　　影响变化曲线

卸车条件下，储液罐内液位随着来液的注入逐渐升高，不同的环境温度对液位影响非常小，如图3-37所示。

卸车条件下，储液罐内液体积随着来液的注入逐渐升高，不同的环境温度对液体积影响非常小，如图3-38所示。

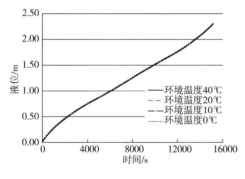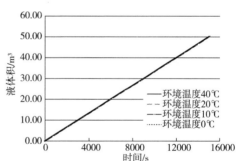

图3-37　环境温度对液位的　　　　　图3-38　环境温度对液体积的
　　　　影响变化曲线　　　　　　　　　　　影响变化曲线

卸车条件下，储液罐内气体积随着来液的注入逐渐减少，不同的环境温度对气体积影响非常小，如图3-39所示。

卸车条件下，环境温度为40℃、20℃、10℃时沸腾量在前期有突然的升高，之后逐渐减少，然后再趋于缓慢上升趋势，其中环境温度为40℃时最大沸腾量达到1.58kg，如图3-40所示。

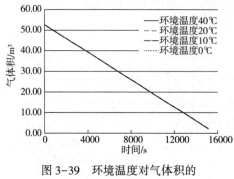

图 3-39 环境温度对气体积的
影响变化曲线

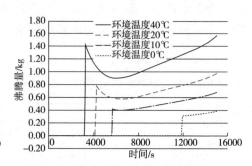

图 3-40 环境温度对沸腾量的
影响变化曲线

### 3.2.7 环境风速影响分析

卸车条件下，储液罐内气温度随着来液的注入温度先快速降低，然后逐渐平缓，不同的环境风速对气温度影响非常小，如图 3-41 所示。

卸车条件下，储液罐内液温度随着来液的注入温度先快速升高，然后逐渐平缓，不同的环境风速对液温度影响非常小，如图 3-42 所示。

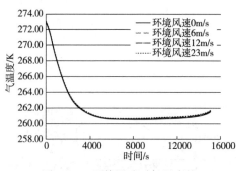

图 3-41 环境风速对气温度的
影响变化曲线

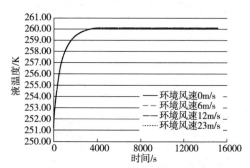

图 3-42 环境风速对液温度的
影响变化曲线

卸车条件下，储液罐内液位随着来液的注入逐渐升高，不同的环境风速对液位影响非常小，如图 3-43 所示。

卸车条件下，储液罐内液体积随着来液的注入逐渐升高，不同的环境风速对液体积影响非常小，如图 3-44 所示。

卸车条件下，储液罐内气体积随着来液的注入逐渐减少，不同的环境风速对气体积影响非常小，如图 3-45 所示。

卸车条件下，不同环境风速工况时沸腾量在 4000s 均有突然的升高，之后逐

渐减少，然后再趋于缓慢上升趋势，其中环境风速为 23m/s 时最大沸腾量达到
1.10kg，相对来说不同环境风速影响不大，如图 3-46 所示。

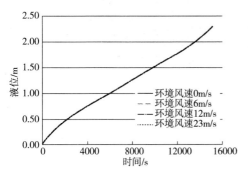

图 3-43　环境风速对液位的
影响变化曲线

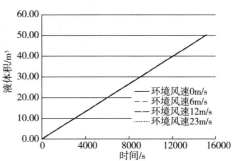

图 3-44　环境风速对液体积的
影响变化曲线

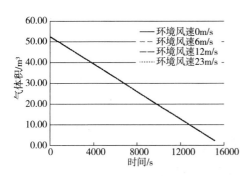

图 3-45　环境风速对气体积的
影响变化曲线

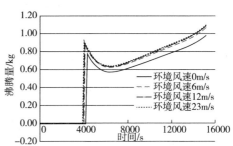

图 3-46　环境风速对沸腾量的
影响变化曲线

## 3.3　注入条件下动态特性分析

　　注入工况是 CO$_2$ 存储过程另一种重要的动态工况，储罐内气态和液态 CO$_2$
能够发生较大的压力和温度的变化，需要研究注入条件下各种影响因素下储罐内
压力、温度的变化规律，以及对液态 CO$_2$ 气化的影响。

### 3.3.1　流动特性分析

　　注入条件下，储罐内气液交界面较平坦，压力在气液交界面均匀过渡，由于
气体存在相对较大的流动，在温度云图可以看到横向较不均匀的温度变化，整体
看来在入口附近液体流动速度较大，如图 3-47～图 3-50 所示。

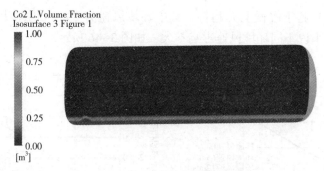

图 3-47　注入条件下液体体积云图

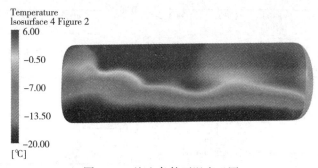

图 3-48　注入条件下温度云图

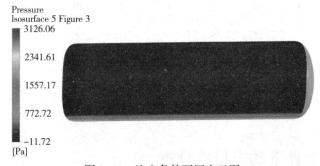

图 3-49　注入条件下压力云图

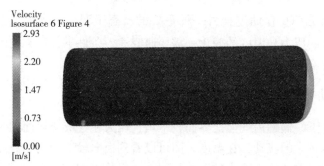

图 3-50　注入条件下速度云图

### 3.3.2 排液流量影响分析

注入条件下，储液罐内气温度在前期随着排液的流出基本无变化，不同的排液流量对气温度影响非常小，但在后期，排液流量 2m³/h、5m³/h 时，气温度有 0.3~0.5K 的升高再略有降低，如图 3-51 所示。

注入条件下，储液罐内液温度随着排液的流出逐渐升高，如图 3-52 所示。

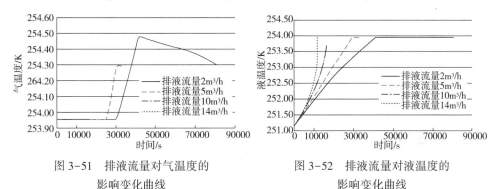

图 3-51  排液流量对气温度的
影响变化曲线

图 3-52  排液流量对液温度的
影响变化曲线

注入条件下，储液罐内液位随着排液的流出逐渐降低，其中排液流量越大液位降低越快，如图 3-53 所示。

注入条件下，储液罐内液体积随着排液的流出逐渐降低，其中排液流量越大液体积降低越快，如图 3-54 所示。

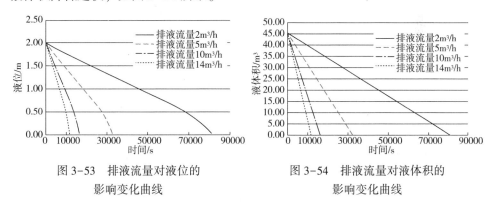

图 3-53  排液流量对液位的
影响变化曲线

图 3-54  排液流量对液体积的
影响变化曲线

注入条件下，储液罐内气体积随着排液的流出逐渐升高，其中排液流量越大气体积升高越快，如图 3-55 所示。

注入条件下，排液流量为 2m³/h、5m³/h 时，沸腾量分别在 41160s、29160s 有突然的升高，之后呈缓慢下降趋势，如图 3-56 所示。

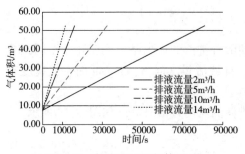

图 3-55 排液流量对气体积的
影响变化曲线

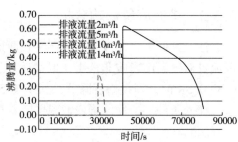

图 3-56 排液流量对沸腾量的
影响变化曲线

### 3.3.3 罐内压力影响分析

注入条件下，储液罐内气温度随着排液的流出基本无变化，其中罐内气温度越低，压力越小如图 3-57 所示。

注入条件下，储液罐内液温度随着排液的流出逐渐升高；其中罐内压力越大，液温度升高越快，如图 3-58 所示。

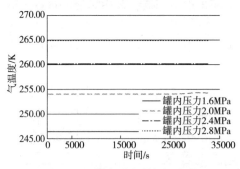

图 3-57 罐内压力对气温度的
影响变化曲线

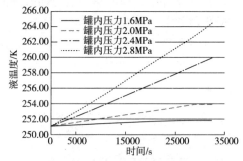

图 3-58 罐内压力对液温度的
影响变化曲线

注入条件下，储液罐内液位随着排液的流出逐渐降低，不同的罐内压力对液位影响非常小，如图 3-59 所示。

注入条件下，储液罐内液体积随着排液的流出逐渐降低，不同的罐内压力对液体积影响非常小，如图 3-60 所示。

注入条件下，储液罐内气体积随着排液的流出逐渐升高，不同的罐内压力对气体积影响非常小，如图 3-61 所示。

注入条件下，罐内压力为 1.6MPa、2.0MPa 时，沸腾量分别在 60s、29160s 有突然的升高，之后呈缓慢下降趋势，如图 3-62 所示。

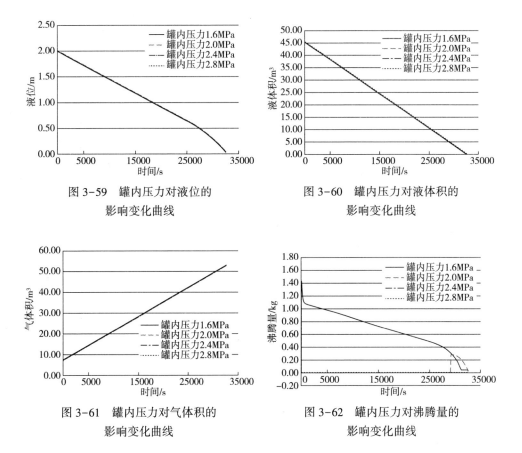

图 3-59　罐内压力对液位的
影响变化曲线

图 3-60　罐内压力对液体积的
影响变化曲线

图 3-61　罐内压力对气体积的
影响变化曲线

图 3-62　罐内压力对沸腾量的
影响变化曲线

### 3.3.4　初始温度影响分析

注入条件下，罐内初始温度为-18℃时，气温度先快速升高然后缓慢降低；罐内初始温度-22℃时，气温度前期基本无变化，至 25000s 后缓慢升高，如图 3-63所示。

注入条件下，储液罐内液温度随着排液的流出逐渐升高；其中罐内初始温度越低，液温度升高越快，如图 3-64 所示。

注入条件下，储液罐内液位随着排液的流出逐渐降低，不同的罐内初始温度对液位影响非常小，如图 3-65 所示。

注入条件下，储液罐内液体积随着排液的流出逐渐降低，不同的罐内初始温度对液体积影响非常小，如图 3-66 所示。

注入条件下，储液罐内气体积随着排液的流出逐渐升高，不同的罐内初始温度对气体积影响非常小，如图 3-67 所示。

注入条件下，罐内初始温度为-18℃、-22℃时，沸腾量分别在60s、29160s有突然的升高，之后呈缓慢下降趋势，如图3-68所示。

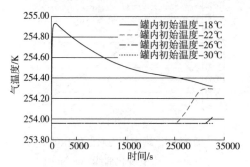

图3-63 罐内初始温度对气温度的
影响变化曲线

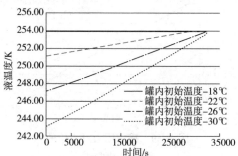

图3-64 罐内初始温度对液温度的
影响变化曲线

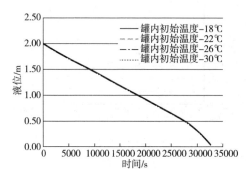

图3-65 罐内初始温度对液位的
影响变化曲线

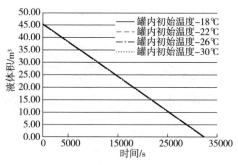

图2-66 罐内初始温度对液体积的
影响变化曲线

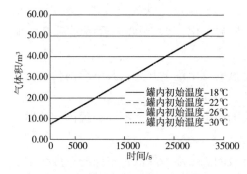

图3-67 罐内初始温度对气体积的
影响变化曲线

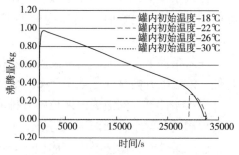

图3-68 罐内初始温度对沸腾量的
影响变化曲线

### 3.3.5  环境温度影响分析

注入条件下，储液罐内气温度前期基本无变化，后期环境温度为 40℃、20℃、10℃、0℃时，分别在 19980s、25320s、28080s、30840s 开始缓慢升高，如图 3-69 所示。

注入条件下，储液罐内液温度随着排液的流出逐渐升高；其中环境温度越高，液温度升高越快，如图 3-70 所示。

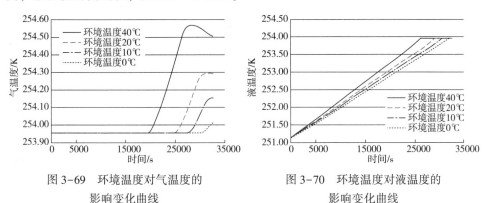

图 3-69  环境温度对气温度的
影响变化曲线

图 3-70  环境温度对液温度的
影响变化曲线

注入条件下，储液罐内液位随着排液的流出逐渐降低，不同的环境温度对液位影响非常小，如图 3-71 所示。

注入条件下，储液罐内液体积随着排液的流出逐渐降低，不同的环境温度对液体积影响非常小，如图 3-72 所示。

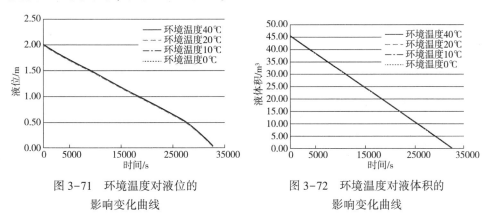

图 3-71  环境温度对液位的
影响变化曲线

图 3-72  环境温度对液体积的
影响变化曲线

注入条件下，储液罐内气体积随着排液的流出逐渐升高，不同的环境温度对气体积影响非常小，如图 3-73 所示。

注入条件下，储液罐内沸腾量前期基本无变化，后期环境温度为 40℃、20℃、10℃、0℃时，分别在 26220s、29160s、30660s、32100s 开始迅速升高再逐渐降低，如图 3-74 所示。

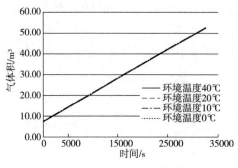

图 3-73　环境温度对气体积的
影响变化曲线

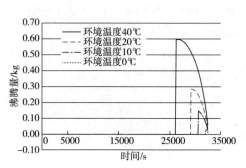

图 3-74　环境温度对沸腾量的
影响变化曲线

### 3.3.6　环境风速影响分析

注入条件下，储液罐内气温度随着排液的流出差异较小，不同的环境风速对气温度影响较小，如图 3-75 所示。

注入条件下，储液罐内液温度随着排液的流出逐渐升高；其中环境风速越高，液温度升高略快，如图 3-76 所示。

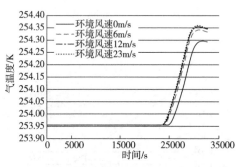

图 3-75　环境风速对气温度的
影响变化曲线

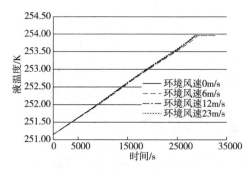

图 3-76　环境风速对液温度的
影响变化曲线

注入条件下，储液罐内液位随着排液的流出逐渐降低，不同的环境风速对液位影响非常小，如图 3-77 所示。

注入条件下，储液罐内液体积随着排液的流出逐渐降低，不同的环境风速对液体积影响非常小，如图 3-78 所示。

注入条件下，储液罐内气体积随着排液的流出逐渐升高，不同的环境风速对气体积影响非常小，如图 3-79 所示。

注入条件下，储液罐内沸腾量前期基本无变化，后期环境风速为 0m/s、6m/s、12m/s、23m/s 时在 29160s 附近开始迅速升高再逐渐降低，如图 3-80 所示。

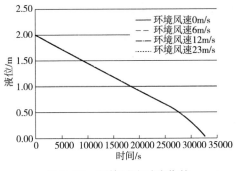

图 3-77　环境风速对液位的
影响变化曲线

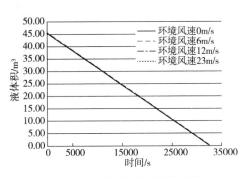

图 3-78　环境风速对液体积的
影响变化曲线

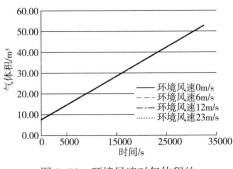

图 3-79　环境风速对气体积的
影响变化曲线

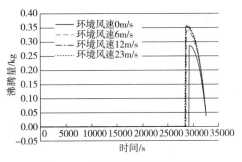

图 3-80　环境风速对沸腾量的
影响变化曲线

## 3.4　正常静态存储条件下动态特性分析

正常静态存储是最典型的存储工况，平时大部分时间均处于此状态下。此工况罐内压力温度容易受环境因素的影响，需要研究各种影响因素下储罐内压力、温度的变化规律，以及对液态 CO$_2$ 气化的影响。

### 3.4.1　流动特性分析

静置条件下，储罐内气液交界面较平坦，压力在气液交界面有较宽范围的过渡层，在温度云图可以看到气体液体整体温度均匀变化，如图 3-81 ~ 图 3-84 所示。

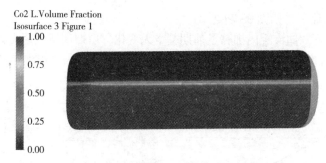

图 3-81　静置条件下液体百分比云图

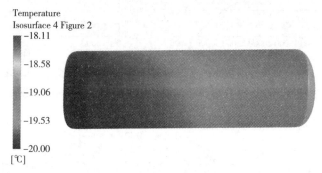

图 3-82　静置条件下温度云图

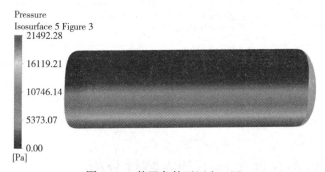

图 3-83　静置条件下压力云图

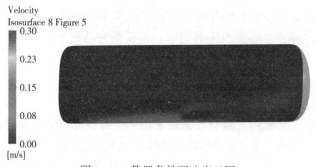

图 3-84　静置条件下速度云图

### 3.4.2 罐内压力影响分析

静置条件下，罐内压力较高，如 2.8MPa、2.4MPa 工况下储液罐内气温度随时间基本无变化，2.0MPa、1.6MPa 工况时有小于 2K 的温升。不同的罐内压力对气温度的初始值影响较大，如图 3-85 所示。

静置条件下，储液罐内液温度随着时间逐渐升高；其中罐内压力越大，液温度升高越快，如图 3-86 所示。

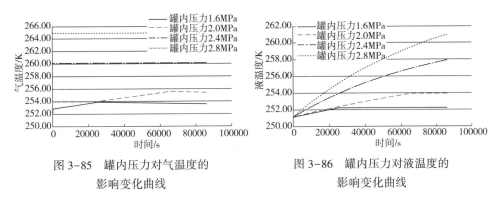

图 3-85 罐内压力对气温度的
影响变化曲线

图 3-86 罐内压力对液温度的
影响变化曲线

静置条件下，储液罐内液位在起始稍有增大，然后随时间变化非常小，罐内压力 2MPa、1.6MPa 工况时在中后期液位会有一定程度降低，罐内压力 1.6MPa 工况时液位降低相对明显，如图 3-87 所示。

静置条件下，储液罐内液体积在罐内压力 2.0MPa、1.6MPa 工况时在中后期会有一定程度降低，罐内压力 1.6MPa 工况液体积降低相对明显，如图 3-88 所示。

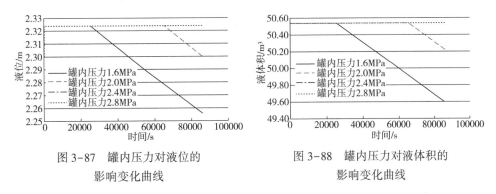

图 3-87 罐内压力对液位的
影响变化曲线

图 3-88 罐内压力对液体积的
影响变化曲线

静置条件下，储液罐内气体积在罐内压力 2.0MPa、1.6MPa 工况时在中后期会有一定程度升高，罐内压力 1.6MPa 工况气体积升高相对明显，如图 3-89 所示。

### 3.4.3 初始温度影响分析

　　静置条件下，储液罐内气温度随时间基本无变化，罐内初始温度-18℃时在中后期气温度有升高，不到 0.7℃，如图 3-90 所示。

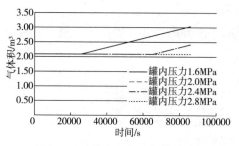

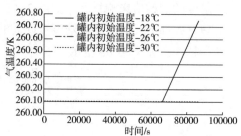

图 3-89　罐内压力对气体积的　　　　图 3-90　罐内初始温度对气温度的
　　　影响变化曲线　　　　　　　　　　　影响变化曲线

　　静置条件下，储液罐内液温度随着时间逐渐升高；其中罐内初始温度越低，液温度升高越快，如图 3-91 所示。

　　静置条件下，储液罐内液位在起始稍有增大，然后随时间变化非常小，不同的罐内初始温度对液位影响非常小，如图 3-92 所示。

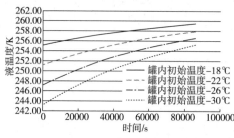

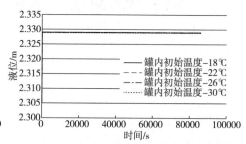

图 3-91　罐内初始温度对液温度的　　　图 3-92　罐内初始温度对液位的
　　　影响变化曲线　　　　　　　　　　　影响变化曲线

　　静置条件下，储液罐内液体积随时间基本无变化，不同的罐内初始温度对液体积影响非常小，如图 3-93 所示。

　　静置条件下，储液罐内气体积随时间基本无变化，不同的罐内初始温度对气体积影响非常小，如图 3-94 所示。

### 3.4.4 环境温度影响分析

　　静置条件下，储液罐内气温度随时间基本无变化，环境温度 40℃时在中后期气温度有升高，不到 0.7℃，如图 3-95 所示。

　　静置条件下，储液罐内液温度随着时间逐渐升高；其中环境温度越高，液温度升高越快，如图 3-96 所示。

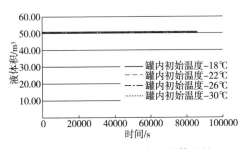

图 3-93　罐内初始温度对液体积的
影响变化曲线

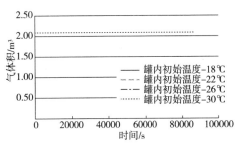

图 3-94　罐内初始温度对气体积的
影响变化曲线

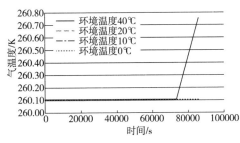

图 3-95　环境温度对气温度的
影响变化曲线

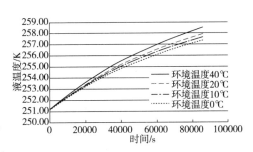

图 3-96　环境温度对液温度的
影响变化曲线

　　静置条件下，储液罐内液位在起始稍有增大，然后随时间变化非常小，不同的环境温度对液位影响非常小，如图 3-97 所示。

　　静置条件下，储液罐内液体积随时间基本无变化，不同的环境温度对液体积影响非常小，如图 3-98 所示。

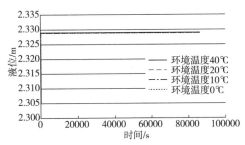

图 3-97　环境温度对液位的
影响变化曲线

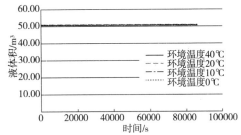

图 3-98　环境温度对液体积的
影响变化曲线

　　静置条件下，储液罐内气体积随时间基本无变化，不同的环境温度对气体积影响非常小，如图 3-99 所示。

### 3.4.5　环境风速影响分析

　　静置条件下，储液罐内气温度随时间基本无变化，不同的环境风速对气温度影响非常小，如图 3-100 所示。

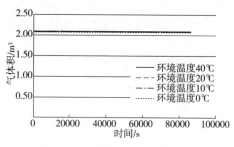 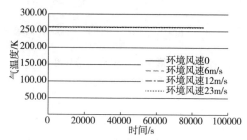

图 3-99　环境温度对气体积的
影响变化曲线

图 3-100　环境风速对气温度的
影响变化曲线

　　静置条件下，储液罐内液温度随着时间逐渐升高；其中环境风速越低，液温度升高略慢，如图 3-101 所示。

　　静置条件下，储液罐内液位在起始稍有增大，然后随时间变化非常小，不同的环境风速对液位影响非常小，如图 3-102 所示。

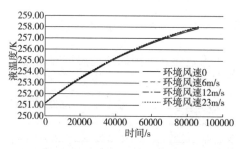 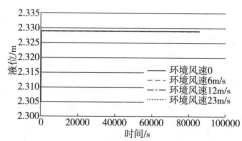

图 3-101　环境风速对液温度的
影响变化曲线

图 3-102　环境风速对液位的
影响变化曲线

　　静置条件下，储液罐内液体积随时间基本无变化，不同的环境风速对液体积影响非常小，如图 3-103 所示。

　　静置条件下，储液罐内气体积随时间基本无变化，不同的环境风速对气体积影响非常小，如图 3-104 所示。

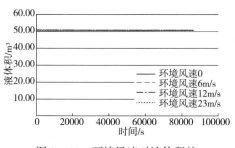

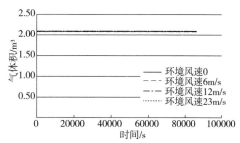

图 3-103　环境风速对液体积的
影响变化曲线

图 3-104　环境风速对气体积的
影响变化曲线

## 3.4.6　初始液位影响分析

静置条件下，初始液位 2.3m、2m 工况时储液罐内气温度随时间基本无变化，初始液位 1.5m、1m 工况时气温度在中后期有一定程度升高，如图 3-105 所示。

静置条件下，储液罐内液温度随着时间逐渐升高；其中初始液位越低，液温度升高越快，如图 3-106 所示。

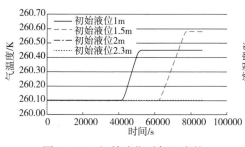

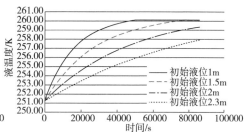

图 3-105　初始液位对气温度的
影响变化曲线

图 3-106　初始液位对液温度的
影响变化曲线

静置条件下，储液罐内液位随时间变化非常小，不同的初始液位影响也较小，如图 3-107 所示。

静置条件下，储液罐内液体积随时间变化非常小，不同的初始液位影响也较小，如图 3-108 所示。

静置条件下，储液罐内气体积随时间变化非常小，不同的初始液位影响也较小，如图 3-109 所示。

## 3.4.7　CO 含量影响分析

静置条件下，储液罐内气温度随时间基本无变化，不同的 CO 含量对气温度影响非常小，如图 3-110 所示。

　　静置条件下，储液罐内液温度随着时间逐渐升高，不同的 CO 含量对液温度影响非常小，如图 3-111 所示。

　　静置条件下，储液罐内液位在起始稍有增大，然后随时间变化非常小，不同的 CO 含量对液位影响非常小，如图 3-112 所示。

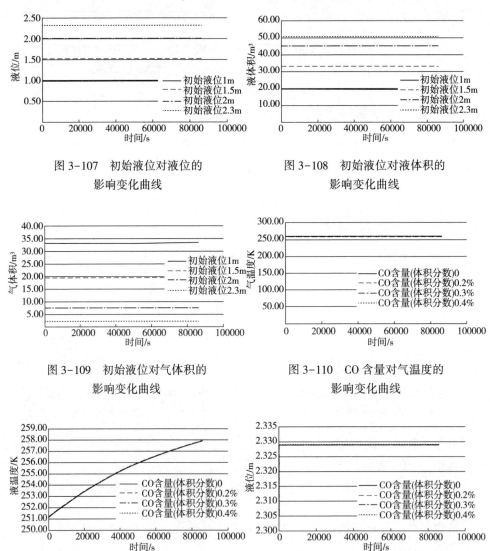

图 3-107　初始液位对液位的
影响变化曲线

图 3-108　初始液位对液体积的
影响变化曲线

图 3-109　初始液位对气体积的
影响变化曲线

图 3-110　CO 含量对气温度的
影响变化曲线

图 3-111　CO 含量对液温度的
影响变化曲线

图 3-112　CO 含量对液位的
影响变化曲线

静置条件下，储液罐内液体积随时间基本无变化，不同的 CO 含量对液体积影响非常小，如图 3-113 所示。

静置条件下，储液罐内气体积随时间基本无变化，不同的 CO 含量对气体积影响非常小，如图 3-114 所示。

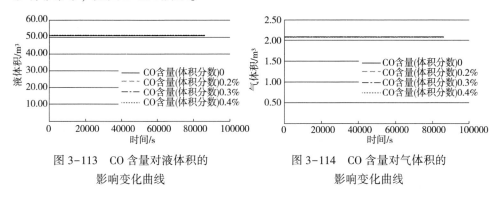

图 3-113  CO 含量对液体积的
影响变化曲线

图 3-114  CO 含量对气体积的
影响变化曲线

## 3.4.8  甲烷含量影响分析

静置条件下，储液罐内气温度随时间基本无变化，不同的 $CH_4$ 含量对气温度影响非常小，如图 3-115 所示。

静置条件下，储液罐内液温度随着时间逐渐升高，不同的 $CH_4$ 含量对液温度影响非常小，如图 3-116 所示。

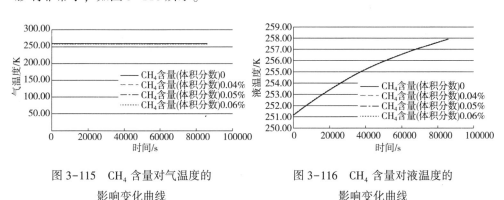

图 3-115  $CH_4$ 含量对气温度的
影响变化曲线

图 3-116  $CH_4$ 含量对液温度的
影响变化曲线

静置条件下，储液罐内液位在起始稍有增大，然后随时间变化非常小，不同的 $CH_4$ 含量对液位影响非常小，如图 3-117 所示。

静置条件下，储液罐内液体积随时间基本无变化，不同的 $CH_4$ 含量对液体积影响非常小，如图 3-118 所示。

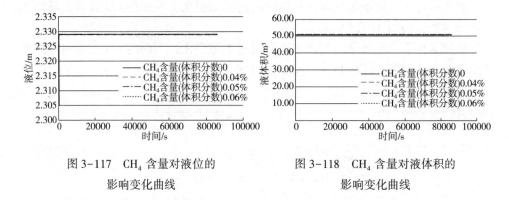

图 3-117　CH₄ 含量对液位的　　　　图 3-118　CH₄ 含量对液体积的
　　　　影响变化曲线　　　　　　　　　　　　影响变化曲线

静置条件下，储液罐内气体积随时间基本无变化，不同的 CH₄ 含量对气体积影响非常小，如图 3-119 所示。

### 3.4.9　乙烷含量影响分析

静置条件下，储液罐内气温度随时间基本无变化，不同的乙烷含量对气温度影响非常小，如图 3-120 所示。

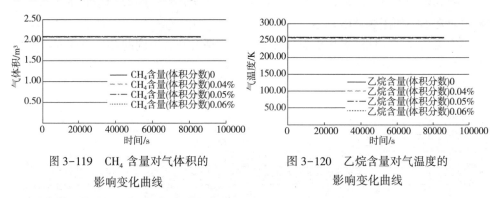

图 3-119　CH₄ 含量对气体积的　　　　图 3-120　乙烷含量对气温度的
　　　　影响变化曲线　　　　　　　　　　　　影响变化曲线

静置条件下，储液罐内液温度随时间逐渐升高，不同的乙烷含量对液温度影响非常小，如图 3-121 所示。

静置条件下，储液罐内液位在起始稍有增大，然后随时间变化非常小，不同的乙烷含量对液位影响非常小，如图 3-122 所示。

静置条件下，储液罐内液体积随时间基本无变化，不同的乙烷含量对液体积影响非常小，如图 3-123 所示。

静置条件下，储液罐内气体积随时间基本无变化，不同的乙烷含量对气体积影响非常小，如图 3-124 所示。

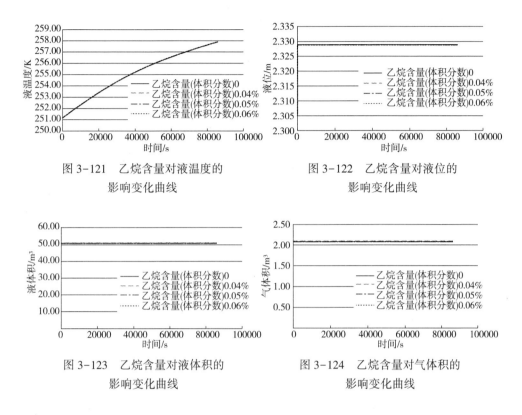

图 3-121　乙烷含量对液温度的
影响变化曲线

图 3-122　乙烷含量对液位的
影响变化曲线

图 3-123　乙烷含量对液体积的
影响变化曲线

图 3-124　乙烷含量对气体积的
影响变化曲线

### 3.4.10　氢含量影响分析

　　静置条件下，储液罐内气温度随时间基本无变化，不同的氢含量对气温度影响非常小，如图 3-125 所示。

　　静置条件下，储液罐内液温度随着时间逐渐升高，不同的氢含量对液温度影响非常小，如图 3-126 所示。

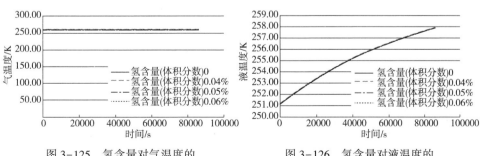

图 3-125　氢含量对气温度的
影响变化曲线

图 3-126　氢含量对液温度的
影响变化曲线

静置条件下，储液罐内液位在起始稍有增大，然后随时间变化非常小，不同的氢含量对液位影响非常小，如图 3-127 所示。

静置条件下，储液罐内液体积随时间基本无变化，不同的氢含量对液体积影响非常小，如图 3-128 所示。

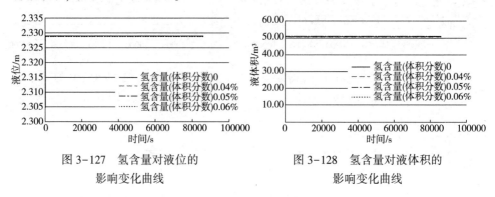

图 3-127　氢含量对液位的　　　　　图 3-128　氢含量对液体积的
　　　　　影响变化曲线　　　　　　　　　　　　影响变化曲线

静置条件下，储液罐内气体积随时间基本无变化，不同的氢含量对气体积影响非常小，如图 3-129 所示。

### 3.4.11　氮含量影响分析

静置条件下，储液罐内气温度随时间基本无变化，不同的氮含量对气温度影响非常小，如图 3-130 所示。

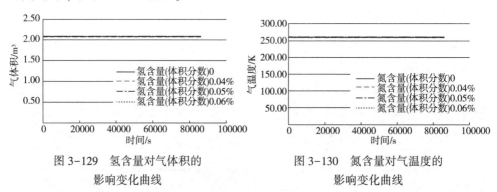

图 3-129　氢含量对气体积的　　　　　图 3-130　氮含量对气温度的
　　　　　影响变化曲线　　　　　　　　　　　　影响变化曲线

静置条件下，储液罐内液温度随时间逐渐升高，不同的氮含量对液温度影响非常小，如图 3-131 所示。

静置条件下，储液罐内液位在起始稍有增大，然后随时间变化非常小，不同的氮含量对液位影响非常小，如图 3-132 所示。

静置条件下，储液罐内液体积随时间基本无变化，不同的氮含量对液体积影响非常小，如图 3-133 所示。

静置条件下，储液罐内气体积随时间基本无变化，不同的氮含量对气体积影响非常小，如图 3-134 所示。

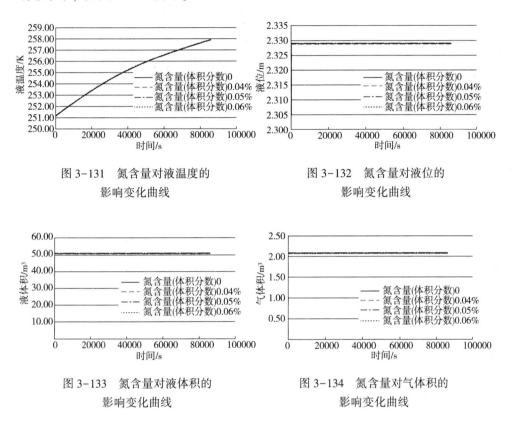

图 3-131  氮含量对液温度的
影响变化曲线

图 3-132  氮含量对液位的
影响变化曲线

图 3-133  氮含量对液体积的
影响变化曲线

图 3-134  氮含量对气体积的
影响变化曲线

# 3.5  异常静态存储条件下动态特性分析

从 CO$_2$ 存储安全性的角度出发，典型的特殊工况也应该作为重点研究内容。本节选定异常静态存储工况，重点研究了此工况罐内压力温度容易受环境因素的影响，需要研究各种影响因素下储罐内压力、温度的变化规律，以及对液态 CO$_2$ 气化的影响。

## 3.5.1  流动特性分析

异常静置条件下，气液交界面范围较宽，说明有相对较大的液体蒸发量；温度云图显示温度分布不均匀，有较剧烈的温度波动，也容易导致蒸发增加，如图 3-135~图 3-138 所示。

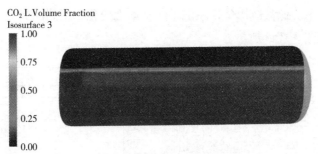

图 3-135　异常静置条件下液体百分比云图

图 3-136　异常静置条件下温度云图

图 3-137　异常静置条件下压力云图

图 3-138　异常静置条件下速度云图

## 3.5.2 罐内压力影响分析

异常静置条件下，储液罐内气温度随时间基本无变化，不同的罐内压力对气温度初始值影响较大，如图 3-139 所示。

异常静置条件下，除罐内压力 1.9MPa 工况外，储液罐内液温度随时间均逐渐升高；其中罐内压力越高，液温度升高越快，如图 3-140 所示。

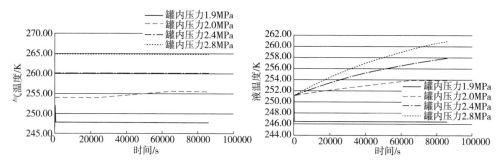

图 3-139  罐内压力对气温度的
影响变化曲线

图 3-140  罐内压力对液温度的
影响变化曲线

异常静置条件下，除罐内压力 1.9MPa 工况外，储液罐内液位在起始稍有增大，然后随时间变化非常小，罐内压力 2.0MPa 工况在中后期液位略有降低，如图 3-141所示。

异常静置条件下，除罐内压力 1.9MPa 工况外，储液罐内液体积随时间基本无变化，罐内压力 2.0MPa 工况在中后期液体积略有降低，如图 3-142 所示。

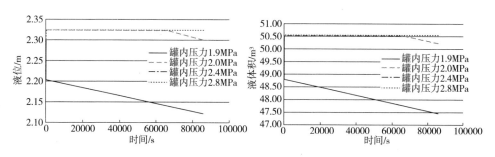

图 3-141  罐内压力对液位的
影响变化曲线

图 3-142  罐内压力对液体积的
影响变化曲线

异常静置条件下，除罐内压力 1.9MPa 工况外，储液罐内气体积随时间基本无变化，罐内压力 2.0MPa 工况在中后期气体积略有升高，如图 3-143 所示。

### 3.5.3 初始温度影响分析

异常静置条件下，储液罐内气温度随时间基本无变化，罐内初始温度−18℃时在中后期气温度有一定程度升高，如图 3-144 所示。

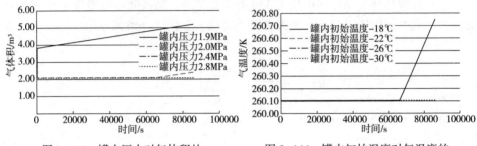

图 3-143 罐内压力对气体积的 　　　　图 3-144 罐内初始温度对气温度的
影响变化曲线 　　　　　　　　　　　　影响变化曲线

异常静置条件下，储液罐内液温度随时间逐渐升高；其中罐内初始温度越低，液温度升高越快，如图 3-145 所示。

异常静置条件下，储液罐内液位在起始稍有增大，然后随时间变化非常小，不同的罐内初始温度对液位影响非常小，如图 3-146 所示。

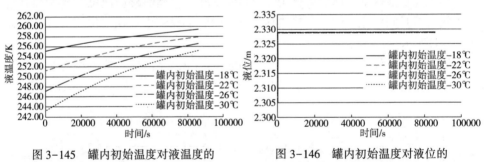

图 3-145 罐内初始温度对液温度的 　　　　图 3-146 罐内初始温度对液位的
影响变化曲线 　　　　　　　　　　　　影响变化曲线

异常静置条件下，储液罐内液体积随时间基本无变化，不同的罐内初始温度对液体积影响非常小，如图 3-147 所示。

异常静置条件下，储液罐内气体积随时间基本无变化，不同的罐内初始温度对气体积影响非常小，如图 3-148 所示。

### 3.5.4 环境温度影响分析

异常静置条件下，储液罐内气温度随时间基本无变化，环境温度 40℃时在中后期气温度有一定程度升高，如图 3-149 所示。

异常静置条件下，储液罐内液温度随时间逐渐升高；其中环境温度越高，液温度升高越快，如图 3-150 所示。

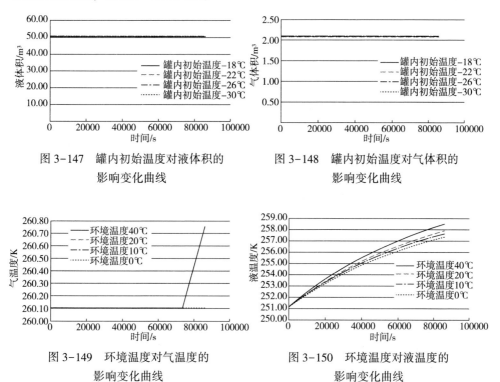

图 3-147 罐内初始温度对液体积的
影响变化曲线

图 3-148 罐内初始温度对气体积的
影响变化曲线

图 3-149 环境温度对气温度的
影响变化曲线

图 3-150 环境温度对液温度的
影响变化曲线

异常静置条件下，储液罐内液位在起始稍有增大，然后随时间变化非常小，不同的环境温度对液位影响非常小，如图 3-151 所示。

异常静置条件下，储液罐内液体积随时间基本无变化，不同的环境温度对液体积影响非常小，如图 3-152 所示。

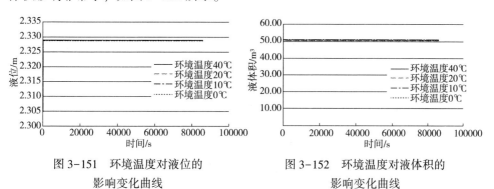

图 3-151 环境温度对液位的
影响变化曲线

图 3-152 环境温度对液体积的
影响变化曲线

异常静置条件下，储液罐内气体积随时间基本无变化，不同的环境温度对气体积影响非常小，如图 3-153 所示。

### 3.5.5 环境风速影响分析

异常静置条件下，不同的环境风速对气温度影响不大，如图 3-154 所示。

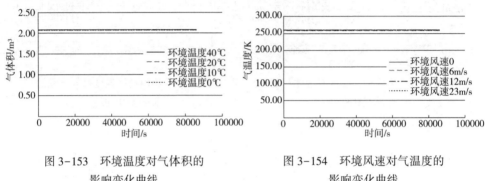

图 3-153　环境温度对气体积的　　　　　　图 3-154　环境风速对气温度的
　　　　　影响变化曲线　　　　　　　　　　　　　影响变化曲线

异常静置条件下，储液罐内液温度随着时间逐渐升高，其中环境风速越高，液温度升高越快，如图 3-155 所示。

异常静置条件下，储液罐内液位在起始稍有增大，然后随时间变化非常小，不同的环境风速对液位影响非常小，如图 3-156 所示。

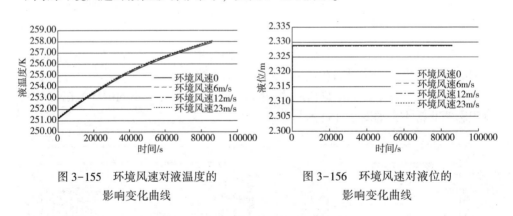

图 3-155　环境风速对液温度的　　　　　　图 3-156　环境风速对液位的
　　　　　影响变化曲线　　　　　　　　　　　　　影响变化曲线

异常静置条件下，储液罐内液体积随时间基本无变化，不同的环境风速对液体积影响非常小，如图 3-157 所示。

异常静置条件下，储液罐内气体积随时间基本无变化，不同的环境风速对气体积影响非常小，如图 3-158 所示。

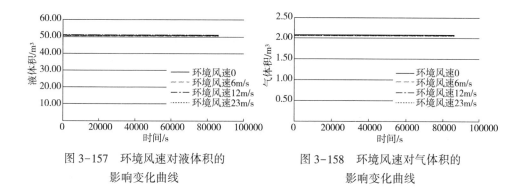

图 3-157　环境风速对液体积的
影响变化曲线

图 3-158　环境风速对气体积的
影响变化曲线

## 3.5.6　初始液位影响分析

异常静置条件下，初始液位 2.3m、2m 工况时储液罐内气温度随时间基本无变化，初始液位 1.5m、1m 工况时气温度在中后期有一定程度升高，如图 3-159 所示。

异常静置条件下，储液罐内液温度随着时间逐渐升高，其中初始液位越高，液温度升高越慢，如图 3-160 所示。

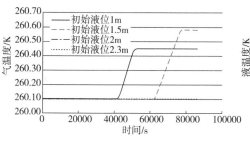

图 3-159　初始液位对气温度的
影响变化曲线

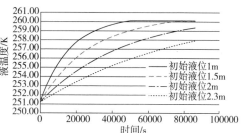

图 3-160　初始液位对液温度的
影响变化曲线

异常静置条件下，储液罐内液位随时间基本无变化，不同的初始液位影响非常小，如图 3-161 所示。

异常静置条件下，储液罐内液体积随时间基本无变化，不同的初始液位对液体积影响非常小，如图 3-162 所示。

异常静置条件下，储液罐内气体积随时间基本无变化，不同的初始液位对气体积影响非常小，如图 3-163 所示。

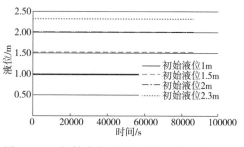

图 3-161　初始液位对液位的影响变化曲线

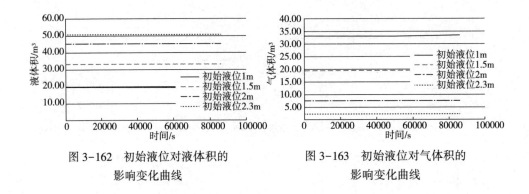

图 3-162　初始液位对液体积的　　　　图 3-163　初始液位对气体积的
　　　　　影响变化曲线　　　　　　　　　　　影响变化曲线

## 3.6　CO₂ 储罐操作技术方案

### 3.6.1　卸车操作

卸车的基本操作思路如图 3-164 所示。

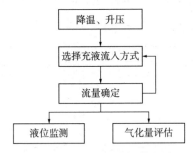

图 3-164　卸车基本操作思路

#### 3.6.1.1　降温、升压

进行卸车前应合理设定储罐的温度和压力，过高的温度或过低的压力可导致初期注入储罐的液体发生剧烈的蒸发或闪蒸。为尽可能减少液体损失，本操作的目标是尽可能保证罐内初始温度低于-9℃、罐压高于 2MPa。

（1）空罐状态（温度高于槽车液温、压力低于槽车罐压）

可选择较低的注入流量进行卸车，并关闭排气阀（或回气阀）。利用液体的闪蒸快速降低罐温并同时提升罐压。

选择较低的注入流量的目的是避免罐体温度、压力快速、剧烈变化，从而避免潜在的承压热冲击或热疲劳损伤。

待罐温接近槽车液温后可进行正式大流量卸车。

（2）非空罐状态（温度高于槽车液温、压力低于槽车罐压）

建议直接进行大流量卸车，从而降低蒸发损失。

也可选择对储罐适当泄压（罐压最低值为当前罐内液温对应的饱和压力，温度、压力可对照图 3-165），从而利用更高的槽车-储罐压差加速卸车。

（3）非空罐状态（温度低于槽车液温或压力高于槽车罐压）

可直接进行大流量卸车。

对于罐压高于槽车的情况，需首先对储罐泄压（罐压最低值为当前罐内液温对应的饱和压力）。

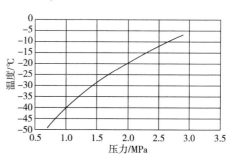

图 3-165  CO₂ 气-液相图

### 3.6.1.2  选择充液流入方式

充液流入方式分为泵送和压差式两种。其中，压差式依赖槽车的罐压高于储罐罐压，以此压差为驱动力进行充液。

（1）泵送方式的选择

卸车流量在卸车泵条件许可的基础上，建议尽量选择更高的流量，从而降低液体蒸发损失。

（2）压差方式的选择

当槽车的罐压与储罐罐压间差值较大时，可提供的充液压头甚至会高于卸车泵所能提供的压头。因此，选择压差方式充液时应避免在高压差时使用大的阀门开度，从而避免管道内过高流速对管路产生破坏。

随着卸车的进行，当压差降低至卸车泵压头同一量级时可选择阀门全开进行卸车。

在压差方式卸车末段，压差低于卸车泵最大压头后，可考虑开启卸车泵并切换至泵送方式。

### 3.6.1.3  流量确定

对于泵送式和压差式两种方式，充液流量的确定方法为：

（1）泵送方式

从降低液体蒸发量的角度出发，可选择尽可能大的泵送流量，而仅需在卸车末段使用较低的流量（建议在卸车末段使用低于 17m³/h 的卸车流量），从而防止液体溢出。

卸车泵的理论输出流量可根据卸车管线总压差（对应泵扬程）在泵的性能曲

线上查到对应的输出流量。

（2）压差方式

选用压差方式卸车时，流量将随着卸车进行而持续降低，直至槽车与储罐压力平衡后流量降为0。

压差方式的理论最大流量可由式（3-19）确定：

$$Q = A\left(\frac{2\Delta P}{k\rho} + \frac{gh}{k}\right)^{0.5} \qquad (3-19)$$

式中　$A$——卸车管线通径；

　　　$\Delta P$——槽车与储罐压力差；

　　　$k$——卸车管线阻力系数；

　　　$g$——重力加速度；

　　　$h$——槽车与储罐液面高程差。

#### 3.6.1.4　液位监测

卧式储罐水平截面随高度不是恒定不变的，即使使用恒定充液流量时液位的变化速率也不是恒定不变的。因此，卸车过程中应持续关注液位的变化。

（1）液位变化规律

罐内液体容积随液位变化的关系如图3-166所示。以来液流量30m$^3$/h和40m$^3$/h为例，由图3-167可见，在卸车的初始和终了阶段液位的变化速率更快。

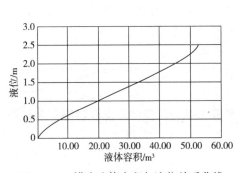

图3-166　罐内液体容积与液位关系曲线

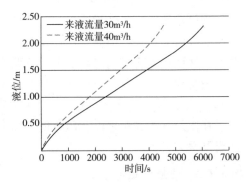

图3-167　来液流量与液位关系曲线

（2）液位变化监测重点

由于液位在充液末段升高速率相对更高，而储罐从运行安全角度要求充液不能完全达到满罐，而需留有一定的气体空间。

此外，在卸车末段液位升高速率较快，如采用手动控制阀门关断的方式，容易导致最终液位超限，造成排气管嘴流入液体。因此，建议在卸车末段使用低于

$17m^3/h$ 的卸车流量。

卸车流量对卸车末段液位升高速率的影响参见图3-168，可综合现场条件进行评估。

（3）液位监测方式

本项目针对的储罐选用压差式液位计进行液位监测。而液态$CO_2$在不同温度、压力下的密度有所差异，则需要在将测量压差转换为实际液位数据时考虑物性变化导致的偏差，从而精确监测液位。

如图3-169所示为$CO_2$密度随温度、压力的变化曲线，可根据运行条件进行修正。

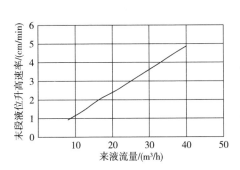

图3-168  来液流量与卸车末段液位
升高速率关系曲线

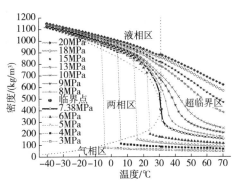

图3-169  $CO_2$密度随温度、
压力的变化曲线

### 3.6.1.5  气化量评估

当储罐内温度高于槽车液温或压力低于槽车罐压时，初始充入的液体将发生蒸发或闪蒸，从而造成少量液体损失。液体损失会对存储的经济性和安全性产生影响，因此需要合理评估气化量。

（1）气化量随卸车流量的变化规律

卸车流量越低则卸车过程中的液体蒸发损失量越大，极端条件下可导致约198kg液量损失（$8m^3/h$）。因此，建议在卸车时（除卸车末段外）使用高于$17m^3/h$的卸车流量。

卸车流量对卸车过程中的蒸发损失的影响规律参见图3-170，可综合现场条件确定实际操作流量。

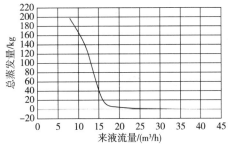

图3-170  来液流量与总蒸发量
关系曲线

（2）气化量随罐内状态的变化规律

罐内初始温度较高或压力较低条件下（高于罐压条件下的饱和温度时）蒸发量更大。因此，建议保证卸车前罐内处在较高的压力和较低的温度，保证初始温度低于-9℃，罐压高于2MPa。

罐内初始温度和初始压力对卸车过程中的蒸发损失的影响规律参见图3-171。

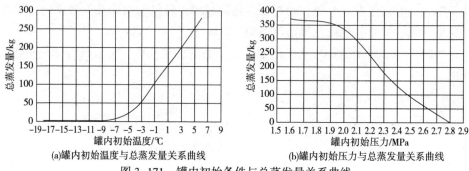

(a)罐内初始温度与总蒸发量关系曲线　　　(b)罐内初始压力与总蒸发量关系曲线

图3-171　罐内初始条件与总蒸发量关系曲线

（3）气化量随环境条件的变化规律

环境条件（温度、风速）恶劣时卸车初始阶段罐内的蒸发会更强，可导致少量液体损失。环境温度和风速对卸车过程中的蒸发损失的影响规律参见图3-172，可综合现场条件评估液体损失量。

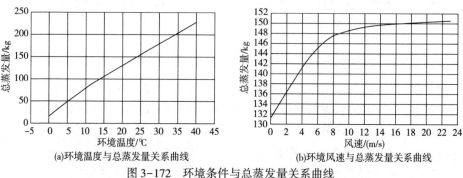

(a)环境温度与总蒸发量关系曲线　　　(b)环境风速与总蒸发量关系曲线

图3-172　环境条件与总蒸发量关系曲线

## 3.6.2　注入操作

注入的基本操作思路如图3-173所示。

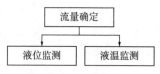

图3-173　注入的基本操作思路

#### 3.6.2.1 流量确定

（1）注入流量主要受驱替工艺决定，但需综合考虑流量过低导致的液体温度上升，防止对驱替工艺产生影响。

（2）为避免注入末段液位降低速率较快而导致的注入管吸入气体的风险，建议在注入末段使用低于 $10m^3/h$ 的流量。

#### 3.6.2.2 液位监测

与卸车类似，注入过程中应持续关注液位的变化。

（1）液位变化规律

不同排液流量下，罐内液位随时间的变化曲线如图 3-174 所示。以排液流量 $2\sim14m^3/h$ 为例，由图 3-174 可见，在注入的初始和终了阶段液位的变化速率较快。

（2）液位变化监测重点

液位在注入末段升高速率相对更高，存在液位降低速率较快而导致的注入管吸入气体的风险，而注入泵从运行安全角度应尽量避免吸入气体。

因此，建议在卸车末段使用低于 $10m^3/h$ 的卸车流量。

卸车流量对卸车末段液位升高速率的影响参见图 3-175，可综合现场条件进行评估。

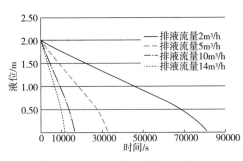

图 3-174 不同排液流量下液位与
时间关系曲线

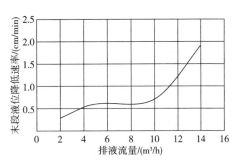

图 3-175 卸车流量与注入末段液位
降低速率关系曲线

（3）液位监测方式

同 3.6.1 节卸车操作所述。

#### 3.6.2.3 液温监测

因为注入过程无内部或外部高温气体参与，而罐温、罐压、环境条件（温度、风速）等因素短时程内产生的漏冷极其有限。所以，可以认为注入过程无液体蒸发损失。但整个注入过程中的漏冷仍然会导致液体温度上升。

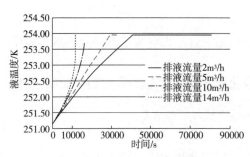

图 3-176  排液流量对液温度的
影响变化曲线

(1) 漏冷会影响注入液体的温度，有可能会接近液体饱和温度(温差＝饱和温度−初始液温)，尤其是在低注入流量下。

以排液流量 2~14m³/h 为例，由图 3-176 可见，在流量低于 5m³/h 后最终液温可达到饱和温度。

(2) 接近饱和温度的液体在注入泵(无论是叶轮泵还是容积泵)中可能发生空化，对泵的寿命有不利影响。

因此，应尽量避免过高的注入液温。降低温度影响的措施主要有：

① 提高注入流量；

② 降低初始液温；

③ 升高存储压力。

(3) 液温监测方式。应同时在罐内和注入管线上布置温度测点，便于综合评估液温变化是储罐漏冷导致的还是管线输送导致的。

### 3.6.3  存储操作

存储的基本操作思路如图 3-177 所示。

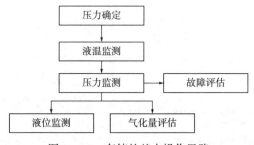

图 3-177  存储的基本操作思路

#### 3.6.3.1  压力确定

(1) 进行存储前应合理设定储罐的温度和压力，过低的压力可导致存储期间液体蒸发过早发生。本操作的原则是为减少液体损失，尽可能提升存储压力。

以罐内压力 1.6~2.8MPa 为例，由图 3-178 可见，低罐压可导致存储首日即发生液体蒸发。

(2) 提升存储压力可保证漏冷在更长的时期内仅使液体被加热，而更缓慢到达气化温度点。罐内压力对存储过程中的首日蒸发损失的影响规律参见图 3-179。

可见，将罐内压力控制在高于2MPa可有效降低存储初期的蒸发量。

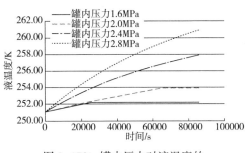

图 3-178　罐内压力对液温度的
影响变化曲线

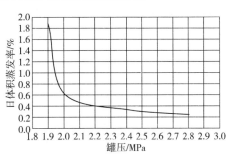

图 3-179　罐内压力与日体积蒸发率
关系曲线

（3）压力设定仍需综合考虑储罐结构安全性能，结合下文综合确定存储压力。

### 3.6.3.2　液温监测

存储过程中液温将不断升高直至达到罐压对应的饱和温度（可参考图 3-178确定），因此持续监测罐温有利于对液体所处状态进行判断。

（1）漏冷会贯穿于整个存储时期内，但恶劣的自然环境条件可使漏冷增大。环境温度越高、环境风速越大，则漏冷量越大。环境温度高于 10℃后储罐液体首日损失量明显增大。环境温度和环境风速对存储过程中液温的影响规律参见图 3-180和图 3-181。

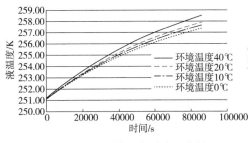

图 3-180　环境温度对液温度的
影响变化曲线

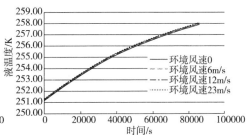

图 3-181　环境风速对液温度的
影响变化曲线

（2）液温监测方式。应保证罐内温度测点接近罐底，从而防止测点在低液位时暴露在气体中。可在不同高度布置一系列温度测点，便于监测罐内热分层现象（热分层对漏冷及存储特性影响较小，但可产生一定的结构疲劳累积）。

### 3.6.3.3　压力监测

存储过程当蒸发开始产生后，罐压将持续升高直至到达设定的泄放压力。

（1）罐压升随初始压力变化规律：初始罐压越高，发生蒸发的时刻越向后延，则罐压升高响应延迟。初始压力对存储首日罐压升的影响规律参见图 3-182，可综合现场条件评估实际压力变化量。

（2）罐压升随初始温度变化规律：初始温度越高，蒸发越早发生，则罐压升高响应提前。初始温度对存储首日罐压升的影响规律参见图 3-183，可综合现场条件评估实际压力变化量。

（3）罐压升随环境温度变化规律：环境温度越高，漏冷越强，则罐压升高量越大。环境温度对存储首日罐压升的影响规律参见图 3-184，可综合现场条件评估实际压力变化量。

（4）罐压升随环境风速变化规律：环境风速越大，漏冷越强，则罐压升高量越大。环境风速对存储首日罐压升的影响规律参见图 3-185，可综合现场条件评估实际压力变化量。

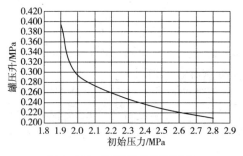

图 3-182　存储首日罐压升与
初始压力关系曲线

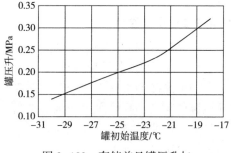

图 3-183　存储首日罐压升与
初始温度关系曲线

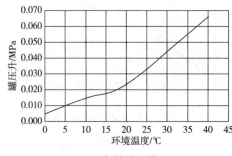

图 3-184　存储首日罐压升与
环境温度关系曲线

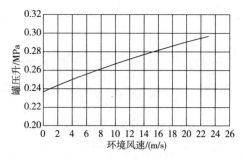

图 3-185　存储首日罐压升与
环境风速关系曲线

（5）罐压升随初始液位变化规律：初始液位越高，整个罐内的热容越大，蒸发发生的时刻越推迟，则罐压升高相应延迟。初始液位对存储首日罐压升的影响规律参见图 3-186，可综合现场条件评估实际压力变化量。

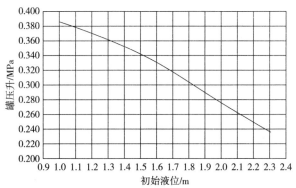

图 3-186　存储首日罐压升与初始液位关系曲线

#### 3.6.3.4　故障评估

存储过程中罐压将持续升高直至到达设定的泄放压力，因此一旦罐压超过泄放压力而仍然继续上升，则可能是泄放装置发生了故障。

（1）泄放装置在高温、高湿等环境下，或短暂泄放后存在冰堵的可能，此时应重点关注装置的完好性。

（2）可参考 GB/T 18442.3—2019《固定式真空绝热深冷压力容器　第 3 部分：设计》中 6.7.2.2 节的要求，配置双泄压阀作为备份。

为避免频繁、短暂泄压而造成的冰堵，可将两个泄压阀的开启压力设定为非一致，从而避免泄放时双阀同时开启。开启压力可根据当前存储压力选取（参照 GB/T 150.3—2011《压力容器　第 3 部分：设计》B.6 节）不同的值。

#### 3.6.3.5　液位监测

通过液位监测可直接对存储过程中的液体损失量进行评估。

（1）液位变化规律：罐内液体容积与液位关系曲线如图 3-187 所示，可根据该关系推出任意时刻罐内液量。

（2）液位对液体损失的影响。存储初始液位应避免在一个特定范围（0.8～1.9m 范围附近）内，从而避免更高的液体蒸发损失。

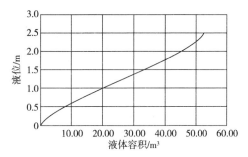

图 3-187　罐内液体容积与液位关系曲线

罐压恒定和罐压持续上升条件（罐压持续上升发生在存储过程中泄压或其他控压装置不动作时）下的罐内初始液位对存储过程中的蒸发损失的影响规律参见图 3-188 和图 3-189，可综合现场条件评估液体损失量。

（3）液位监测方式参考 3.6.1 节卸车操作。

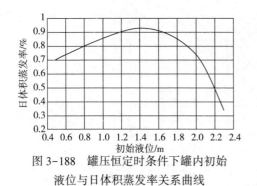

图 3-188　罐压恒定时条件下罐内初始　　　　图 3-189　罐压持续上升条件下罐内初始
液位与日体积蒸发率关系曲线　　　　　　　液位与日体积蒸发率关系曲线

#### 3.6.3.6　气化量评估

制定存储工艺时应评估可能的液体气化量，而气化量因罐内是否能保持压力恒定而有所不同。

(1) 罐压恒定时气化量随存储条件的变化规律：环境温度和环境风速对存储过程中的蒸发损失的影响规律参见图 3-190，可综合现场条件评估液体损失量。

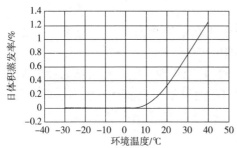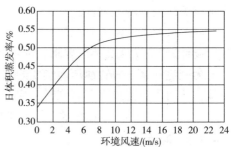

(a)罐压恒定时环境温度与日体积蒸发率的关系曲线　　(b)罐压恒定时风速与日体积增发率的关系曲线

图 3-190　罐压恒定时环境条件与日体积蒸发率关系曲线

(2) 罐压持续上升时气化量随存储条件的变化规律：罐压持续上升发生在存储过程中泄压或其他控压装置不动作时。环境温度和环境风速对存储过程中的蒸发损失的影响规律参见图 3-191，可综合现场条件评估液体损失量。

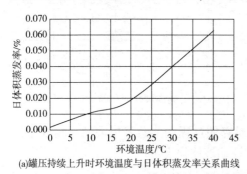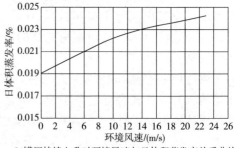

(a)罐压持续上升时环境温度与日体积蒸发率关系曲线　　(b)罐压持续上升时环境风速与日体积蒸发率关系曲线

图 3-191　罐压持续上升时环境条件与日体积蒸发率关系曲线

# 4 $CO_2$驱采出流体物性变化

注 $CO_2$驱提高采收率技术是一种较为先进环保的技术，近年来国内外注 $CO_2$驱发展很快，已成为除热采之外最重要的提高采收率方法。$CO_2$驱的主要优点是减少碳排放，同时 $CO_2$注入地层中后可以使原油体积膨胀、黏度降低、混相压力低、降低界面张力等，是较为理想的气驱介质。但 $CO_2$注入后会改变油田采出液（气、油、水）的组成与性质，从而对油田地面集输系统工艺产生不可忽视的影响。

## 4.1 原油组成及 $CO_2$对原油体系影响的研究现状

### 4.1.1 原油的组成

原油的族组分包括饱和分、芳香分、胶质与沥青质。饱和分包括正构烷烃、异构烷烃（石蜡烃）和环烷烃。芳香分包括纯芳香烃、环烷芳香烃和环状的含硫化合物，后者最常见的是苯并噻吩衍生物，用芳香分部分的含硫量能够粗略地计算出它们的总量。胶质和沥青质由原油中含 N、S、O 的高相对分子质量多环化合物构成。沥青质不溶于轻质烷烃，因而可被正己烷沉淀下来。胶质还可以溶解在体系中，但因为其具有较强的极性，所以在做液相色谱时会被吸附在氧化铝上。

所有原油都是由这 4 个族组分构成的，因此它们的含量并非独立的。按百分含量计算饱和分加上芳香分加上胶质和沥青质后，应该等于 1。如果原油缺少其中一族，则其他三族的总和就是 1。这个事实反馈出了这些族组分以及它们的亚类在数量间的一定关系。而且，由于相同的来源或相同的化学亲和性，某些烃类或含 N、S、O 的化合物浓度，表现出高度的协变性。

#### 4.1.1.1 正构烷烃

已在原油中鉴别出从 $C_1$ 到 $C_{40}$ 的各种类型正构烷烃，还有几种超过 $C_{40}$ 的，它们通常占原油的 15%～20%。但是有时它们的含量也很低，如在重质降解原油中；有时其含量则高达 35%。其中，低相对分子质量（$C_5$～$C_7$）的正构烷烃就单一化合物而言，其含量（体积分数）可达到 4%。在大多数原油中，超过 $C_{10}$ 的正构烷烃，随着碳原子数的增多，其含量有规律地减少。

含有较多高相对分子质量的正构烷烃($>C_{20}$)，会使得某些原油具有较高的析蜡点，即原油冷却过程中蜡晶出现时的温度。这类原油含蜡量高，同时析出的蜡晶中也含有异构烷烃和烷基环烷烃。正构烷烃有时会呈现出奇数或偶数碳原子的微弱优势。

正构烷烃含量在很大程度上取决于成生的条件，特别是原始有机质的性质。高含蜡原油和从陆源有机质演化生成的原油常常含有较大比例的正构烷烃，而海相或者混合有机质则产生较多的环状化合物。在生油岩有机质的深成阶段，有一个一般趋势，即随着成熟度升高，正构烷烃含量增加，从而产生一系列来源相似，但正构烷烃含量逐渐增多的原油。另外，储集的原油遭受微生物的降解作用，会使其中的正构烷烃减少。

### 4.1.1.2 异构烷烃

原油中已鉴定出多种不同类型的，包含 10 个或少于 10 个碳原子的带支链异构烷烃。而超过 $C_{10}$ 的，则只有 $C_{10} \sim C_{25}$ 的类异戊二烯烷烃系列和少数其他几种异构烷烃，如角鲨烷(Squalane)。之所以会出现这种情况，很可能是因为原油中高相对分子质量的异构烷烃浓度很低，而可能的同分异构体却非常多。

在 $C_5 \sim C_8$ 范围内，最常见的构型是具有一个叔碳原子(2-甲基或 3-甲基)，其次是有两个叔碳原子的构型。其他构型(一个季碳原子，或两个以上叔碳原子)是极为罕见的。在 $C_6 \sim C_8$ 烷烃中，正构、异构和反异构烷烃(2-甲基和 3-甲基)的强优势是可以解释的：一方面，长烷基链的主要来源是高等植物和微生物的蜡中的烷烃类、酸类和醇类；另一方面，较重分子的裂解主要产生正构、异构、反异构烃类和芳烃类。

### 4.1.1.3 环烷烃

环戊烷、环己烷及其低相对分子质量($<C_{10}$)的衍生物是石油的重要组成。特别是甲基环己烷是它们中含量最多的，最高可占总原油质量的 2.4%。在少于 10 个碳原子的烷基环烷烃化合物中，大多数是环戊烷或者环己烷的衍生物，只有几个是二环的，如二环辛烷或者二环壬烷。极少数情况下，原油中也可能含有微量的具有其他环排列的特殊结构的化合物，如环丁烷和环庚烷。

中质到重质部分($C_{10} \sim C_{30}$)的环烷烃由 1~5 个五元环或六元环组成。通常按照胡德和欧尼尔的方法(1959)用质谱测定法获得，用环数表示的饱和烃分布(环数分析)。

单环和双环环烷烃一般占 $>C_{10}$ 的环烷烃总量的 50%~55%。在这些高相对分子质量的分子中有一个长链(线状或略带分支的)和几个短的甲基或乙基链。各种单环和双环环烷烃含量随相对分子质量(碳原子数)的变化有规律地减少。

三环环烷烃平均只占 $>C_{10}$ 的环烷烃总量的 20%。其中某些很可能具有菲烷

(Perhydro-phenanthrene)的结构形式。在超过 20 个碳原子的范围内，各种三环环烷烃含量随相对分子质量的变化有规律地减小。

四环和五环环烷烃平均占>C₁₀环烷烃的 25%。它们的结构同四环甾族化合物和五环三萜烯直接相关。四环甾烷主要分布在从 27~30 个碳原子范围内，而五环三萜烷的分布最高达到 27~32 个碳原子，但是有时达到 35 个碳原子。一般来说，四环和五环环烷烃在年轻的和未成熟的原油中含有最多。在胶质、沥青和多芳环化合物中也含有不少。

#### 4.1.1.4  芳香烃

芳烃量是指只包含芳香环和碳支链的烃类分子。它们包括 1~4 个或 5 个缩合在一起的芳香环和少数短链。其中，苯、萘和菲 3 种类型的化合物含量最多。每个类型的主要组分通常不是母体化合物，而是多了 1~3 个碳原子的烷基衍生物。例如，在烷基苯 $C_nH_{2n-6}$ 类型中主要组分是甲苯，后者可达到原油的 1.8%，有时是二甲苯(邻二甲苯、间二甲苯、对二甲苯总量可占原油的 1.3%)，而苯通常略少(往往不超过原油的 1%)。对于萘型 $C_nH_{2n-12}$ 来说有同样的情况，主要结构为 $C_{12}$ 或 $C_{13}$(二或三甲基质)，菲型 $C_nH_{2n-18}$ 则为 $C_{16}$ 或 $C_{17}$(二或三甲基质)。由于芳香烃很少有长链，在超过这些主要结构碳数情况之后，各种分布都迅速减小。

如果萘系和菲系的分子大部分是由甾族化合物和萜族化合物分裂产生的，那么二甲基和三甲基衍生物的优势就能得到解释。在可能有几种结构形式时，例如对于三环芳烃 $C_nH_{2n-18}$ 来说，两种结构只有一种在原油中是较多的。因此，烷基蒽只有少量，而烷基菲则大大地占优势。这个事实和人们提出的菲系列的来源是相符合的。

芳香烃中还有一大类为环烷芳香烃，它们包含一个或几个缩合芳环，并与饱和环稠合在一起。这些化合物是烃类的高沸点馏分的主要组分。尤其是在石蜡-环烷基原油中，单芳环和双芳环的环烷芳烃比多环芳烃还要多。在年轻的或者浅层未成熟的原油中，与纯的芳烃相比较，环烷芳烃含量格外多。经过一个强烈的热演化过程后，纯芳香烃类就占优势了。

环烷芳烃可以有各种结构形式。两环(1 个芳环、1 个饱和环)的茚满、萘满(四氢化萘)和它们的甲基衍生物常常是丰富的，而且已在某些原油中测定出。三环的四氢化菲及其衍生物也是常有的。特别重要的是四环和五环分子，它们多半与甾族化合物和萜族化合物结构有关。

#### 4.1.1.5  含硫化合物

S 是原油中继 C 和 H 之后第三多的原子成分，它存在于原油的重馏分中，也存在于中馏分中。它并不像 N 一样只和最重的馏分有关，在低、中相对分子质量范围内( ~C₂₅)，S 同样可以与 C 和 H 相结合。而在原油的重馏分中，S 往往是结合在含有 N、S、O 的多环大分子中。

从原油的轻馏分和中馏分(~C$_{25}$)中鉴定出的硫化合物，可分为重要性不同的 4 个大类：硫醇、硫醚、二硫化物和噻吩衍生物。

在未成熟的原油中，非噻吩类的含硫化合物特别多，而噻吩类的含硫化合物则随成熟度而增多(HO 等，1974)。硫醇可以认为是由 1 个烷基或环烷基取代了 H$_2$S 中 1 个氢原子而衍生的。在原油中曾经发现正构硫醇和异构硫醇、环戊硫醇和环己硫醇。芳香族的硫醇尚未见报道过。大多数硫醇是低相对分子质量的(少于 8 个碳原子)。

硫醚可以认为是 H$_2$S 中的 2 个氢原子被烷基取代而衍生的。它们的含量一般很低。烷基芳香基硫醚是由 1 个芳香环和 1 个烷基取代了 H$_2$S 中的氢原子而形成的。

二硫化物同硫醚有着相似的结构，但是硫桥中有 2 个而不是 1 个硫原子；在低相对分子质量范围里已经有几种被鉴定出来(二硫杂丁烷到二硫杂己烷)。

噻吩可看作含有 1 个硫和 4 个碳原子的不饱和五元环。在许多方面(如色谱)噻吩环的性质和苯环相似。噻吩本身一般很罕见，但是苯并噻吩、二苯并噻吩以及苯并萘基噻吩(含有 1 个噻吩环和 1、2 或 3 个苯环)却是所有高硫原油的重要成分。它们少量存在于低硫原油中。在一些原油中，虽然含有相当数量的二苯并噻吩，但其与其他组分相互混合，还不能轻松给出某单一化合物的含量。在高含量的芳香烃、胶质和沥青质的原油中，噻吩衍生物特别多，其衍生物的平均含量，甚至可以占沸点高于 210℃ 的芳香族馏分的 20% 以上。

### 4.1.1.6 含氮化合物

在原油中 N 含量一般比 S 含量要低得多：约 90% 的原油含氮量小于 0.2%。原油中含氮量的平均值(质量分数)为 0.094%。对于减压渣油，由于其中的胶质和沥青质的相对含量增加了，所以它的 N 就增多了。一般把普通原油与高氮原油(N>0.25%)区分开。

### 4.1.1.7 含氧化合物

原油中最重要的含氧化合物是有机酸，这往往是不成熟的原油的常见组分。现已经从原油中鉴定出 C$_1$~C$_{20}$ 的饱和脂肪酸以及类异戊间二烯酸。在苏联、委内瑞拉和加利福尼亚的某些环烷基和沥青基原油中，测出过环戊烷和环己烷羧酸 C$_6$~C$_{20}$，环戊基乙酸 C$_8$~C$_{10}$。

原油中含量较少的其他含氧化合物有：酮类、带烷基或环烷基的含氧化合物包括芴酮在内几种酚类，特别是甲酚。

### 4.1.1.8 高相对分子质量含氮、硫、氧化合物

在石油的高相对分子质量组分中，常常有含 N、S 和 O 的化合物。它们归属

于胶质和沥青质。沥青质和多数胶质是由具有支链和杂原子(N、S、O)的多环芳香核或环烷芳香核形成的复杂结构的组合。它们组成了石油中的重馏分，而且被认为是属于芳香系和环烷-芳香系的天然高相对分子质量化合物的末端成员。当相对分子质量增大到超过约 700 时，含有 1 个或 1 个以上的杂原子(O、N 或 S)的分子概率就高了。所以，在石油的重馏分中，实际上没有纯粹的芳香烃或环烷芳香烃分子，所有的组分都含有氧、氮或硫原子；它们取代了环状结构中的碳原子。

#### 4.1.1.9 有机金属化合物

原油中含有金属，尤其是有镍和钒；其含量的变化范围很大。在碎屑砂岩—页岩系列的许多原油中，两种金属含量都很低，只有几个 $10^{-6}$。在低硫原油中，镍比钒更多。金属在原油中含量有多有少，但在高硫原油中要高些，其中钒一般比镍更多。

在金属、硫和沥青质含量之间有很好的相关性。由于金属存在于胶质和沥青质中，所以这个事实是很容易理解的。由于金属-沥青质的相互关系，富集了沥青质的降解原油比相同来源的非降解原油含有较多的金属。

其他金属，如 Fe、Zn、Cu、Pb、As、Mo、Co、Mn、Cr 等也有过报道。对它们还未进行系统的分析，无论它们是否同时存在，都很难求出其含量。然而，V 和 Ni 肯定是金属中含量最多的。它们部分是结合在卟啉络合物中的，但是其余部分的结构从属关系还很不清楚。

石油中的卟啉分子可能插在两层沥青质微粒之间，并用 π-钒键联结。有时，余属也可络合到卟啉核中，后者联结着复杂的取代物。某些作者从沥青质中分离出的绿色部分可能就是这样的。

### 4.1.2 原油的分类

各种不同的原油分类方法已由地球化学家及石油行业相关学者提出。这些分类法的目的迥然不同，用于分类的物理化学参数也不相同。石油行业主要着眼于连续蒸馏的各馏分量(如汽油、粗挥发油、煤油、粗柴油、润滑油)和这些馏分的化学组成或物理特性(黏度、浊点试验等)。地质学家和地球化学家则更注重原油的鉴别、测定和生油岩的关系及其演化程度。因此，他们分类的依据是原油的组分，特别是被认为带有生成信息的那些分子的化学的和结构的资料。因此，某些相对低浓度的分子，如高相对分子质量正构烷烃、甾类化合物和萜烯等，倒是很受关注的。

下面提出的分类主要是按照各种结构类型烃类化合物含量的不同而划分为：烷烃、环烷烃、芳香烃和含 N、S、O 的化合物(胶质和沥青质)。需要注意的是这里所说的烷烃、环烷烃和芳香烃含量，是按现用的分析方法测出的，即所有数据都是指常压下沸点大于210℃的那部分石油；烷烃（石蜡烃）含量包括正构烷烃和异构烷烃，而不包括取代在环上的烷基链；环烷烃包括含有1个或更多的饱和环而没有芳香环的各种分子；芳香烃包括至少含有1个芳香环的各种分子；在同一个分子中，可以有缩合的饱和环和在环上取代的链。

综上所述，如果饱和烃的总含量在某种原油中超过50%，这种原油就属于"石蜡型原油"或"环烷型原油"。为了实用的目的及以后和地质环境相联系，在40%烷烃和环烷烃含量处建立了另一根界线，把"石蜡型原油"和中间过渡的"石蜡–环烷型原油"分开了，同时也把这两者和"环烷型原油"分开了。

如果饱和烃总量少于50%，这种原油就属于"芳香族"原油，即芳香烃、胶质和沥青质总量大于50%。根据前面对烷烃含量的考虑，在含10%以上正构烷烃+异构烷烃的"芳香–中间型"原油和含少于10%正构烷烃+异构烷烃的重质降解原油之间再画一条分界线。为了实用的目的，后者再细分成两个小类：含环烷烃少于25%的"芳香–沥青型"原油；含环烷烃多于25%的"芳香–环烷型"原油。这两个小分类对应于不同的硫含量：芳香–沥青型原油是高硫原油，而芳香–环烷型原油往往含硫少于1%。

（1）石蜡型原油包括轻质原油，某些是液态的原油，某些是高蜡的、高倾点的原油。室温下这些高倾点原油黏度较高，因为其中大于 C$_{20}$ 的正烷烃含量高。然而，稍微提高温度（35~50℃），黏度就变为正常了。这类原油的比重通常低于0.85；胶质和沥青质总量在10%以下。除非高相对分子质量的正构烷烃含量高时，黏度通常不大。芳香烃的量是次要的，并且主要由单芳环和双芳环化合物组成，往往含有单芳环甾族化合物。苯并噻吩（硫茚）类很稀少，S含量从少到很少。

（2）石蜡–环烷型原油具有中等胶质加沥青质含量（5%~15%）和低的S含量（0~1%）。芳香烃占总烃的25%~40%，苯并噻吩和二苯并噻吩含量适中。密度和黏度往往比石蜡型原油高些，但仍属中等的。

（3）属于环烷型的只有很少的一些原油，主要包括含少于20%的正构烷烃加异构烷烃的降解原油。它们是石蜡型或石蜡–环烷型原油经过生物化学变蚀作用而产生的，虽然经过降解，但S含量不高。

（4）属于芳香–中间型原油的，都是重质原油，胶质和沥青质含量为10%~30%，有时还要多些，而S含量在1%以上。芳香烃量占总烃的40%~70%。单芳环化合物，特别是甾族型的单芳环化合物含量较低。噻吩的衍生物（苯并和二苯并噻吩）的含量高（占芳香烃的25%~30%或更多）。这类原油的比重通常较高（0.85以上）。

（5）芳香–环烷型和芳香–沥青型原油的主要代表是变蚀原油。在生物降解过程中，烷烃首先从原油中消失了。随后，进一步降解可能包括单芳环化合物的消失和氧化作用。所以，大多数芳香-环烷型和芳香-沥青型原油都是重质、黏性的油类，它们都是由石蜡型、石蜡-环烷型或芳香-中间型原油经过降解作用生成的。在这些原油中，胶质加沥青质含量通常在25%以上，甚至可达到60%。然而，沥青质和胶质的相对含量，以及S含量随着原始原油类型的不同会有变化。

芳香-环烷型原油主要是从石蜡型或石蜡-环烷型原油演化来的，经过变蚀后，含有大量胶质，而S含量保持在很低，一般在1%以下，而胶质和沥青质的比为2或大于2。

(6) 芳香-沥青类原油主要是由芳香-中间型(尤其是含硫多的)原油变蚀而生成的重质、黏性，甚至是固态的原油。变蚀结果往往是生成一种沥青型原油或天然沥青(tar)，其S含量超过1%，而且在极端情况下可能达到9%。它们的胶质和沥青质含量非常高，为30%~60%，其胶质和沥青质的比值比芳香一环烷类原油的低。

### 4.1.3 CO₂驱提高采收率

CO₂在高压和常压下的情况显著不同，高压的作用不仅在于提高CO₂密度，还会增强分子间的相互作用，致使混合物的非理想性变得更为显著。更重要的是在高压区域内常有各种各样的临界现象出现。在临界点(30.98℃，7.38MPa)附近，CO₂密度的涨落很大，造成光的散射特别强，出现临界乳光现象(Critical Opalescence)。这种在临界点附近发生的临界现象(如乳光现象、界面消失、等温压缩系数和等压膨胀系数强烈发散)是实验观察临界点的一个重要辅助手段。CO₂相态变化如图4-1所示。

当CO₂处于临界状态时，具有以下基本特征：

(1) 流体的性质在跨临界时会发生显著变化。在实际工作中经常遇到的是一般流体，或称经典流体，临界区由于有奇异性则称为非经典流体。采用跨接理论的方法描述流体从临界区到非临界

图 4-1 CO₂相态变化

区，理论上是比较严格的，但实际应用并不方便，从工程应用出发，往往采用半经验的方法。

(2) 对于单组分两相系统，临界等温线在临界点上有一拐点。数学上对此描述为在临界点上应有 $\left(\frac{\partial p}{\partial V}\right)_T = \left(\frac{\partial^2 p}{\partial V^2}\right)_T = 0$，因此其等温压缩率在临界点强烈发散，

系统局部密度实际上不再受压力的限制，即局部密度可在大于分子间距的距离内紊乱地涨落，而密度的涨落会导致强烈的光散射，这时出现目测的临界现象——临界乳光。

（3）在近临界点处，非热力学性质也出现反常行为。如黏度的测量非常困难，但其值或保持定值，或会有很小的发散。导热系数则有更强烈的发散。扩散速率接近于0。介电常数和折射率没有临界反常性，至少对非极性流体是如此，或者其反常性在实验检测的范围之内。

（4）临界点的发散或反常性还会在超临界态中得到持续，但这将呈衰减趋势。如在临界点，等温压缩率为无穷大，但随着 $T/T_c$ 值的增加，它将逐渐下降。在 $1<T/T_c<1.2$ 的范围内，等温压缩率较大，说明密度对压力变化比较敏感，这已成为超临界流体(SCF)有价值的特性之一，即适度的改变压力就会使得超临界流体的密度有显著变化，借此来调节超临界流体的溶解能力。

自美国人 Whorton 提出世界上第一个 $CO_2$ 驱技术专利后，在此后的几十年中，$CO_2$ 驱油技术不断被完善，目前根据实际生产情况，超临界 $CO_2$-EOR 主要有混相驱与非混相驱两种主要的驱油方式：

（1）混相驱。$CO_2$ 混相驱，是指向油藏中注入 $CO_2$，在油藏温度、压力条件下实现与原油的混相，当注入的 $CO_2$ 与原油混相后，原油的表面张力趋向于0，理论上的驱油效率能达到100%，因此，$CO_2$ 混相驱技术备受关注。但实际上，由于油藏地层的非均质性、流度比以及 $CO_2$ 的黏性指标等因素的影响，混相驱的驱油效率并不能达到100%，但是其驱油效果仍然强于水驱。

（2）非混相驱。$CO_2$ 非混相驱，是指注入油藏中的 $CO_2$ 无法与原油达到混相状态，通常在油藏原油密度较大及油层非均质性较强的情况下采用。非混相 $CO_2$ 驱开采过程中，随着注入压力增加，$CO_2$ 在原油中的溶解度增加，当压力下降时，$CO_2$ 从饱和溶气原油中析出，析出的 $CO_2$ 用于驱动原油，形成溶解气驱。此外，$CO_2$ 形成的自由气饱和度还可以部分代替油藏中的残余油，从而提高原油采收率。

在如何利用 $CO_2$ 提高采收率方面，众多学者进行了系统性研究。Kok 等利用 $CO_2$-Prophet 工具预估了 Bati Raman 和 Camurlu 油田应用 $CO_2$ 驱提高采收率的适应性，他们认为由于 $CO_2$ 封存对缓解温室效应的重要性，即使在油田的 API 度和最小混相压力(MMP)不符合混相驱标准要求的情况下，只要项目的经济性可行，这些油田仍适用 $CO_2$-EOR 技术的应用。

Ali 等研究了在轻质原油系统内，以 $CO_2$ 循环注入作为提高采收率手段的驱替性能变化。结果表明：随着操作压力上升，循环注入 $CO_2$ 的油品采收率增长明显。当 $CO_2$ 在较低操作压力下注入时，更长的浸润周期可以显著提高油品采收率，且发现油品采收率与 $CO_2$ 注入时间无关。

Ma 等应用高温高压三维装置对 $CO_2$ 与原油混相流动进行了研究。通过采收率、含水率、气油比观测 $CO_2$ 流在媒介孔隙中的复杂流动特性，分析认为混相液体的黏度和流动压力降低是提高油品采收率的重要机理。当混相液体的黏度和流动压力降低时，$CO_2$、原油、水三相会产生一种类混相效果，这也是提高油品采收率的重要机理。

## 4.1.4 CO₂驱与原油体系相互作用

### 4.1.4.1 CO₂萃取原油组分

与其他烃类气体相比，在临界区附近，超临界 $CO_2$ 的可压缩性要高得多，即分子具有较大的自由体积。这样，在分子间吸引力的作用下，超临界 $CO_2$ 分子会在原油烃类组分的周围集聚起来，这一现象称为超临界溶剂的集聚现象。产生这一现象的原因，是原油烃类组分与 $CO_2$ 分子之间的吸引力远大于烃类组分与沥青质胶体之间吸引力。

超临界 $CO_2$ 对原油的萃取作用可看作该微观集聚现象的一种宏观表现，当超临界 $CO_2$ 与原油接触时，超临界 $CO_2$ 的分子就会在原油烃类组分周围发生集聚，于是部分烃类物质被超临界流体分子层层包裹在中间，两者成为不可分割的"整体"，就如同发生化学反应生成了另一种物质(萃取物被超临界流体溶解并"携带"，其实也隐含这一层意思)，这在化学上称为溶剂化缔合观点。

当实验的操作条件发生变化时，也就是体系条件没达到流体的超临界状态，集聚现象便不会发生，缔合物也会分解为单一的物质，萃取物也会被超临界流体携带分离出来。

整个超临界 $CO_2$ 萃取改变原油体系的步骤如下：①超临界 $CO_2$ 经过原油-$CO_2$ 界面，从原油胶体体系表面扩散到体系内部；②超临界 $CO_2$ 充分与原油中的烃类物质作用，将原体系内的沥青质溶剂化结构破坏，剥离烃类组分与沥青质之间的作用；③在混合体系内，超临界 $CO_2$ 与烃类组分产生缔合作用，生成一种新的溶剂化缔合物；④超临界 $CO_2$ 与烃类组分形成的溶剂化缔合物，逐渐由体系内向外扩散，并与沥青质分层；⑤温度、压力条件发生变化，$CO_2$ 超临界无法维持，超临界 $CO_2$ 与烃类组分形成的溶剂化缔合物分解，烃类组分重回原油体系，原胶体结构被破坏。

针对超临界 $CO_2$ 萃取原油的现象，国内外学者进行了大量的研究。Ma 等研究了 $CO_2$ 对油基泥浆中原油的萃取作用，实验中利用 X 射线荧光法和紫外可见分光光度法表征油基泥浆残留原油的浓度与种类，发现超临界 $CO_2$ 可以萃取出 $C_{10} \sim C_{26}$ 的烃类，对 $C_{10} \sim C_{14}$ 的烃类分子萃取效果更强，超临界 $CO_2$ 对正构烷烃的萃取能力较强。

Svetlana 等利用碳数由 $C_{17} \sim C_{31}$ 的重质烃类混合物，研究了超临界 $CO_2$ 对萃取回收率的决定作用。他们尝试建立了一个超临界 $CO_2$/重质烃类混合物系统的压力-温度-回收率三维坐标，用来预言和数值模拟 $CO_2$/重质烃类混合物系统的相行为，并作出相包络线、3D 方案和描述体系边界的方程式。王磊通过分子动力学模拟，对烷烃油滴-超临界 $CO_2$、超临界 $CO_2$-正十二烷油滴-$SiO_2$ 表面等多组模型进行了研究，探讨了超临界 $CO_2$ 与原油混溶的机理，发现超临界 $CO_2$ 对烷烃分子具有一定的溶解能力，其溶解能力随着烷烃相对分子质量的增长而逐渐降低，其中具有中等与较短碳链的烷烃分子在超临界 $CO_2$ 中溶解能力差异不大。Steven 等通过实验测试了 $CH_4$、$C_2H_6$ 和 $CO_2$ 对原油的萃取溶解能力，发现 $CH_4$ 和 $CO_2$ 都具有溶解较轻质烃类的倾向，溶解重质烃类的能力不足，$CH_4$ 能溶解萃取烃类的最高碳数为 $C_{12}$，$CO_2$ 能溶解萃取轻质烃类与中质烃类，最高为 $C_{16}$，将中质烃类遗留下，因此残留原油的黏度和密度明显高于初始原油。

### 4.1.4.2　$CO_2$ 与原油混相

最小混相压力（MMP）是原油与超临界流体混相的最低压力，它是反映原油与超临界流体相互作用程度的一个重要参数。从理论上讲，MMP 是指在油层温度下，原油与注入流体达到多级接触混相的最低压力；在实验方法上，以压力为横坐标，以采收率为纵坐标获得采收率曲线图，当采收率达到 90% 时对应的压力为最小混相压力。实验测定方法包括细管法、生泡仪法、界面张力消失法和蒸气密度测定法。

当温度和压力达到一定条件，一方面有 $CO_2$ 溶解于原油中，另一方面又有烃类物质进入气相。当溶解和抽提达到平衡时，气相中已含有一定量的烃类物质，但 $CO_2$ 仍占主要成分，称为富含 $CO_2$ 的气相；液相中含有一定量的 $CO_2$，但以烃类为主，称为富含烃类的液相，完成这一过程称为一次接触过程。如此反复，$CO_2$ 与剩余油接触，原油体积就会逐渐减少，其组成也逐渐发生变化。初次抽提进入气相的主要是轻质烃类，随着抽提次数增加，中间组分的烃类也进入气相，其结果使气相和注入相密度都增加。随着压力升高，抽提出的烃类越多，气相与液相间的组成、密度越来越接近，逐渐达到混相。原油与超临界 $CO_2$ 混相的照片如图 4-2 所示。

$P=14.2HPa$　　　　$P=18HPa$　　　　$P=20HPa$　　　　$P=23.53HPa$
$IFT=5.8mN/m$　　$IFT=3.7mN/m$　　$IFT=1.5mN/m$　　$IFT=0.2mN/m$

图 4-2　原油与超临界 $CO_2$ 混相的照片

原油与超临界 CO$_2$ 间 MMP 大小的影响因素主要包括以下 3 方面：①原油组成。在原油与超临界 CO$_2$ 混相过程中，中间烃的含量和种类以及中间烃的相对分子质量分布等因素对 CO$_2$ 驱混相的 MMP 影响将占主导作用。中间烃含量越多，相对分子质量越小，MMP 将越小，而重烃馏分的组成对 MMP 的影响不如中间烃明显。当两种原油的中间组分和重烃馏分的总浓度相同时，重烃馏分相对分子质量更高的原油将要求更高的 MMP。②温度。温度是影响原油与超临界 CO$_2$ 最小混相压力的一个重要因素。在其他条件不变的情况下，随着温度升高，最小混相压力也随之增加。有关实验表明：对于低沥青质含量的原油，温度每增加 1℃，MMP 升高约 1.7 个大气压。③CO$_2$ 纯度。注入气组成对 MMP 的影响大致与原油组分的影响规律相同，注入气中所含贫气杂质（如 CH$_4$）对 MMP 有不利的影响，而含有富气杂质的 CO$_2$ 可能在相当大的程度上降低 MMP。

Ehsan 等发现，当油样沥青质含量较高时，轻质烃类含量越高，压力与界面张力的斜率越小，而沥青质含量较低的原油油样，轻质烃类含量的增长对界面张力斜率变化的影响很小，说明沥青质增大了原油/CO$_2$ 体系轻质烃类的萃取比例与萃取量。同时发现油品的 MMP 随着油样中轻质烃类含量线性降低，MMP 与轻质烃类含量间的线性关系预示着烷烃作为原油中决定可混相性组分的重要作用。Wang 的团队研究了原油膨胀效应与明显的轻质组分萃取的起始。实验发现，沥青质含量较高的原油，沥青质聚沉的起始压力较低。针对轻质油-CO$_2$ 体系平衡界面张力与平衡压力近乎线性相关。油品越重，MMP 越高。在较低压力下，原油即开始膨胀，但要在较高的压力下，轻质组分的萃取才会比较明显。Abdolhossein 等研究发现：①MMP 随着温度线性增长；②石蜡对原油/CO$_2$ IFT 行为有关键性影响；③较低的胶沥比表明更大的沥青质沉淀的可能性；④原油重质组分的相对分子质量越重，观测到的 MMP 值越高。

### 4.1.4.3  CO$_2$ 引起沥青质失稳

在超临界 CO$_2$ 驱过程中，温度与压力的改变、原油中溶解气的损失等原因，导致沥青质的稳定性显著降低并相互缔合，形成沉淀或聚集的固相，这也是超临界 CO$_2$ 驱引起的副作用之一。CO$_2$ 注入会在一定程度上破坏原油胶体体系的稳定性，使得经超临界 CO$_2$ 开采出的原油性质发生变化，进而对原油的开采与运输产生影响。

通常认为原油中溶剂（油相）对沥青质分子间相互作用的影响与高分子溶液中溶剂对高分子化合物分子间相互作用的影响相似，即在不良溶剂中沥青质分子间相互作用最强。在注入沉淀剂之前，沥青质分子更倾向于与共存胶质分子缔合，从而使得吸附在沥青质胶核表面的胶质分子形成阻止沥青质核进一步缔合而聚沉的"空间稳定层"，但是空间位阻并不能阻止足够小的 CO$_2$ 分子靠近胶核。

$CO_2$ 与沥青质在热力学上是高度非对称组分，这种非对称主要表现为：①分子大小存在巨大差异，②分子极性存在较大差异，因此，它们在溶剂化层中浓度的增加，必然使体系的表面能极大增加。为了降低体系的表面能，这些胶束将相互缔合（以降低表面积），当胶粒持续增大到临界点（沥青质的沉淀点）时，沥青质开始沉淀。通常，当没有其他竞争因素存在时，比如注入小分子烃类，沥青质沉淀量将随着注气浓度的增加而增加。但当有其他竞争因素存在时，沥青质的沉淀量将取决于这些因素的综合结果。

由于沥青质的失稳会给原油的开采、储运过程带来一系列的问题，所以 $CO_2$ 诱使的沥青质沉积，也是众多学者所关注的重点。Tatiana 等评估了絮凝剂（正庚烷或 $CO_2$）对沥青质相行为及稳定剂分子效果的影响。结果表明：根据体系与浓度的不同，添加剂可以稳定沥青质到不同程度，稳定性添加剂的效能并非只有在正庚烷诱发沥青质沉淀测试中反映，每种诱使聚沉的方法下添加剂的行为是可选择的。Sadeqimoqadam 等研究了储层条件下压力与 $CO_2$ 摩尔分数对沥青质分子质量分布的影响，发现泡点压力以上的压力衰减增大了沥青质的平均相对分子质量，并导致沥青质分子质量分布由存在两个最大值的双峰分布变为只有一个最大值的曲线。而后压力降低又再次使得沥青质的平均相对分子质量减小，并使得沥青质相对分子质量分布的形状恢复，表明沥青质的解缔。说明压力降低情况下沥青质沉积过程的可逆性。Milind 的团队通过向轻质、中质原油中添加液态轻烃或 $CO_2$ 进行多次接触实验，研究了 $CO_2$-原油体系中产生沉淀的情况。他们在 20% ~ 30% 的 $CO_2$ 摩尔比例间观测到脱气原油开始聚沉，并且 $CO_2$ 诱发的固体沉淀物包含质量分数为 30% 的戊烷不溶物（沥青质）和质量分数为 7% 的胶质。固体分析结果表明：$CO_2$ 诱发的沉淀的碳链长度比庚烷或戊烷沥青质更短，但不同烷烃溶剂和 $CO_2$ 诱发的沉淀中的官能团是相似的。

## 4.2 CO₂驱对采出油/气/水物性的影响

### 4.2.1 CO₂驱采出原油物性变化

本研究分析的 $CO_2$ 驱采出油品分别取于 2018 年 1 月 23 日、2018 年 5 月 26 日、2019 年 3 月 4 日。

其中第一次取样时，一线井塇 28-101 日采液量为 1.06m³，其含水率约为 5.1%；一线井塇 30-103 日采液量为 0.76m³，其含水率约为 13.1%；二线井塇 28-99 日采液量为 1.7m³，其含水率约为 12.0%；二线井塇 30-99 日采液量为 1.82m³，其含水率约为 9.6%。

第二次取样时，一线井塇 28-101 日采液量为 1.26m³，其含水率约为

16.9%；一线井塬 30-103 日采液量为 1.43m³，其含水率约为 18.2%；二线井塬 28-99 日采液量为 1.59m³，其含水率约为 16.3%；二线井塬 30-99 日采液量为 2.63m³，其含水率约为 19.3%。与第一次取样相比，第二次取样时各井日采液量与含水率皆有较为明显的上升。

第三次取样时，一线井塬 28-101 日采液量为 1.08m³，其含水率约为 10.6%；一线井塬 30-103 日采液量为 0.66m³，其含水率约为 7.7%；二线井塬 28-99 日采液量为 2.31m³，其含水率约为 12.8%；二线井塬 30-99 日采液量为 2.04m³，其含水率约为 11.0%。与第二次取样相比，除塬 28-99 采液量上升外，第三次取样时各井日采液量与含水率皆有较为明显的下降；与第一次取样相比，塬 30-103 采液量与含水率明显下降，其余井口采出液量与含水量均上升。

### 4.2.1.1 脱气原油全组分分析

脱气原油全组分分析结果如图 4-3~图 4-6 及表 4-1~表 4-4 所示。

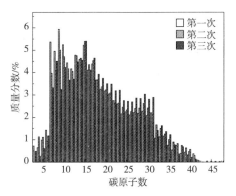

图 4-3　塬 28-99 井脱气原油烃类分布

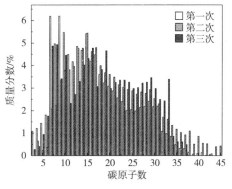

图 4-4　塬 30-99 井脱气原油烃类分布

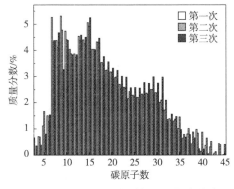

图 4-5　塬 28-101 井脱气原油烃类分布

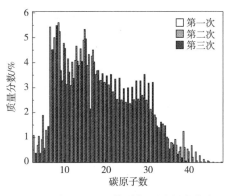

图 4-6　塬 30-103 井脱气原油烃类分布

表 4-1 塬 28-99 井脱气原油碳数分布

| 碳原子数 | 质量分数/% | | | 碳原子数 | 质量分数/% | | |
|---|---|---|---|---|---|---|---|
| | 第一次 | 第二次 | 第三次 | | 第一次 | 第二次 | 第三次 |
| 3 | 0.716 | — | 0.48 | 26 | 2.112 | 2.262 | 2.69 |
| 4 | 0.642 | 1.126 | 0.26 | 27 | 2.214 | 2.395 | 2.86 |
| 5 | 0.983 | 1.109 | 0.6 | 28 | 2.173 | 2.413 | 2.84 |
| 6 | 1.422 | 0.919 | 1.17 | 29 | 2.272 | 2.619 | 3.03 |
| 7 | 5.365 | 3.962 | 3.32 | 30 | 2.074 | 2.418 | 2.81 |
| 8 | 4.955 | 4.082 | 4.5 | 31 | 2.206 | 2.132 | 2.89 |
| 9 | 5.931 | 5.005 | 3.24 | 32 | 1.07 | 1.663 | 1.41 |
| 10 | 5.243 | 4.699 | 4.22 | 33 | 1.128 | 1.497 | 1.62 |
| 11 | 4.427 | 4.16 | 3.66 | 34 | 1.161 | 1.252 | 1.36 |
| 12 | 4.162 | 4.046 | 3.7 | 35 | 0.746 | 1.011 | 1.22 |
| 13 | 4.781 | 4.755 | 4.47 | 36 | 0.538 | 0.893 | 0.77 |
| 14 | 4.58 | 4.634 | 4.54 | 37 | 0.745 | 0.822 | 0.36 |
| 15 | 5.226 | 5.393 | 5.4 | 38 | 0.386 | 0.741 | 0.68 |
| 16 | 4.109 | 4.35 | 4.11 | 39 | 0.441 | 0.63 | 0.32 |
| 17 | 4.378 | 4.527 | 4.64 | 40 | 0.471 | 0.562 | 0.21 |
| 18 | 3.662 | 3.674 | 3.92 | 41 | 0.371 | 0.292 | 0.13 |
| 19 | 3.252 | 3.359 | 3.74 | 42 | 0.091 | 0.064 | |
| 20 | 3.176 | 3.225 | 3.5 | 43 | | 0.004 | |
| 21 | 3.047 | 3.086 | 3.48 | 44 | | 0.041 | |
| 22 | 2.746 | 2.627 | 3.19 | 45 | | 0.034 | |
| 23 | 2.601 | 2.637 | 3.21 | 46 | | 0.031 | |
| 24 | 2.16 | 2.456 | 2.75 | 47 | | 0.027 | |
| 25 | 2.246 | 2.332 | 2.72 | 48 | | 0.039 | |

表 4-2 塬 30-99 井脱气原油碳数分布

| 碳原子数 | 质量分数/% | | | 碳原子数 | 质量分数/% | | |
|---|---|---|---|---|---|---|---|
| | 第一次 | 第二次 | 第三次 | | 第一次 | 第二次 | 第三次 |
| 3 | 1.082 | — | 0.27 | 14 | 4.669 | 4.765 | 4.02 |
| 4 | 1.21 | 0.649 | 0.41 | 15 | 5.409 | 5.443 | 4.31 |
| 5 | 1.433 | 0.236 | 0.94 | 16 | 4.194 | 4.617 | 4.77 |
| 6 | 1.81 | 0.377 | 1.76 | 17 | 4.475 | 4.796 | 3.07 |
| 7 | 6.188 | 2.078 | 4.87 | 18 | 3.6 | 3.996 | 3.82 |
| 8 | 4.969 | 2.227 | 4.93 | 19 | 3.232 | 3.678 | 4.65 |
| 9 | 6.194 | 3.319 | 3.41 | 20 | 3.083 | 3.606 | 2.98 |
| 10 | 5.468 | 3.778 | 4.45 | 21 | 2.872 | 3.487 | 3.25 |
| 11 | 4.488 | 3.81 | 2.32 | 22 | 2.563 | 3.144 | 3.35 |
| 12 | 4.165 | 3.965 | 2.71 | 23 | 2.404 | 3.039 | 3.35 |
| 13 | 4.853 | 4.759 | 3.29 | 24 | 1.993 | 2.939 | 3.26 |

| 碳原子数 | 质量分数/% | | | 碳原子数 | 质量分数/% | | |
|---|---|---|---|---|---|---|---|
| | 第一次 | 第二次 | 第三次 | | 第一次 | 第二次 | 第三次 |
| 25 | 2.043 | 2.878 | 2.98 | 36 | 0.316 | 1.026 | 0.61 |
| 26 | 1.983 | 2.731 | 3.02 | 37 | 0.309 | 0.915 | 0.49 |
| 27 | 2.146 | 2.825 | 3.22 | 38 | 0.153 | 1.092 | 3.22 |
| 28 | 2.178 | 2.762 | 3.26 | 39 | 0.067 | 0.506 | |
| 29 | 2.413 | 2.928 | 3.46 | 40 | 0.085 | 0.851 | |
| 30 | 2.174 | 2.533 | 2.98 | 41 | 0.132 | 0.549 | |
| 31 | 2.201 | 2.299 | 2.49 | 42 | 0.019 | 0.524 | |
| 32 | 1.076 | 1.707 | 2.43 | 43 | 0.036 | 0.083 | |
| 33 | 0.976 | 1.604 | 3.39 | 44 | | 0.394 | |
| 34 | 0.854 | 1.341 | 0.85 | 45 | | 0.429 | |
| 35 | 0.486 | 1.17 | 0.61 | 46 | | 0.143 | |

**表 4-3　塬 28-101 井脱气原油碳数分布**

| 碳原子数 | 质量分数/% | | | 碳原子数 | 质量分数/% | | |
|---|---|---|---|---|---|---|---|
| | 第一次 | 第二次 | 第三次 | | 第一次 | 第二次 | 第三次 |
| 3 | 0.658 | — | 0.35 | 26 | 2.208 | 2.191 | 2.56 |
| 4 | 0.701 | 0.69 | 0.38 | 27 | 2.333 | 2.295 | 2.77 |
| 5 | 1.111 | 1.665 | 0.8 | 28 | 2.368 | 2.322 | 2.74 |
| 6 | 1.497 | 1.273 | 1.53 | 29 | 2.504 | 2.505 | 2.99 |
| 7 | 5.263 | 4.313 | 4.37 | 30 | 2.385 | 2.371 | 2.75 |
| 8 | 4.374 | 4.118 | 4.67 | 31 | 2.012 | 2.098 | 2.98 |
| 9 | 5.314 | 4.772 | 3.26 | 32 | 1.717 | 2.09 | 1.36 |
| 10 | 4.735 | 4.407 | 4.38 | 33 | 1.386 | 1.335 | 1.56 |
| 11 | 4.039 | 3.867 | 3.83 | 34 | 1.298 | 1.37 | 1.47 |
| 12 | 3.865 | 3.736 | 3.83 | 35 | 1.009 | 1.453 | 0.97 |
| 13 | 4.537 | 4.369 | 4.58 | 36 | 0.644 | 0.786 | 0.68 |
| 14 | 4.399 | 4.249 | 4.5 | 37 | 0.803 | 1.012 | 0.78 |
| 15 | 5.064 | 4.916 | 5.25 | 38 | 0.424 | 0.875 | 0.65 |
| 16 | 4.039 | 4.038 | 4.02 | 39 | 0.976 | 0.835 | 0.24 |
| 17 | 4.32 | 4.306 | 4.46 | 40 | 0.146 | 0.873 | 0.23 |
| 18 | 3.535 | 3.529 | 3.76 | 41 | 0.372 | 0.645 | 0.05 |
| 19 | 3.234 | 3.252 | 3.56 | 42 | 0.312 | 0.514 | |
| 20 | 3.178 | 3.171 | 3.32 | 43 | 0.074 | 0.13 | |
| 21 | 2.963 | 2.986 | 3.24 | 44 | 0.435 | 0.395 | |
| 22 | 2.705 | 2.532 | 3.01 | 45 | 0.016 | 0.404 | |
| 23 | 2.591 | 2.563 | 2.98 | 46 | | 0.04 | |
| 24 | 2.404 | 2.43 | 2.57 | 47 | | 0.051 | |
| 25 | 2.29 | 2.222 | 2.58 | | | | |

表 4-4　塬 30-103 井脱气原油碳数分布

| 碳原子数 | 质量分数/% | | | 碳原子数 | 质量分数/% | | |
|---|---|---|---|---|---|---|---|
| | 第一次 | 第二次 | 第三次 | | 第一次 | 第二次 | 第三次 |
| 3 | 1.084 | — | 0.37 | 26 | 2.361 | 2.292 | 3.02 |
| 4 | 0.687 | 1.051 | 0.37 | 27 | 2.514 | 2.438 | 3.27 |
| 5 | 0.919 | 1.888 | 0.57 | 28 | 2.542 | 2.455 | 3.27 |
| 6 | 1.284 | 1.045 | 1.44 | 29 | 2.69 | 2.579 | 3.53 |
| 7 | 5.436 | 4.482 | 4.52 | 30 | 2.499 | 2.334 | 3.18 |
| 8 | 5.002 | 4.376 | 5.49 | 31 | 2.128 | 1.984 | 3.21 |
| 9 | 5.606 | 5.25 | 3.68 | 32 | 1.9 | 1.79 | 1.46 |
| 10 | 3.271 | 4.777 | 4.57 | 33 | 1.391 | 1.19 | 1.61 |
| 11 | 3.132 | 4.152 | 3.62 | 34 | 1.536 | 1.145 | 1.47 |
| 12 | 3.087 | 4.02 | 3.37 | 35 | 1.012 | 0.944 | 0.54 |
| 13 | 4.091 | 4.661 | 4.06 | 36 | 0.794 | 0.774 | 0.71 |
| 14 | 3.886 | 4.557 | 4.05 | 37 | 0.921 | 0.693 | 0.33 |
| 15 | 4.9 | 5.337 | 4.95 | 38 | 0.433 | 0.614 | 0.19 |
| 16 | 3.888 | 4.328 | 2.14 | 39 | 1.247 | 0.602 | 0.06 |
| 17 | 4.259 | 4.505 | 4.03 | 40 | 0.538 | 0.436 | |
| 18 | 3.522 | 3.674 | 3.69 | 41 | 0.677 | 0.212 | |
| 19 | 3.281 | 3.291 | 3.56 | 42 | 0.422 | 0.064 | |
| 20 | 3.209 | 3.142 | 3.47 | 43 | 0.273 | 0.027 | |
| 21 | 3.11 | 2.961 | 3.53 | 44 | 0.122 | 0.021 | |
| 22 | 2.833 | 2.723 | 3.34 | 45 | 0.065 | 0.027 | |
| 23 | 2.53 | 2.385 | 3.38 | 46 | | 0.013 | |
| 24 | 2.506 | 2.404 | 2.96 | 47 | | 0.005 | |
| 25 | 2.41 | 2.334 | 2.99 | 48 | | 0.018 | |

　　由上述图表中的数据可知：实验所测三次 $CO_2$ 驱采出油品烃类分布的高峰区在 $C_7 \sim C_{20}$，且烃类组成含量随着碳原子数的增加而减小。同时可以明显观察到，随着开采的进行，油样中 $C_{16}$ 以下的烃类逐渐减少，$C_{16}$ 以上的烃类所占比例逐渐升高，所有油井的测试结果规律一致，说明随着 $CO_2$ 驱开采的进行，$CO_2$ 对油藏原油较高碳数烷烃的抽提萃取作用持续增强，油藏中可开采的原油组分已经发生变化，采出油品中的高碳数烃类开始增加。可以预见在未来的开采中，采出原油的高碳数烃类所占比重会平稳增加，而低碳数烃类含量逐渐下降。

### 4.2.1.2　脱气原油比热、析蜡点及析蜡量

　　脱气原油的比热、析蜡点及析蜡量都使用差示扫描量热仪（简称 DSC 量热仪）测定，结果如下：

利用 DSC 量热仪测得 $CO_2$ 驱受益井油样的析蜡特性如图 4-7~图 4-10 及表
4-5~表 4-8 所示(其中, 析蜡量定义为相应温度下每降 1℃ 原油中所析出的蜡晶
的质量占原油质量的百分数, 累积析蜡量的定义为从析蜡点开始到某一温度时各
温度下析蜡量的和)。

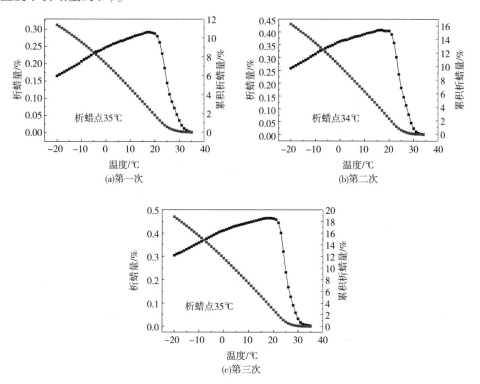

图 4-7　塬 28-99 井脱气原油析蜡特性曲线

**表 4-5　塬 28-99 井脱气原油析蜡量随温度变化**

| 温度/℃ | 析蜡量/% | | | 累积析蜡量/% | | |
|---|---|---|---|---|---|---|
| | 第一次 | 第二次 | 第三次 | 第一次 | 第二次 | 第三次 |
| -20 | 0.165 | 0.258 | 0.304 | 11.366 | 16.26 | 18.799 |
| -19 | 0.169 | 0.263 | 0.310 | 11.201 | 16.002 | 18.495 |
| -18 | 0.173 | 0.269 | 0.314 | 11.032 | 15.739 | 18.185 |
| -17 | 0.177 | 0.274 | 0.318 | 10.859 | 15.47 | 17.871 |
| -16 | 0.181 | 0.28 | 0.324 | 10.682 | 15.196 | 17.552 |
| -15 | 0.185 | 0.285 | 0.330 | 10.501 | 14.916 | 17.228 |
| -14 | 0.189 | 0.29 | 0.336 | 10.316 | 14.631 | 16.898 |
| -13 | 0.193 | 0.296 | 0.341 | 10.126 | 14.341 | 16.562 |
| -12 | 0.197 | 0.303 | 0.347 | 9.933 | 14.045 | 16.221 |

续表

| 温度/℃ | 析蜡量/% | | | 累积析蜡量/% | | |
|---|---|---|---|---|---|---|
| | 第一次 | 第二次 | 第三次 | 第一次 | 第二次 | 第三次 |
| −11 | 0.201 | 0.309 | 0.353 | 9.736 | 13.742 | 15.874 |
| −10 | 0.207 | 0.314 | 0.358 | 9.534 | 13.433 | 15.521 |
| −9 | 0.212 | 0.321 | 0.364 | 9.328 | 13.12 | 15.163 |
| −8 | 0.216 | 0.327 | 0.370 | 9.116 | 12.798 | 14.799 |
| −7 | 0.22 | 0.33 | 0.376 | 8.9 | 12.472 | 14.429 |
| −6 | 0.225 | 0.336 | 0.381 | 8.68 | 12.142 | 14.053 |
| −5 | 0.231 | 0.341 | 0.387 | 8.454 | 11.806 | 13.672 |
| −4 | 0.235 | 0.345 | 0.393 | 8.224 | 11.465 | 13.285 |
| −3 | 0.237 | 0.348 | 0.398 | 7.989 | 11.121 | 12.892 |
| −2 | 0.24 | 0.354 | 0.404 | 7.752 | 10.772 | 12.494 |
| −1 | 0.244 | 0.359 | 0.408 | 7.511 | 10.419 | 12.090 |
| 0 | 0.248 | 0.363 | 0.411 | 7.267 | 10.06 | 11.682 |
| 1 | 0.251 | 0.366 | 0.415 | 7.019 | 9.697 | 11.270 |
| 2 | 0.254 | 0.368 | 0.420 | 6.768 | 9.331 | 10.855 |
| 3 | 0.258 | 0.37 | 0.424 | 6.514 | 8.963 | 10.435 |
| 4 | 0.26 | 0.373 | 0.428 | 6.257 | 8.593 | 10.011 |
| 5 | 0.263 | 0.377 | 0.431 | 5.996 | 8.22 | 9.583 |
| 6 | 0.266 | 0.381 | 0.434 | 5.733 | 7.842 | 9.152 |
| 7 | 0.267 | 0.382 | 0.437 | 5.468 | 7.462 | 8.718 |
| 8 | 0.27 | 0.384 | 0.440 | 5.201 | 7.079 | 8.281 |
| 9 | 0.273 | 0.388 | 0.443 | 4.931 | 6.695 | 7.841 |
| 10 | 0.275 | 0.391 | 0.445 | 4.658 | 6.307 | 7.399 |
| 11 | 0.278 | 0.395 | 0.448 | 4.383 | 5.916 | 6.953 |
| 12 | 0.281 | 0.397 | 0.451 | 4.105 | 5.521 | 6.505 |
| 13 | 0.283 | 0.399 | 0.454 | 3.824 | 5.124 | 6.054 |
| 14 | 0.285 | 0.402 | 0.457 | 3.541 | 4.725 | 5.600 |
| 15 | 0.287 | 0.406 | 0.460 | 3.256 | 4.323 | 5.144 |
| 16 | 0.29 | 0.408 | 0.462 | 2.969 | 3.917 | 4.684 |
| 17 | 0.292 | 0.408 | 0.464 | 2.678 | 3.509 | 4.222 |
| 18 | 0.292 | 0.404 | 0.464 | 2.387 | 3.101 | 3.758 |
| 19 | 0.29 | 0.404 | 0.464 | 2.095 | 2.697 | 3.294 |
| 20 | 0.288 | 0.404 | 0.462 | 1.805 | 2.293 | 2.830 |
| 21 | 0.28 | 0.39 | 0.458 | 1.517 | 1.889 | 2.368 |
| 22 | 0.262 | 0.357 | 0.444 | 1.237 | 1.499 | 1.910 |

续表

| 温度/℃ | 析蜡量/% | | | 累积析蜡量/% | | |
|---|---|---|---|---|---|---|
| | 第一次 | 第二次 | 第三次 | 第一次 | 第二次 | 第三次 |
| 23 | 0.23 | 0.301 | 0.401 | 0.975 | 1.142 | 1.466 |
| 24 | 0.188 | 0.235 | 0.320 | 0.745 | 0.841 | 1.066 |
| 25 | 0.145 | 0.182 | 0.231 | 0.557 | 0.606 | 0.746 |
| 26 | 0.112 | 0.146 | 0.168 | 0.413 | 0.424 | 0.514 |
| 27 | 0.091 | 0.114 | 0.127 | 0.301 | 0.278 | 0.346 |
| 28 | 0.072 | 0.078 | 0.091 | 0.210 | 0.164 | 0.219 |
| 29 | 0.053 | 0.045 | 0.058 | 0.138 | 0.087 | 0.128 |
| 30 | 0.036 | 0.023 | 0.032 | 0.085 | 0.042 | 0.070 |
| 31 | 0.022 | 0.011 | 0.016 | 0.05 | 0.018 | 0.038 |
| 32 | 0.013 | 0.005 | 0.009 | 0.027 | 0.007 | 0.022 |
| 33 | 0.008 | 0.002 | 0.006 | 0.014 | 0.002 | 0.013 |
| 34 | 0.004 | 0.000 | 0.005 | 0.006 | 0.000 | 0.007 |
| 35 | 0.002 | | | 0.002 | | 0.002 |

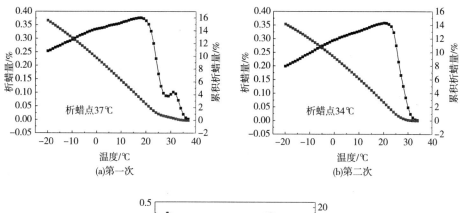

(a)第一次　　　(b)第二次

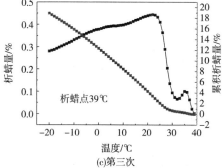

(c)第三次

图 4-8　塬 30-99 井脱气原油析蜡特性曲线

表 4-6  塬 30-99 井脱气原油析蜡量随温度变化

| 温度/℃ | 析蜡量/% | | | 累积析蜡量/% | | |
|---|---|---|---|---|---|---|
| | 第一次 | 第二次 | 第三次 | 第一次 | 第二次 | 第三次 |
| −20 | 0.199 | 0.253 | 0.280 | 14.143 | 15.590 | 18.883 |
| −19 | 0.203 | 0.257 | 0.284 | 13.945 | 15.336 | 18.603 |
| −18 | 0.208 | 0.262 | 0.287 | 13.741 | 15.079 | 18.320 |
| −17 | 0.213 | 0.267 | 0.292 | 13.533 | 14.817 | 18.033 |
| −16 | 0.217 | 0.270 | 0.298 | 13.321 | 14.550 | 17.740 |
| −15 | 0.222 | 0.274 | 0.303 | 13.103 | 14.280 | 17.443 |
| −14 | 0.227 | 0.279 | 0.308 | 12.882 | 14.006 | 17.140 |
| −13 | 0.233 | 0.284 | 0.313 | 12.655 | 13.727 | 16.832 |
| −12 | 0.239 | 0.288 | 0.319 | 12.423 | 13.443 | 16.519 |
| −11 | 0.243 | 0.291 | 0.324 | 12.184 | 13.155 | 16.200 |
| −10 | 0.248 | 0.296 | 0.331 | 11.941 | 12.864 | 15.876 |
| −9 | 0.253 | 0.301 | 0.336 | 11.693 | 12.568 | 15.545 |
| −8 | 0.259 | 0.306 | 0.342 | 11.44 | 12.267 | 15.209 |
| −7 | 0.265 | 0.311 | 0.349 | 11.182 | 11.961 | 14.867 |
| −6 | 0.269 | 0.315 | 0.354 | 10.917 | 11.650 | 14.518 |
| −5 | 0.274 | 0.318 | 0.359 | 10.648 | 11.335 | 14.164 |
| −4 | 0.279 | 0.323 | 0.365 | 10.374 | 11.017 | 13.805 |
| −3 | 0.283 | 0.327 | 0.368 | 10.095 | 10.693 | 13.441 |
| −2 | 0.288 | 0.330 | 0.373 | 9.812 | 10.367 | 13.073 |
| −1 | 0.293 | 0.334 | 0.377 | 9.524 | 10.037 | 12.700 |
| 0 | 0.296 | 0.335 | 0.378 | 9.231 | 9.703 | 12.323 |
| 1 | 0.299 | 0.337 | 0.382 | 8.936 | 9.367 | 11.945 |
| 2 | 0.304 | 0.339 | 0.385 | 8.637 | 9.030 | 11.563 |
| 3 | 0.307 | 0.341 | 0.388 | 8.333 | 8.691 | 11.178 |
| 4 | 0.31 | 0.344 | 0.390 | 8.026 | 8.350 | 10.790 |
| 5 | 0.313 | 0.348 | 0.392 | 7.716 | 8.006 | 10.400 |
| 6 | 0.317 | 0.350 | 0.393 | 7.403 | 7.658 | 10.008 |
| 7 | 0.32 | 0.352 | 0.393 | 7.086 | 7.308 | 9.615 |
| 8 | 0.322 | 0.353 | 0.394 | 6.766 | 6.957 | 9.222 |
| 9 | 0.325 | 0.355 | 0.396 | 6.445 | 6.603 | 8.827 |

续表

| 温度/℃ | 析蜡量/% | | | 累积析蜡量/% | | |
|---|---|---|---|---|---|---|
| | 第一次 | 第二次 | 第三次 | 第一次 | 第二次 | 第三次 |
| 10 | 0.328 | 0.359 | 0.398 | 6.12 | 6.248 | 8.431 |
| 11 | 0.331 | 0.362 | 0.401 | 5.792 | 5.889 | 8.034 |
| 12 | 0.335 | 0.364 | 0.404 | 5.46 | 5.527 | 7.633 |
| 13 | 0.338 | 0.367 | 0.408 | 5.126 | 5.163 | 7.228 |
| 14 | 0.342 | 0.371 | 0.413 | 4.788 | 4.796 | 6.820 |
| 15 | 0.346 | 0.373 | 0.418 | 4.445 | 4.425 | 6.407 |
| 16 | 0.349 | 0.374 | 0.422 | 4.1 | 4.053 | 5.989 |
| 17 | 0.352 | 0.376 | 0.427 | 3.751 | 3.678 | 5.567 |
| 18 | 0.354 | 0.377 | 0.432 | 3.399 | 3.302 | 5.140 |
| 19 | 0.356 | 0.373 | 0.436 | 3.045 | 2.925 | 4.707 |
| 20 | 0.358 | 0.366 | 0.439 | 2.689 | 2.552 | 4.272 |
| 21 | 0.357 | 0.353 | 0.443 | 2.331 | 2.186 | 3.832 |
| 22 | 0.353 | 0.327 | 0.444 | 1.974 | 1.833 | 3.390 |
| 23 | 0.345 | 0.282 | 0.442 | 1.622 | 1.506 | 2.945 |
| 24 | 0.323 | 0.225 | 0.433 | 1.277 | 1.224 | 2.503 |
| 25 | 0.275 | 0.169 | 0.410 | 0.954 | 0.999 | 2.071 |
| 26 | 0.215 | 0.123 | 0.364 | 0.679 | 0.831 | 1.661 |
| 27 | 0.166 | 0.098 | 0.289 | 0.464 | 0.707 | 1.297 |
| 28 | 0.126 | 0.088 | 0.204 | 0.298 | 0.609 | 1.008 |
| 29 | 0.084 | 0.087 | 0.135 | 0.172 | 0.521 | 0.804 |
| 30 | 0.048 | 0.094 | 0.094 | 0.088 | 0.434 | 0.669 |
| 31 | 0.024 | 0.102 | 0.074 | 0.04 | 0.341 | 0.575 |
| 32 | 0.011 | 0.096 | 0.066 | 0.016 | 0.239 | 0.501 |
| 33 | 0.004 | 0.071 | 0.069 | 0.005 | 0.143 | 0.435 |
| 34 | 0.002 | 0.042 | 0.084 | 0.002 | 0.072 | 0.366 |
| 35 | | 0.020 | 0.100 | | 0.030 | 0.282 |
| 36 | | 0.007 | 0.096 | | 0.010 | 0.182 |
| 37 | | 0.002 | 0.063 | | 0.002 | 0.086 |
| 38 | | | 0.022 | | | 0.023 |
| 39 | | | 0.002 | | | 0.002 |

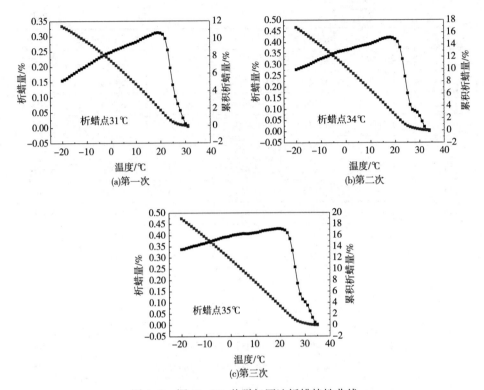

图 4-9　塬 28-101 井脱气原油析蜡特性曲线

表 4-7　塬 28-101 井脱气原油析蜡量随温度变化

| 温度/℃ | 析蜡量/% | | | 累积析蜡量/% | | |
|---|---|---|---|---|---|---|
| | 第一次 | 第二次 | 第三次 | 第一次 | 第二次 | 第三次 |
| −20 | 0.155 | 0.278 | 0.338 | 11.44 | 16.811 | 19.003 |
| −19 | 0.159 | 0.282 | 0.340 | 11.285 | 16.532 | 18.664 |
| −18 | 0.163 | 0.287 | 0.343 | 11.127 | 16.250 | 18.324 |
| −17 | 0.169 | 0.291 | 0.347 | 10.963 | 15.963 | 17.981 |
| −16 | 0.174 | 0.295 | 0.350 | 10.795 | 15.673 | 17.634 |
| −15 | 0.179 | 0.299 | 0.354 | 10.62 | 15.378 | 17.284 |
| −14 | 0.184 | 0.305 | 0.355 | 10.441 | 15.079 | 16.930 |
| −13 | 0.19 | 0.311 | 0.359 | 10.257 | 14.774 | 16.575 |
| −12 | 0.194 | 0.316 | 0.362 | 10.067 | 14.463 | 16.216 |
| −11 | 0.199 | 0.322 | 0.364 | 9.873 | 14.147 | 15.854 |
| −10 | 0.204 | 0.326 | 0.367 | 9.674 | 13.825 | 15.490 |
| −9 | 0.21 | 0.330 | 0.371 | 9.47 | 13.499 | 15.123 |

续表

| 温度/℃ | 析蜡量/% | | | 累积析蜡量/% | | |
|---|---|---|---|---|---|---|
| | 第一次 | 第二次 | 第三次 | 第一次 | 第二次 | 第三次 |
| −8 | 0.214 | 0.335 | 0.374 | 9.26 | 13.168 | 14.752 |
| −7 | 0.22 | 0.339 | 0.378 | 9.046 | 12.834 | 14.378 |
| −6 | 0.225 | 0.344 | 0.381 | 8.827 | 12.495 | 14.001 |
| −5 | 0.23 | 0.349 | 0.384 | 8.601 | 12.151 | 13.620 |
| −4 | 0.234 | 0.353 | 0.388 | 8.372 | 11.802 | 13.236 |
| −3 | 0.238 | 0.357 | 0.391 | 8.138 | 11.449 | 12.848 |
| −2 | 0.243 | 0.360 | 0.393 | 7.899 | 11.092 | 12.456 |
| −1 | 0.246 | 0.362 | 0.394 | 7.657 | 10.733 | 12.064 |
| 0 | 0.248 | 0.365 | 0.398 | 7.411 | 10.371 | 11.669 |
| 1 | 0.253 | 0.367 | 0.401 | 7.163 | 10.006 | 11.271 |
| 2 | 0.256 | 0.370 | 0.403 | 6.91 | 9.639 | 10.870 |
| 3 | 0.259 | 0.374 | 0.404 | 6.654 | 9.269 | 10.467 |
| 4 | 0.262 | 0.378 | 0.406 | 6.396 | 8.895 | 10.063 |
| 5 | 0.265 | 0.381 | 0.407 | 6.134 | 8.516 | 9.657 |
| 6 | 0.269 | 0.383 | 0.407 | 5.869 | 8.136 | 9.249 |
| 7 | 0.272 | 0.386 | 0.407 | 5.6 | 7.752 | 8.842 |
| 8 | 0.275 | 0.389 | 0.408 | 5.328 | 7.366 | 8.435 |
| 9 | 0.278 | 0.391 | 0.410 | 5.053 | 6.978 | 8.027 |
| 10 | 0.281 | 0.394 | 0.411 | 4.775 | 6.587 | 7.617 |
| 11 | 0.285 | 0.398 | 0.413 | 4.494 | 6.193 | 7.206 |
| 12 | 0.29 | 0.402 | 0.416 | 4.209 | 5.795 | 6.793 |
| 13 | 0.294 | 0.406 | 0.420 | 3.919 | 5.393 | 6.376 |
| 14 | 0.298 | 0.412 | 0.421 | 3.626 | 4.987 | 5.956 |
| 15 | 0.301 | 0.416 | 0.423 | 3.327 | 4.575 | 5.535 |
| 16 | 0.304 | 0.419 | 0.425 | 3.026 | 4.159 | 5.112 |
| 17 | 0.308 | 0.421 | 0.426 | 2.722 | 3.740 | 4.687 |
| 18 | 0.311 | 0.422 | 0.428 | 2.414 | 3.319 | 4.261 |
| 19 | 0.312 | 0.420 | 0.429 | 2.102 | 2.896 | 3.834 |
| 20 | 0.311 | 0.415 | 0.429 | 1.791 | 2.476 | 3.404 |
| 21 | 0.307 | 0.403 | 0.427 | 1.48 | 2.061 | 2.975 |
| 22 | 0.293 | 0.377 | 0.422 | 1.173 | 1.658 | 2.549 |
| 23 | 0.255 | 0.325 | 0.411 | 0.88 | 1.281 | 2.126 |
| 24 | 0.196 | 0.247 | 0.384 | 0.624 | 0.956 | 1.716 |

续表

| 温度/℃ | 析蜡量/% | | | 累积析蜡量/% | | |
|---|---|---|---|---|---|---|
| | 第一次 | 第二次 | 第三次 | 第一次 | 第二次 | 第三次 |
| 25 | 0.141 | 0.172 | 0.332 | 0.428 | 0.710 | 1.332 |
| 26 | 0.103 | 0.120 | 0.258 | 0.287 | 0.538 | 0.999 |
| 27 | 0.079 | 0.098 | 0.186 | 0.184 | 0.418 | 0.741 |
| 28 | 0.057 | 0.092 | 0.138 | 0.105 | 0.320 | 0.556 |
| 29 | 0.032 | 0.086 | 0.115 | 0.048 | 0.228 | 0.418 |
| 30 | 0.013 | 0.069 | 0.103 | 0.016 | 0.142 | 0.303 |
| 31 | 0.004 | 0.045 | 0.088 | 0.004 | 0.073 | 0.200 |
| 32 | | 0.021 | 0.063 | | 0.028 | 0.112 |
| 33 | | 0.006 | 0.034 | | 0.008 | 0.049 |
| 34 | | 0.002 | 0.013 | | 0.002 | 0.016 |
| 35 | | | 0.003 | | | 0.003 |

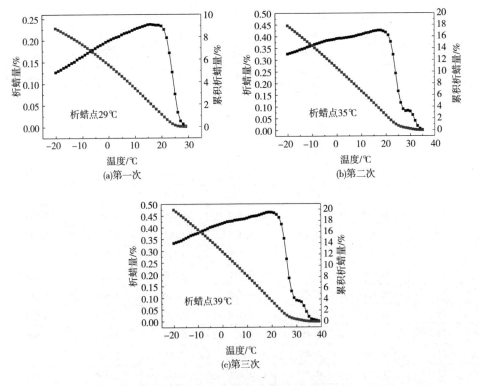

图 4-10 塬 30-103 井脱气原油析蜡特性曲线

表 4-8 塬 30-103 井脱气原油析蜡量随温度变化

| 温度/℃ | 析蜡量/% | | | 累积析蜡量/% | | |
|---|---|---|---|---|---|---|
| | 第一次 | 第二次 | 第三次 | 第一次 | 第二次 | 第三次 |
| −20 | 0.127 | 0.326 | 0.334 | 8.761 | 17.850 | 19.976 |
| −19 | 0.13 | 0.329 | 0.337 | 8.634 | 17.524 | 19.642 |
| −18 | 0.133 | 0.332 | 0.341 | 8.504 | 17.195 | 19.305 |
| −17 | 0.137 | 0.336 | 0.344 | 8.37 | 16.862 | 18.964 |
| −16 | 0.14 | 0.339 | 0.349 | 8.234 | 16.527 | 18.621 |
| −15 | 0.144 | 0.344 | 0.355 | 8.094 | 16.188 | 18.271 |
| −14 | 0.148 | 0.347 | 0.360 | 7.95 | 15.844 | 17.916 |
| −13 | 0.151 | 0.350 | 0.366 | 7.802 | 15.497 | 17.556 |
| −12 | 0.156 | 0.355 | 0.369 | 7.651 | 15.147 | 17.191 |
| −11 | 0.16 | 0.358 | 0.372 | 7.495 | 14.792 | 16.822 |
| −10 | 0.163 | 0.362 | 0.376 | 7.335 | 14.434 | 16.449 |
| −9 | 0.167 | 0.366 | 0.381 | 7.172 | 14.072 | 16.073 |
| −8 | 0.171 | 0.370 | 0.387 | 7.005 | 13.706 | 15.692 |
| −7 | 0.175 | 0.373 | 0.390 | 6.834 | 13.336 | 15.306 |
| −6 | 0.178 | 0.376 | 0.395 | 6.659 | 12.963 | 14.916 |
| −5 | 0.182 | 0.379 | 0.401 | 6.482 | 12.587 | 14.520 |
| −4 | 0.186 | 0.383 | 0.404 | 6.299 | 12.208 | 14.119 |
| −3 | 0.189 | 0.384 | 0.408 | 6.113 | 11.825 | 13.715 |
| −2 | 0.192 | 0.386 | 0.411 | 5.925 | 11.441 | 13.307 |
| −1 | 0.196 | 0.387 | 0.415 | 5.732 | 11.055 | 12.896 |
| 0 | 0.199 | 0.391 | 0.418 | 5.537 | 10.668 | 12.481 |
| 1 | 0.202 | 0.392 | 0.421 | 5.338 | 10.277 | 12.063 |
| 2 | 0.205 | 0.392 | 0.425 | 5.136 | 9.885 | 11.642 |
| 3 | 0.207 | 0.394 | 0.426 | 4.931 | 9.493 | 11.217 |
| 4 | 0.209 | 0.395 | 0.428 | 4.723 | 9.099 | 10.791 |
| 5 | 0.213 | 0.397 | 0.431 | 4.514 | 8.704 | 10.364 |
| 6 | 0.216 | 0.398 | 0.432 | 4.302 | 8.307 | 9.933 |
| 7 | 0.218 | 0.400 | 0.434 | 4.086 | 7.909 | 9.500 |
| 8 | 0.22 | 0.403 | 0.435 | 3.868 | 7.509 | 9.067 |
| 9 | 0.223 | 0.406 | 0.437 | 3.648 | 7.105 | 8.631 |

| 温度/℃ | 析蜡量/% | | | 累积析蜡量/% | | |
|---|---|---|---|---|---|---|
| | 第一次 | 第二次 | 第三次 | 第一次 | 第二次 | 第三次 |
| 10 | 0.226 | 0.408 | 0.440 | 3.426 | 6.699 | 8.195 |
| 11 | 0.228 | 0.411 | 0.443 | 3.199 | 6.291 | 7.755 |
| 12 | 0.23 | 0.415 | 0.447 | 2.971 | 5.880 | 7.312 |
| 13 | 0.232 | 0.416 | 0.448 | 2.741 | 5.465 | 6.865 |
| 14 | 0.234 | 0.419 | 0.450 | 2.509 | 5.049 | 6.417 |
| 15 | 0.236 | 0.423 | 0.453 | 2.275 | 4.630 | 5.967 |
| 16 | 0.237 | 0.424 | 0.456 | 2.039 | 4.207 | 5.514 |
| 17 | 0.236 | 0.426 | 0.460 | 1.802 | 3.783 | 5.058 |
| 18 | 0.235 | 0.426 | 0.463 | 1.566 | 3.357 | 4.598 |
| 19 | 0.235 | 0.422 | 0.465 | 1.331 | 2.932 | 4.135 |
| 20 | 0.233 | 0.417 | 0.464 | 1.096 | 2.509 | 3.670 |
| 21 | 0.225 | 0.405 | 0.461 | 0.864 | 2.092 | 3.206 |
| 22 | 0.206 | 0.377 | 0.455 | 0.638 | 1.687 | 2.745 |
| 23 | 0.171 | 0.322 | 0.442 | 0.432 | 1.310 | 2.290 |
| 24 | 0.127 | 0.243 | 0.413 | 0.261 | 0.987 | 1.848 |
| 25 | 0.076 | 0.166 | 0.352 | 0.134 | 0.745 | 1.435 |
| 26 | 0.034 | 0.116 | 0.265 | 0.058 | 0.579 | 1.083 |
| 27 | 0.014 | 0.090 | 0.184 | 0.024 | 0.462 | 0.818 |
| 28 | 0.007 | 0.081 | 0.129 | 0.01 | 0.373 | 0.634 |
| 29 | 0.002 | 0.083 | 0.100 | 0.002 | 0.291 | 0.505 |
| 30 | | 0.079 | 0.089 | | 0.208 | 0.405 |
| 31 | | 0.064 | 0.087 | | 0.129 | 0.316 |
| 32 | | 0.039 | 0.082 | | 0.064 | 0.229 |
| 33 | | 0.018 | 0.065 | | 0.025 | 0.147 |
| 34 | | 0.006 | 0.041 | | 0.007 | 0.081 |
| 35 | | 0.001 | 0.020 | | 0.001 | 0.041 |
| 36 | | | 0.009 | | | 0.021 |
| 37 | | | 0.007 | | | 0.011 |
| 38 | | | 0.004 | | | 0.005 |
| 39 | | | 0.001 | | | 0.001 |

　　由上述图表中的数据可知，三次取样测试所得析蜡点和析蜡量差距明显：析蜡点由第一次的30~35℃变化为35~39℃，析蜡量由第一次的11%左右增至18%左右。受 CO$_2$ 波及程度的加深，CO$_2$ 对原油中高碳数烃类(C$_{16}$以上)的萃取作用持续增强，高碳数烃类含量逐渐增加，而采出油样中的低碳数液态烃类(C$_{16}$以下)含量相对减少，这直接导致蜡晶的溶解能力下降、采出油样的蜡含量上升、析蜡点升高。

　　利用差式扫描量热仪测得脱气原油在-20~80℃温度范围内的比热容变化，结果如图 4-11~图 4-14 及表 4-9~表 4-12 所示。

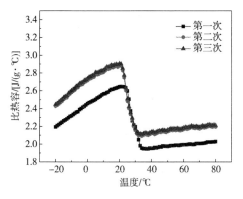

图 4-11　塬 28-99 井脱气原油
比热容变化曲线

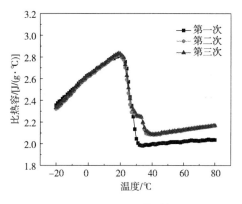

图 4-12　塬 30-99 井脱气原油
比热容变化曲线

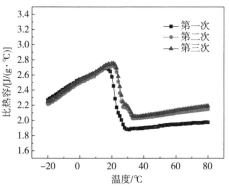

图 4-13　塬 28-101 井脱气原油
比热容变化曲线

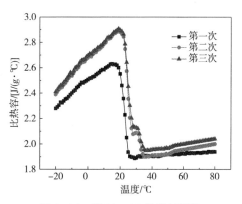

图 4-14　塬 30-103 井脱气原油
比热容变化曲线

表 4-9　塬 28-99 井脱气原油比热容随温度变化

| 温度/℃ | 比热容/[J/(kg·℃)] | | | 温度/℃ | 比热容/[J/(kg·℃)] | | |
|---|---|---|---|---|---|---|---|
| | 第一次 | 第二次 | 第三次 | | 第一次 | 第二次 | 第三次 |
| -20 | 2.194 | 2.427 | 2.447 | 15 | 2.615 | 2.867 | 2.889 |
| -19 | 2.209 | 2.438 | 2.458 | 16 | 2.618 | 2.861 | 2.884 |
| -18 | 2.22 | 2.452 | 2.472 | 17 | 2.625 | 2.871 | 2.894 |
| -17 | 2.235 | 2.469 | 2.489 | 18 | 2.631 | 2.877 | 2.900 |
| -16 | 2.246 | 2.483 | 2.503 | 19 | 2.638 | 2.868 | 2.892 |
| -15 | 2.261 | 2.504 | 2.524 | 20 | 2.645 | 2.884 | 2.907 |
| -14 | 2.272 | 2.518 | 2.538 | 21 | 2.648 | 2.879 | 2.903 |
| -13 | 2.283 | 2.524 | 2.544 | 22 | 2.646 | 2.829 | 2.854 |
| -12 | 2.298 | 2.552 | 2.572 | 23 | 2.645 | 2.748 | 2.776 |
| -11 | 2.312 | 2.566 | 2.586 | 24 | 2.633 | 2.605 | 2.634 |
| -10 | 2.32 | 2.583 | 2.603 | 25 | 2.598 | 2.485 | 2.510 |
| -9 | 2.334 | 2.597 | 2.617 | 26 | 2.506 | 2.403 | 2.424 |
| -8 | 2.346 | 2.61 | 2.630 | 27 | 2.374 | 2.335 | 2.355 |
| -7 | 2.36 | 2.632 | 2.652 | 28 | 2.264 | 2.277 | 2.296 |
| -6 | 2.365 | 2.638 | 2.658 | 29 | 2.215 | 2.199 | 2.219 |
| -5 | 2.389 | 2.662 | 2.682 | 30 | 2.197 | 2.156 | 2.175 |
| -4 | 2.401 | 2.669 | 2.690 | 31 | 2.137 | 2.116 | 2.135 |
| -3 | 2.415 | 2.675 | 2.697 | 32 | 2.049 | 2.1 | 2.119 |
| -2 | 2.426 | 2.696 | 2.717 | 33 | 1.981 | 2.099 | 2.117 |
| -1 | 2.441 | 2.705 | 2.727 | 34 | 1.955 | 2.091 | 2.110 |
| 0 | 2.456 | 2.716 | 2.737 | 35 | 1.948 | 2.101 | 2.119 |
| 1 | 2.467 | 2.733 | 2.754 | 36 | 1.949 | 2.110 | 2.127 |
| 2 | 2.474 | 2.739 | 2.760 | 37 | 1.946 | 2.106 | 2.124 |
| 3 | 2.485 | 2.749 | 2.771 | 38 | 1.947 | 2.101 | 2.119 |
| 4 | 2.492 | 2.755 | 2.777 | 39 | 1.955 | 2.111 | 2.129 |
| 5 | 2.503 | 2.787 | 2.808 | 40 | 1.952 | 2.12 | 2.137 |
| 6 | 2.518 | 2.782 | 2.804 | 41 | 1.953 | 2.125 | 2.142 |
| 7 | 2.528 | 2.788 | 2.810 | 42 | 1.961 | 2.111 | 2.129 |
| 8 | 2.539 | 2.798 | 2.820 | 43 | 1.958 | 2.12 | 2.138 |
| 9 | 2.554 | 2.803 | 2.825 | 44 | 1.962 | 2.13 | 2.147 |
| 10 | 2.565 | 2.809 | 2.831 | 45 | 1.97 | 2.134 | 2.151 |
| 11 | 2.568 | 2.826 | 2.848 | 46 | 1.967 | 2.134 | 2.151 |
| 12 | 2.579 | 2.847 | 2.869 | 47 | 1.979 | 2.143 | 2.160 |
| 13 | 2.586 | 2.845 | 2.867 | 48 | 1.976 | 2.138 | 2.155 |
| 14 | 2.604 | 2.85 | 2.872 | 49 | 1.977 | 2.133 | 2.150 |

| 温度/℃ | 比热容/[J/(kg·℃)] | | | 温度/℃ | 比热容/[J/(kg·℃)] | | |
|---|---|---|---|---|---|---|---|
| | 第一次 | 第二次 | 第三次 | | 第一次 | 第二次 | 第三次 |
| 50 | 1.974 | 2.142 | 2.159 | 66 | 1.995 | 2.185 | 2.200 |
| 51 | 1.978 | 2.15 | 2.167 | 67 | 1.998 | 2.179 | 2.195 |
| 52 | 1.982 | 2.159 | 2.175 | 68 | 2.006 | 2.187 | 2.203 |
| 53 | 1.983 | 2.154 | 2.171 | 69 | 2.007 | 2.181 | 2.197 |
| 54 | 1.983 | 2.159 | 2.175 | 70 | 2.006 | 2.175 | 2.191 |
| 55 | 1.987 | 2.154 | 2.170 | 71 | 2.007 | 2.184 | 2.200 |
| 56 | 1.987 | 2.162 | 2.178 | 72 | 2.008 | 2.192 | 2.207 |
| 57 | 1.984 | 2.157 | 2.173 | 73 | 2.011 | 2.187 | 2.203 |
| 58 | 1.988 | 2.152 | 2.169 | 74 | 2.015 | 2.191 | 2.207 |
| 59 | 1.992 | 2.16 | 2.176 | 75 | 2.023 | 2.199 | 2.214 |
| 60 | 1.993 | 2.168 | 2.184 | 76 | 2.023 | 2.206 | 2.221 |
| 61 | 1.993 | 2.176 | 2.192 | 77 | 2.023 | 2.201 | 2.216 |
| 62 | 1.994 | 2.171 | 2.187 | 78 | 2.024 | 2.195 | 2.211 |
| 63 | 1.997 | 2.175 | 2.191 | 79 | 2.024 | 2.203 | 2.218 |
| 64 | 2.001 | 2.183 | 2.198 | 80 | 2.028 | 2.197 | 2.213 |
| 65 | 1.998 | 2.191 | 2.206 | | | | |

**表 4-10  塬 30-99 井脱气原油比热容随温度变化**

| 温度/℃ | 比热容/[J/(kg·℃)] | | | 温度/℃ | 比热容/[J/(kg·℃)] | | |
|---|---|---|---|---|---|---|---|
| | 第一次 | 第二次 | 第三次 | | 第一次 | 第二次 | 第三次 |
| −20 | 2.355 | 2.321 | 2.335 | −5 | 2.57 | 2.554 | 2.568 |
| −19 | 2.375 | 2.33 | 2.344 | −4 | 2.579 | 2.566 | 2.581 |
| −18 | 2.39 | 2.343 | 2.357 | −3 | 2.588 | 2.582 | 2.596 |
| −17 | 2.395 | 2.356 | 2.371 | −2 | 2.608 | 2.588 | 2.602 |
| −16 | 2.415 | 2.382 | 2.396 | −1 | 2.623 | 2.61 | 2.625 |
| −15 | 2.429 | 2.388 | 2.402 | 0 | 2.631 | 2.62 | 2.633 |
| −14 | 2.434 | 2.404 | 2.418 | 1 | 2.64 | 2.625 | 2.640 |
| −13 | 2.454 | 2.426 | 2.439 | 2 | 2.649 | 2.641 | 2.655 |
| −12 | 2.468 | 2.439 | 2.453 | 3 | 2.658 | 2.651 | 2.665 |
| −11 | 2.483 | 2.448 | 2.462 | 4 | 2.672 | 2.656 | 2.670 |
| −10 | 2.497 | 2.471 | 2.484 | 5 | 2.681 | 2.683 | 2.695 |
| −9 | 2.507 | 2.483 | 2.498 | 6 | 2.69 | 2.688 | 2.701 |
| −8 | 2.516 | 2.51 | 2.523 | 7 | 2.699 | 2.693 | 2.706 |
| −7 | 2.536 | 2.522 | 2.536 | 8 | 2.713 | 2.713 | 2.724 |
| −6 | 2.556 | 2.534 | 2.548 | 9 | 2.727 | 2.718 | 2.730 |

续表

| 温度/℃ | 比热容/[J/(kg·℃)] | | | 温度/℃ | 比热容/[J/(kg·℃)] | | |
|---|---|---|---|---|---|---|---|
| | 第一次 | 第二次 | 第三次 | | 第一次 | 第二次 | 第三次 |
| 10 | 2.73 | 2.727 | 2.738 | 46 | 2.003 | 2.098 | 2.103 |
| 11 | 2.744 | 2.738 | 2.749 | 47 | 2.008 | 2.096 | 2.101 |
| 12 | 2.753 | 2.754 | 2.764 | 48 | 2.005 | 2.1 | 2.105 |
| 13 | 2.772 | 2.763 | 2.774 | 49 | 2.002 | 2.098 | 2.103 |
| 14 | 2.781 | 2.775 | 2.785 | 50 | 2.007 | 2.103 | 2.107 |
| 15 | 2.783 | 2.784 | 2.796 | 51 | 2.011 | 2.108 | 2.112 |
| 16 | 2.786 | 2.799 | 2.810 | 52 | 2.016 | 2.105 | 2.109 |
| 17 | 2.8 | 2.804 | 2.816 | 53 | 2.013 | 2.11 | 2.114 |
| 18 | 2.803 | 2.813 | 2.826 | 54 | 2.016 | 2.114 | 2.118 |
| 19 | 2.811 | 2.821 | 2.835 | 55 | 2.013 | 2.112 | 2.116 |
| 20 | 2.808 | 2.812 | 2.827 | 56 | 2.017 | 2.116 | 2.120 |
| 21 | 2.806 | 2.793 | 2.812 | 57 | 2.014 | 2.121 | 2.124 |
| 22 | 2.786 | 2.774 | 2.795 | 58 | 2.011 | 2.117 | 2.121 |
| 23 | 2.756 | 2.7 | 2.730 | 59 | 2.016 | 2.122 | 2.125 |
| 24 | 2.693 | 2.588 | 2.628 | 60 | 2.02 | 2.126 | 2.129 |
| 25 | 2.57 | 2.465 | 2.515 | 61 | 2.024 | 2.128 | 2.131 |
| 26 | 2.431 | 2.361 | 2.415 | 62 | 2.021 | 2.13 | 2.133 |
| 27 | 2.351 | 2.291 | 2.340 | 63 | 2.024 | 2.132 | 2.135 |
| 28 | 2.25 | 2.283 | 2.316 | 64 | 2.028 | 2.134 | 2.137 |
| 29 | 2.135 | 2.277 | 2.294 | 65 | 2.032 | 2.136 | 2.139 |
| 30 | 2.045 | 2.255 | 2.263 | 66 | 2.029 | 2.138 | 2.140 |
| 31 | 2.005 | 2.253 | 2.255 | 67 | 2.026 | 2.14 | 2.143 |
| 32 | 1.988 | 2.252 | 2.253 | 68 | 2.03 | 2.142 | 2.144 |
| 33 | 1.983 | 2.246 | 2.246 | 69 | 2.026 | 2.145 | 2.147 |
| 34 | 1.98 | 2.19 | 2.199 | 70 | 2.023 | 2.147 | 2.149 |
| 35 | 1.986 | 2.132 | 2.150 | 71 | 2.027 | 2.149 | 2.151 |
| 36 | 1.991 | 2.096 | 2.121 | 72 | 2.032 | 2.151 | 2.153 |
| 37 | 1.988 | 2.09 | 2.111 | 73 | 2.029 | 2.153 | 2.154 |
| 38 | 1.986 | 2.087 | 2.099 | 74 | 2.031 | 2.155 | 2.157 |
| 39 | 1.991 | 2.084 | 2.090 | 75 | 2.035 | 2.157 | 2.158 |
| 40 | 1.996 | 2.083 | 2.088 | 76 | 2.04 | 2.159 | 2.160 |
| 41 | 1.999 | 2.08 | 2.086 | 77 | 2.036 | 2.161 | 2.162 |
| 42 | 1.991 | 2.084 | 2.089 | 78 | 2.033 | 2.163 | 2.164 |
| 43 | 1.996 | 2.083 | 2.089 | 79 | 2.037 | 2.165 | 2.166 |
| 44 | 2.001 | 2.087 | 2.092 | 80 | 2.034 | 2.167 | 2.168 |
| 45 | 2.004 | 2.085 | 2.091 | | | | |

表 4-11 塬 28-101 井脱气原油比热容随温度变化

| 温度/℃ | 比热容/[J/(kg·℃)] | | | 温度/℃ | 比热容/[J/(kg·℃)] | | |
|---|---|---|---|---|---|---|---|
| | 第一次 | 第二次 | 第三次 | | 第一次 | 第二次 | 第三次 |
| −20 | 2.269 | 2.216 | 2.246 | 15 | 2.69 | 2.684 | 2.714 |
| −19 | 2.287 | 2.222 | 2.253 | 16 | 2.688 | 2.698 | 2.726 |
| −18 | 2.295 | 2.241 | 2.271 | 17 | 2.691 | 2.703 | 2.734 |
| −17 | 2.313 | 2.247 | 2.281 | 18 | 2.673 | 2.716 | 2.745 |
| −16 | 2.321 | 2.267 | 2.299 | 19 | 2.648 | 2.708 | 2.742 |
| −15 | 2.339 | 2.274 | 2.307 | 20 | 2.577 | 2.722 | 2.754 |
| −14 | 2.352 | 2.292 | 2.325 | 21 | 2.454 | 2.718 | 2.753 |
| −13 | 2.37 | 2.306 | 2.338 | 22 | 2.287 | 2.697 | 2.736 |
| −12 | 2.382 | 2.324 | 2.355 | 23 | 2.172 | 2.642 | 2.693 |
| −11 | 2.401 | 2.343 | 2.374 | 24 | 2.101 | 2.512 | 2.582 |
| −10 | 2.408 | 2.354 | 2.384 | 25 | 2.06 | 2.36 | 2.448 |
| −9 | 2.426 | 2.37 | 2.402 | 26 | 2.007 | 2.249 | 2.333 |
| −8 | 2.439 | 2.389 | 2.418 | 27 | 1.947 | 2.177 | 2.245 |
| −7 | 2.452 | 2.397 | 2.429 | 28 | 1.903 | 2.171 | 2.215 |
| −6 | 2.466 | 2.415 | 2.445 | 29 | 1.887 | 2.17 | 2.203 |
| −5 | 2.478 | 2.434 | 2.465 | 30 | 1.882 | 2.151 | 2.183 |
| −4 | 2.491 | 2.442 | 2.475 | 31 | 1.88 | 2.115 | 2.151 |
| −3 | 2.499 | 2.461 | 2.494 | 32 | 1.892 | 2.072 | 2.110 |
| −2 | 2.523 | 2.475 | 2.506 | 33 | 1.892 | 2.029 | 2.064 |
| −1 | 2.53 | 2.483 | 2.516 | 34 | 1.894 | 2.027 | 2.053 |
| 0 | 2.544 | 2.496 | 2.527 | 35 | 1.894 | 2.03 | 2.050 |
| 1 | 2.546 | 2.51 | 2.543 | 36 | 1.892 | 2.032 | 2.050 |
| 2 | 2.56 | 2.515 | 2.549 | 37 | 1.894 | 2.031 | 2.051 |
| 3 | 2.567 | 2.523 | 2.559 | 38 | 1.899 | 2.034 | 2.054 |
| 4 | 2.576 | 2.542 | 2.575 | 39 | 1.896 | 2.036 | 2.058 |
| 5 | 2.583 | 2.548 | 2.581 | 40 | 1.901 | 2.039 | 2.060 |
| 6 | 2.596 | 2.564 | 2.598 | 41 | 1.906 | 2.041 | 2.064 |
| 7 | 2.603 | 2.569 | 2.601 | 42 | 1.903 | 2.043 | 2.066 |
| 8 | 2.616 | 2.585 | 2.618 | 43 | 1.908 | 2.046 | 2.071 |
| 9 | 2.623 | 2.582 | 2.616 | 44 | 1.91 | 2.051 | 2.075 |
| 10 | 2.632 | 2.612 | 2.642 | 45 | 1.909 | 2.05 | 2.076 |
| 11 | 2.643 | 2.619 | 2.651 | 46 | 1.914 | 2.052 | 2.078 |
| 12 | 2.652 | 2.638 | 2.667 | 47 | 1.918 | 2.058 | 2.083 |
| 13 | 2.664 | 2.652 | 2.683 | 48 | 1.915 | 2.06 | 2.087 |
| 14 | 2.671 | 2.663 | 2.693 | 49 | 1.92 | 2.062 | 2.089 |

续表

| 温度/℃ | 比热容/[J/(kg·℃)] | | | 温度/℃ | 比热容/[J/(kg·℃)] | | |
|---|---|---|---|---|---|---|---|
| | 第一次 | 第二次 | 第三次 | | 第一次 | 第二次 | 第三次 |
| 50 | 1.932 | 2.068 | 2.094 | 66 | 1.954 | 2.115 | 2.149 |
| 51 | 1.929 | 2.067 | 2.095 | 67 | 1.958 | 2.117 | 2.152 |
| 52 | 1.933 | 2.072 | 2.100 | 68 | 1.962 | 2.12 | 2.155 |
| 53 | 1.937 | 2.075 | 2.104 | 69 | 1.959 | 2.122 | 2.157 |
| 54 | 1.942 | 2.08 | 2.109 | 70 | 1.964 | 2.125 | 2.161 |
| 55 | 1.938 | 2.082 | 2.111 | 71 | 1.968 | 2.127 | 2.163 |
| 56 | 1.943 | 2.084 | 2.114 | 72 | 1.967 | 2.13 | 2.167 |
| 57 | 1.947 | 2.087 | 2.117 | 73 | 1.969 | 2.132 | 2.169 |
| 58 | 1.946 | 2.089 | 2.120 | 74 | 1.965 | 2.135 | 2.173 |
| 59 | 1.948 | 2.094 | 2.125 | 75 | 1.969 | 2.137 | 2.175 |
| 60 | 1.945 | 2.1 | 2.130 | 76 | 1.968 | 2.14 | 2.179 |
| 61 | 1.949 | 2.102 | 2.133 | 77 | 1.972 | 2.142 | 2.181 |
| 62 | 1.948 | 2.105 | 2.138 | 78 | 1.976 | 2.145 | 2.185 |
| 63 | 1.952 | 2.107 | 2.140 | 79 | 1.978 | 2.147 | 2.187 |
| 64 | 1.956 | 2.11 | 2.142 | 80 | 1.975 | 2.15 | 2.191 |
| 65 | 1.957 | 2.112 | 2.146 | | | | |

**表 4-12　塬 30-103 井脱气原油比热容随温度变化**

| 温度/℃ | 比热容/[J/(kg·℃)] | | | 温度/℃ | 比热容/[J/(kg·℃)] | | |
|---|---|---|---|---|---|---|---|
| | 第一次 | 第二次 | 第三次 | | 第一次 | 第二次 | 第三次 |
| −20 | 2.279 | 2.389 | 2.411 | −5 | 2.468 | 2.629 | 2.644 |
| −19 | 2.29 | 2.409 | 2.428 | −4 | 2.485 | 2.641 | 2.658 |
| −18 | 2.304 | 2.429 | 2.447 | −3 | 2.481 | 2.645 | 2.663 |
| −17 | 2.327 | 2.442 | 2.461 | −2 | 2.49 | 2.649 | 2.667 |
| −16 | 2.323 | 2.447 | 2.467 | −1 | 2.498 | 2.669 | 2.687 |
| −15 | 2.338 | 2.467 | 2.486 | 0 | 2.507 | 2.68 | 2.697 |
| −14 | 2.353 | 2.48 | 2.499 | 1 | 2.516 | 2.692 | 2.710 |
| −13 | 2.358 | 2.5 | 2.518 | 2 | 2.52 | 2.688 | 2.708 |
| −12 | 2.372 | 2.52 | 2.536 | 3 | 2.529 | 2.707 | 2.726 |
| −11 | 2.387 | 2.548 | 2.562 | 4 | 2.533 | 2.719 | 2.736 |
| −10 | 2.401 | 2.537 | 2.555 | 5 | 2.546 | 2.723 | 2.740 |
| −9 | 2.415 | 2.557 | 2.574 | 6 | 2.555 | 2.742 | 2.759 |
| −8 | 2.425 | 2.585 | 2.600 | 7 | 2.564 | 2.745 | 2.762 |
| −7 | 2.444 | 2.589 | 2.606 | 8 | 2.577 | 2.756 | 2.774 |
| −6 | 2.453 | 2.602 | 2.618 | 9 | 2.586 | 2.768 | 2.783 |

续表

| 温度/℃ | 比热容/[J/(kg·℃)] | | | 温度/℃ | 比热容/[J/(kg·℃)] | | |
|---|---|---|---|---|---|---|---|
| | 第一次 | 第二次 | 第三次 | | 第一次 | 第二次 | 第三次 |
| 10 | 2.585 | 2.787 | 2.800 | 46 | 1.909 | 1.916 | 1.963 |
| 11 | 2.598 | 2.798 | 2.812 | 47 | 1.912 | 1.913 | 1.960 |
| 12 | 2.606 | 2.825 | 2.835 | 48 | 1.915 | 1.917 | 1.965 |
| 13 | 2.615 | 2.828 | 2.841 | 49 | 1.919 | 1.923 | 1.969 |
| 14 | 2.628 | 2.832 | 2.844 | 50 | 1.917 | 1.918 | 1.965 |
| 15 | 2.631 | 2.85 | 2.861 | 51 | 1.92 | 1.924 | 1.971 |
| 16 | 2.625 | 2.869 | 2.878 | 52 | 1.918 | 1.93 | 1.975 |
| 17 | 2.627 | 2.872 | 2.884 | 53 | 1.916 | 1.936 | 1.981 |
| 18 | 2.62 | 2.883 | 2.894 | 54 | 1.919 | 1.942 | 1.986 |
| 19 | 2.601 | 2.893 | 2.905 | 55 | 1.921 | 1.945 | 1.988 |
| 20 | 2.552 | 2.88 | 2.895 | 56 | 1.92 | 1.947 | 1.991 |
| 21 | 2.461 | 2.866 | 2.885 | 57 | 1.918 | 1.949 | 1.992 |
| 22 | 2.357 | 2.843 | 2.865 | 58 | 1.922 | 1.952 | 1.996 |
| 23 | 2.229 | 2.747 | 2.787 | 59 | 1.925 | 1.954 | 1.997 |
| 24 | 2.05 | 2.574 | 2.642 | 60 | 1.924 | 1.956 | 1.998 |
| 25 | 1.936 | 2.355 | 2.453 | 61 | 1.922 | 1.958 | 2.001 |
| 26 | 1.903 | 2.206 | 2.303 | 62 | 1.93 | 1.96 | 2.004 |
| 27 | 1.898 | 2.123 | 2.203 | 63 | 1.928 | 1.963 | 2.006 |
| 28 | 1.896 | 2.077 | 2.140 | 64 | 1.927 | 1.965 | 2.007 |
| 29 | 1.887 | 2.084 | 2.131 | 65 | 1.93 | 1.967 | 2.010 |
| 30 | 1.891 | 2.088 | 2.128 | 66 | 1.929 | 1.969 | 2.011 |
| 31 | 1.901 | 2.082 | 2.121 | 67 | 1.927 | 1.971 | 2.014 |
| 32 | 1.906 | 2.028 | 2.079 | 68 | 1.93 | 1.974 | 2.016 |
| 33 | 1.899 | 1.956 | 2.018 | 69 | 1.932 | 1.976 | 2.017 |
| 34 | 1.902 | 1.921 | 1.982 | 70 | 1.931 | 1.978 | 2.020 |
| 35 | 1.906 | 1.9 | 1.955 | 71 | 1.929 | 1.98 | 2.021 |
| 36 | 1.909 | 1.899 | 1.948 | 72 | 1.932 | 1.982 | 2.024 |
| 37 | 1.908 | 1.903 | 1.951 | 73 | 1.935 | 1.985 | 2.026 |
| 38 | 1.907 | 1.901 | 1.949 | 74 | 1.934 | 1.987 | 2.028 |
| 39 | 1.905 | 1.905 | 1.951 | 75 | 1.932 | 1.989 | 2.029 |
| 40 | 1.903 | 1.911 | 1.955 | 76 | 1.94 | 1.991 | 2.032 |
| 41 | 1.902 | 1.909 | 1.955 | 77 | 1.938 | 1.993 | 2.033 |
| 42 | 1.906 | 1.913 | 1.958 | 78 | 1.937 | 1.996 | 2.037 |
| 43 | 1.909 | 1.911 | 1.958 | 79 | 1.94 | 1.998 | 2.038 |
| 44 | 1.902 | 1.914 | 1.960 | 80 | 1.939 | 2 | 2.041 |
| 45 | 1.905 | 1.912 | 1.960 | | | | |

比热容数据反映了样品吸热、散热能力。比热容越大，则样品吸热或散热能力越强。由图表中的数据可知：原油的比热容可分为三个区间，在析蜡点以上的温度，蜡晶完全溶解于原油中，比热容随着温度上升缓慢增加；温度降至析蜡点以下时，比热容先是由于单位温降析蜡量增多，放出潜热变大而增加；而后又因为单位温降析蜡逐渐下降，比热容也随着温度降低逐渐减小。可见比热容的变化规律与原油析蜡的规律相一致。

此外可以看到，在观测时间内，所有油井的比热容数据都有不同程度的升高。由析蜡数据可知：受 $CO_2$ 波及程度的加深，$CO_2$ 对烃类的萃取抽提作用使得三次取样析蜡量逐渐增多，因此比热容数据也相应增加。

### 4.2.1.3 脱气原油四组分

利用柱色谱对所取 $CO_2$ 驱受益井油样的族组成进行测试，结果如表 4-13 所示。

表 4-13 一线井、二线井原油族组成           %

| 组成 | | 饱和分 | 芳香分 | 胶质 | 沥青质 |
|---|---|---|---|---|---|
| 塬 28-99 井 | 第一次 | 77.44 | 16.36 | 3.35 | 2.85 |
| | 第二次 | 82.99 | 13.46 | 1.73 | 1.82 |
| | 第三次 | 79.96 | 14.43 | 3.80 | 1.81 |
| 塬 30-99 井 | 第一次 | 77.63 | 14.93 | 3.31 | 4.13 |
| | 第二次 | 81.37 | 14.08 | 1.67 | 2.88 |
| | 第三次 | 82.27 | 12.88 | 3.36 | 1.49 |
| 塬 28-101 井 | 第一次 | 79.00 | 14.60 | 2.89 | 3.51 |
| | 第二次 | 82.60 | 14.32 | 1.52 | 1.56 |
| | 第三次 | 80.68 | 14.10 | 2.84 | 2.38 |
| 塬 30-103 井 | 第一次 | 76.58 | 16.65 | 2.42 | 4.35 |
| | 第二次 | 81.66 | 14.21 | 1.73 | 2.40 |
| | 第三次 | 82.74 | 11.11 | 3.05 | 3.10 |

原油中的饱和分，其中主要成分包含液态烃类与蜡。由表 4-13 可知：该原油的饱和分含量较高，整体占比在 4/5 左右。而全烃色谱数据表明，原油中液态烃类（$C_{16}$ 以下）占饱和分的 50% 以上，正是由于液态烃类占比较多，该原油的低温流动性较好。对比三次取样数值可以发现，随着 $CO_2$ 波及程度的加深，$CO_2$ 对地层中原油的烃类萃取抽提能力增强，导致油样中饱和分含量相应提升。

芳香分在原油中主要起到分散和稳定沥青质的作用，其含量较高，则对沥青质的稳定作用增强。三次取样数据表明，芳香分含量略有降低，但降低幅度不大。这可能主要是原油中饱和分含量升高，导致芳香分含量相对降低，而芳香分含量降低，又一定程度降低了沥青质含量。

原油中的胶质、沥青质是原油中相对分子质量最大、极性最强的物质，一方面沥青质可作为天然的降凝剂改善原油的低温流动性，另一方面，沥青质属于大分子物质，其含量过多，也会增大原油黏度；四组分数据表明，该原油胶质、沥青质含量占比 6% 左右，含量较低，饱和分含量占比 80% 左右，因此原油的低温流动性较好；另外，三次取样数据表明，受 $CO_2$ 的影响，油层中的原油沥青质缔结沉积在岩层中，导致采出油的沥青质含量降低，其中塬 28-99 井与塬 30-99 井趋势明显，而塬 28-101 井与塬 30-103 井第二、第三次之间沥青质含量略有波动。这可能是由于 $CO_2$ 的影响没有达到相对稳定状态，但综合三次取样数据来看，胶质、沥青质的总含量仍呈降低趋势。

#### 4.2.1.4 脱气原油密度

利用密度计测得本次测试脱气油样在不同温度下的密度，回归出原油的密度 $\rho$ 与温度 $T$ 的关系式，如表 4-14、表 4-15 所示。

表 4-14 不同温度下脱气原油密度变化

| 温度/℃ | | 密度/（g/cm³） | | | | |
|---|---|---|---|---|---|---|
| | | 40 | 45 | 50 | 55 | 60 |
| 塬 28-99 井 | 第一次 | 0.831 | 0.828 | 0.825 | 0.822 | 0.819 |
| | 第二次 | 0.827 | 0.824 | 0.821 | 0.818 | 0.815 |
| | 第三次 | 0.830 | 0.827 | 0.824 | 0.821 | 0.818 |
| 塬 30-99 井 | 第一次 | 0.830 | 0.827 | 0.823 | 0.820 | 0.817 |
| | 第二次 | 0.827 | 0.824 | 0.826 | 0.824 | 0.82 |
| | 第三次 | 0.828 | 0.826 | 0.823 | 0.819 | 0.816 |
| 塬 28-101 井 | 第一次 | 0.829 | 0.826 | 0.822 | 0.819 | 0.815 |
| | 第二次 | 0.830 | 0.827 | 0.824 | 0.821 | 0.818 |
| | 第三次 | 0.828 | 0.825 | 0.821 | 0.818 | 0.815 |
| 塬 30-103 井 | 第一次 | 0.832 | 0.829 | 0.826 | 0.823 | 0.820 |
| | 第二次 | 0.829 | 0.826 | 0.823 | 0.820 | 0.817 |
| | 第三次 | 0.830 | 0.827 | 0.824 | 0.821 | 0.818 |

表 4-15　所取井口油样的 $\rho$-$T$ 关系

| 井号 | | $\rho$-$T$ 关系式 | 20℃下的密度/(g/cm$^3$) |
|---|---|---|---|
| 塬 28-99 井 | 第一次 | $\rho = 0.856 - 6.8 \times 10^{-4} T$ | 0.842 |
| | 第二次 | $\rho = 0.851 - 6 \times 10^{-4} T$ | 0.839 |
| | 第三次 | $\rho = 0.854 - 6 \times 10^{-4} T$ | 0.842 |
| 塬 30-99 井 | 第一次 | $\rho = 0.855 - 6 \times 10^{-4} T$ | 0.843 |
| | 第二次 | $\rho = 0.851 - 6.1 \times 10^{-4} T$ | 0.839 |
| | 第三次 | $\rho = 0.8534 - 6.2 \times 10^{-4} T$ | 0.841 |
| 塬 28-101 井 | 第一次 | $\rho = 0.856 - 6 \times 10^{-4} T$ | 0.844 |
| | 第二次 | $\rho = 0.854 - 6 \times 10^{-4} T$ | 0.842 |
| | 第三次 | $\rho = 0.8544 - 6.6 \times 10^{-4} T$ | 0.841 |
| 30-103 | 第一次 | $\rho = 0.856 - 6.6 \times 10^{-4} T$ | 0.843 |
| | 第二次 | $\rho = 0.853 - 6.08 \times 10^{-4} T$ | 0.841 |
| | 第三次 | $\rho = 0.854 - 6 \times 10^{-4} T$ | 0.842 |

注：密度 $\rho$ 的单位为 g/cm$^3$，温度 $T$ 的单位为℃。

由表 4-15 可知：原油 20℃下的密度<0.843g/cm$^3$，属于较轻质原油，并且各油井之间密度差距不大。

原油的密度受其组成影响，若重质组分(如胶质、沥青质)含量较高，则密度较高。对比不同取样时间的取样值可以发现，CO$_2$对原油组成的影响，导致油品胶质、沥青质的减少，使得密度相应减小，油品更加轻质，因此综合三次数据密度具有降低趋势。

#### 4.2.1.5　脱气原油闭口闪点

测试脱气原油闭口闪点如表 4-16 所示。

表 4-16　脱气原油闭口闪点

| 油样 | 闭口闪点/℃ | | |
|---|---|---|---|
| | 第一次 | 第二次 | 第三次 |
| 塬 28-99 井 | 17 | 16 | 18 |
| 塬 28-101 井 | 16 | 14 | 17 |
| 塬 30-99 井 | 16 | 15 | 18 |
| 塬 30-103 井 | 14 | 15 | 16 |

原油的闭口闪点表明原油的易燃易爆性，是原油的安全性指标，对比三次取样数值可以发现，三次测试油品闭口闪点变化不大。原因是：采出原油的闪点主

要受最轻质烃类的影响，虽然三次取样的轻质烃类逐渐减少，但并未消失，对闪点的影响并不大。需要注意的是，该原油的闪点整体低于20℃，属于易燃易爆的油品，因此现场需特别注意对油气泄漏的监测，提高防火防爆要求。

### 4.2.1.6 脱气原油凝点

测试脱气原油不同热处理温度下凝点如表4-17所示。

**表4-17 不同热处理温度下的原油凝点**

| 热处理温度/℃ | | 50 | 60 | 70 | 80 |
|---|---|---|---|---|---|
| 塬28-99井 | 第一次 | 24 | 23 | 16 | 15 |
| | 第二次 | 26 | 23 | 16 | 14 |
| | 第三次 | 27 | 23 | 16 | 15 |
| 塬28-101井 | 第一次 | 23 | 22 | 17 | 16 |
| | 第二次 | 25 | 24 | 18 | 17 |
| | 第三次 | 26 | 25 | 18 | 18 |
| 塬30-99井 | 第一次 | 25 | 23 | 14 | 14 |
| | 第二次 | 26 | 23 | 15 | 15 |
| | 第三次 | 27 | 25 | 16 | 16 |
| 塬30-103井 | 第一次 | 27 | 25 | 15 | 15 |
| | 第二次 | 30 | 27 | 17 | 17 |
| | 第三次 | 30 | 27 | 18 | 17 |
| 沙二增 | 第一次 | 26 | 24 | 18 | 17 |
| | 第二次 | 28 | 26 | 19 | 17 |
| | 第三次 | 28 | 27 | 19 | 17 |
| 沙七增 | 第一次 | 28 | 25 | 20 | 20 |
| | 第二次 | 30 | 25 | 21 | 20 |
| | 第三次 | 31 | 25 | 22 | 20 |
| 沙八增 | 第一次 | 23 | 21 | 16 | 16 |
| | 第二次 | 26 | 23 | 18 | 17 |
| | 第三次 | 28 | 24 | 19 | 18 |

由表4-17可以看出，试验区原油整体凝点较高，其中沙七增油样凝点最高，即使在80℃热处理下凝点也将近20℃。另外，该原油具有明显的热处理效应，即随着热处理温度升高，原油凝点逐渐降低，在60~70℃，凝点随着热处理温度升高而降低最为明显。当热处理温度为80℃时，凝点最低，且与70℃热处理下的凝点变化差距不大，因此可认为该原油的最优热处理温度为80℃。

原油凝点受原油组成与低温蜡晶结晶形貌影响，一般来说，当蜡含量升高时，原油凝点相应上升。对比三次取样数值可以发现，由于所取油样的胶质沥青质含量减少，蜡含量增多，使得所测脱气原油凝点存在不同程度的升高趋势，但这种趋势随着热处理温度升高，而变得不明显。这主要是由于热处理温度足够高时，原油中的沥青质、胶质活性被充分激发，此时可以大幅改善低温蜡晶形貌，即使是 $CO_2$ 抽提萃取使得原油蜡含量升高的情况下，仍可以较好地降低凝点。

## 4.2.2 $CO_2$ 驱采出水物性变化

本次采出水样品有为井口采出液脱出水样，测试结果如表 4-18 所示。

表 4-18 水样测试结果

| 样品名称 | 样品名称 | | | | | | | | |
|---|---|---|---|---|---|---|---|---|---|
| | 沙二增 | | | 沙七增 | | | 沙八增 | | |
| 测试结果<br>测试项目 | 测试结果 | | | | | | | | |
| | 第一次 | 第二次 | 第三次 | 第一次 | 第二次 | 第三次 | 第一次 | 第二次 | 第三次 |
| pH 值 | 6.29 | 6.43 | 6.51 | 6.77 | 6.82 | 6.73 | 6.46 | 6.61 | 6.43 |
| 氯离子/(mg/L) | 10100 | 4460 | 9170 | 10900 | 8090 | 12300 | 8540 | 14000 | 28100 |
| 碳酸氢根离子/(mg/L) | 679 | 608 | 372 | 289 | 504 | 372 | 230 | 209 | 610 |
| 硫酸根离子/(mg/L) | 1020 | 1310 | 458 | 671 | 3920 | 3320 | 430 | 2330 | 372 |
| 总铁离子/(mg/L) | 106 | 0.41 | 46.4 | 7.3 | 0.84 | 2.29 | 14.2 | 0.86 | 12.6 |
| 钙离子/(mg/L) | 375 | 377 | 1190 | 360 | 1040 | 2180 | 246 | 3300 | 1540 |
| 镁离子/(mg/L) | 149 | 72.5 | 75.5 | 123 | 143 | 213 | 57.7 | 219 | 165 |
| 钠离子/(mg/L) | 9300 | 2750 | 2960 | 8040 | 5150 | 6700 | 5480 | 4250 | 7820 |
| 钾离子/(mg/L) | 106 | 50.1 | 108 | 93 | 44.9 | 112 | 68.2 | 83.8 | 166 |
| 矿化度/(mg/L) | 11200 | 7960 | 15900 | 23100 | 17200 | 24400 | 17100 | 26700 | 44000 |
| 悬浮物粒径中值/μm | 31.96 | 30.38 | 55.103 | 34.1 | 432.48 | 49.064 | 43.6 | 28.88 | 120.453 |
| 悬浮固体含量/(mg/L) | 354 | 2490 | 198 | 78 | 110 | 170 | 332 | 28 | 232 |
| 水中含油率/(mg/L) | 631.42 | 683.2 | 667.1 | 411.19 | 399.81 | 410.5 | 600.83 | 427.6 | 451.7 |
| 侵蚀性 $CO_2$ 含量/(mg/L) | 16.6 | 2.7 | 2.5 | 2.77 | 2.19 | 2.4 | 11.1 | 1.16 | 7.62 |

注：侵蚀性 $CO_2$ 含量为超过平衡量并能与碳酸钙起反应的游离 $CO_2$，当侵蚀性 $CO_2$ 小于平衡量(0)时，碳酸钙不再溶解。

由表 4-18 可知：沙二增水样水质较差，固体悬浮物偏多且水中含油高，但矿化度及侵蚀性 $CO_2$ 含量不高；其中钙离子含量具有显著升高趋势，说明随着 $CO_2$ 持续注入，其对地层岩石的溶解能力增强，沙二增水样中铁离子含量明显高于其他增压站，需考虑 $CO_2$ 或其他因素造成腐蚀的可能；综合三次数据，沙二增水样矿化度略有上升，水中杂质含量略有降低，侵蚀性 $CO_2$ 含量降低，水样呈酸性, pH 值变化不大。

沙七增水样中含油率较低, 悬浮物含量较少, 水质较好; 钙离子含量同样随着 CO$_2$ 驱的进行而增加, 矿化度略有上升, 侵蚀性 CO$_2$ 含量、水中含油率、pH 值等指标变化不大。

沙八增中固体悬浮物含量及侵蚀性 CO$_2$ 含量最高, 矿化度也在三个增压站中最高; 铁离子与硫酸根离子变化不大, 腐蚀趋势没有增强, 而钙离子、钾离子、钠离子等明显增多, 说明 CO$_2$ 的持续注入, 地层的岩石溶解程度变大, 水样整体呈酸性, pH 值变化不大, 悬浮物含量、侵蚀性 CO$_2$ 含量明显降低。矿化度的显著增加, 离子对乳状液双电层的破坏能力增强, 且悬浮物含量降低, 也导致油水界面膜的稳定性变差, 所以水中含油率明显降低。

### 4.2.3 CO$_2$驱伴生气物性变化

通过气相色谱分析得到三次溶气原油的原油伴生气基本组分, 如表 4-19 所示。

表 4-19 伴生气的基本组分

| 名称 | | 质量分数/% | | | | | | | |
|---|---|---|---|---|---|---|---|---|---|
| | | CH$_4$ | 乙烷 | 丙烷 | 异丁烷 | 正丁烷 | 戊烷 | C$_6^+$ | CO$_2$ |
| 塬 28-99 井 | 第一次 | 40.61 | 18.51 | 28.79 | 4.14 | 4.77 | 1.84 | 0.76 | 0.58 |
| | 第二次 | 31.81 | 17.99 | 30.63 | 4.97 | 10.77 | 2.74 | 0.01 | 1.08 |
| | 第三次 | 32.83 | 20.42 | 30.64 | 4.12 | 8.3 | 1.58 | 1.21 | 0.89 |
| 塬 30-99 井 | 第一次 | 41.68 | 21.41 | 26.44 | 3.09 | 4.33 | 1.71 | 0.74 | 0.6 |
| | 第二次 | 37.52 | 19.31 | 28.59 | 4.05 | 7.76 | 1.59 | 0.03 | 1.11 |
| | 第三次 | 32.39 | 19.85 | 29 | 3.79 | 7.28 | 1.24 | 0.78 | 5.67 |
| 塬 28-101 井 | 第一次 | 39.54 | 20.9 | 26.62 | 3.79 | 5.77 | 1.98 | 0.57 | 0.82 |
| | 第二次 | 35.38 | 19.21 | 29.01 | 4.22 | 8.87 | 2.16 | 0.06 | 1.1 |
| | 第三次 | 34.43 | 16.77 | 30.88 | 4.7 | 7.87 | 1.49 | 1.01 | 2.86 |
| 塬 30-103 井 | 第一次 | 37.07 | 19.83 | 29.56 | 4.47 | 6.27 | 1.63 | 0.34 | 0.82 |
| | 第二次 | 33.88 | 17.62 | 29.44 | 4.53 | 10.65 | 2.86 | 0.1 | 0.91 |
| | 第三次 | 27.6 | 18.75 | 31.98 | 5.1 | 11.09 | 2.83 | 2.25 | 0.4 |

由表 4-19 可知: 伴生气中的主要成分为甲烷、乙烷和丙烷, 三者整体占比超过 80%, 除塬 30-103 井气体偏重质外, 不同油井之间的气体组分差距不大。

对比不同时期取样分析数值可以发现, 原油伴生气中甲烷、乙烷等轻烃含量随着开采时间的延长而逐渐减少, 而相对较重的丁烷、戊烷和己烷以上的烃类含量则相对提高。说明随着 CO$_2$ 驱波及程度的加深, CO$_2$ 对较高碳数的烃类萃取作用持续增强, 使得原油中小相对分子质量轻烃含量相对减少。

对塬 28-99 井与塬 30-103 井, 原油伴生气中 CO$_2$ 的质量分数变化不大, 其含量的绝对值仍偏低，只占1%左右。而第三次数据显示，塬28-101井与塬30-99井取样的$CO_2$含量存在明显的提高，且相对于其他几口受益井含量也较高，说明有部分$CO_2$与原油伴生气一起溢出，表明$CO_2$的溶解量逐渐提升、波及程度逐渐加深。

## 4.3 CO₂驱引起的沥青质沉积

### 4.3.1 沉积物析蜡特性

利用 DSC 量热仪测得沉积物的析蜡特性如图 4-15 所示。

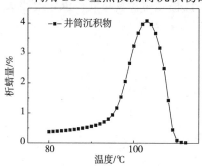

图 4-15 沉积物析蜡特性曲线

由图 4-15 可知：沉积物的析蜡结晶温度远高于原油，为112℃，且析蜡集中分布在96~108℃，析蜡量约为46.25%，说明沉积物的主要构成中包含一种高碳数的蜡，且构成沉积物骨架的高碳蜡会使沉积物的熔化温度较高。

### 4.3.2 沉积物族组成

测得沉积物族组成分布如表 4-20 所示。

表 4-20 沉积物族组成 %

| 组分 | 质量分数 | 组分 | 质量分数 |
|---|---|---|---|
| 饱和分 | 29.6 | 沥青质 | 38.98 |
| 芳香分 | 8.17 | 高碳蜡 | 19.71 |
| 胶质 | 2.63 | | |

由表 4-20 可知：沉积物中沥青质含量达到38.98%，说明$CO_2$驱引起的沥青质失稳，与高碳蜡共晶析出是井筒沉积物产生的主要原因，若能够抑制超临界$CO_2$引起的沥青质失稳，使高碳蜡失去可吸附、共晶的结晶核，则可以有效缓解井筒沉积现象。

### 4.3.3 沉积物熔化温度

测得沉积物的熔化情况如表 4-21 所示。

表 4-21 沉积物熔化温度区间

| 温度/℃ | 100 | 105 | 110 | 115 | 120 | 125 | 130 |
|---|---|---|---|---|---|---|---|
| 熔化情况 | 不融 | 不融 | 不融 | 部分熔化 | 部分熔化 | 完全熔化 | 完全熔化 |

由表 4-21 可知：沉积物的熔化温度较高，其熔化温度区间在 115~125℃，高于沉积物的析蜡温度，说明需要完全破坏沉积物的蜡骨架后沉积物才会熔化。若采用蒸汽洗井等热力学方式清蜡解堵，需控制温度高于 125℃。

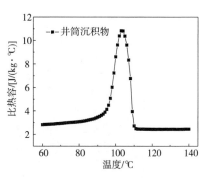

图 4-16  沉积物比热容变化

### 4.3.4  沉积物比热容

通过沉积物样品的 DSC 热谱图与蓝宝石热谱图对比，计算得到沉积物的比热容变化曲线，如图 4-16 所示。

由图 4-16 可知：沉积物比热容在析蜡过程中变化剧烈，随着沉积物部分相态发生变化，需要外界向体系提供大量的热，才能使得沉积物温度上升，体系内的蜡组成熔化，即热力学解堵时加热时间需适当延长。

### 4.3.5  沉积物溶解性

测得沉积物的溶解性如表 4-22、表 4-23 所示。

表 4-22  液体石蜡对沉积物的溶解情况

| 温度/℃ | 50 | 100 |
|---|---|---|
| 溶解度/% | 14.73 | 14.92 |

表 4-23  甲基萘对沉积物的溶解情况

| 温度/℃ | 50 | 100 |
|---|---|---|
| 溶解度/% | 8.84 | 8.97 |

由表 4-22、表 4-23 可知：在温度低于沉积物的熔化温度时，温度对于沉积物的溶解性影响不大，且烷烃类溶剂比芳烃类溶剂对沉积物的溶解性要好，但沉积物在两种有机溶剂内均较难溶解，在选用化学方法解堵时，可尝试水基型清蜡剂。

### 4.3.6  沉积物中的高碳蜡

经长时间高温蒸煮使沉积物于溶剂中分散，并使其重结晶析出，分离得到沉积物中的高碳蜡，如图 4-17、图 4-18 所示。

对分离出的高碳蜡进行 DSC 测试，结果如图 4-19 所示。

图 4-17  沉积物经高温
蒸煮后于溶剂中分散

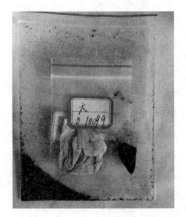

图 4-18  从沉积物中剥离
的沥青质与高碳蜡

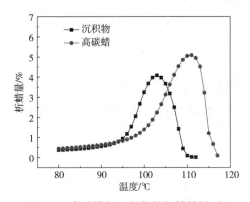

图 4-19  高碳蜡与沉积物的析蜡特性对比

由图 4-19 可知：高碳蜡为沉积物提供了整个结构的骨架，也是沉积物高熔化温度、难溶解的重要因素之一，解决沉积物堵塞的问题实际也就转化为如何解决高碳蜡沉积的问题。

### 4.3.7  沉积机理分析

研究发现，142-6-3 井沉积物是由沥青质与高结晶点蜡共同构成，由于 142-6-3 井原油本身沥青质含量较高，在采用超临界 CO$_2$ 驱油技术后，注入地层的超临界 CO$_2$ 会破坏原油自身较为稳定的胶体结构，使得沥青质失稳，并诱使体系内的高碳蜡组分与沥青质共晶析出，沉积在井筒内并不断富集，形成以高碳蜡为骨架的高熔化温度的难溶物。而解决沉积问题需从蜡结构入手，选择加热熔化高碳蜡骨架或是加化学剂使得其结构被破坏。总之，沉积问题是由沥青质失稳诱使发生的，但解决问题的关键在于清蜡。

# 5 $CO_2$ 驱采出原油流动性变化

原油的热-化学综合改性处理管道输送工艺是解决低输量管道安全经济运行的一项比较成熟的技术。从化学观点看，物质的性质是由组成和结构决定的。原油是一种极其复杂的混合物，它以烃类化合物为主，包含数以万计的烃类及非烃类化合物，因此从原油的化学组成入手研究原油的性质有相当大的困难。尤其针对应用 $CO_2$ 驱技术采出的原油，其油品的化学组成、胶体缔合结构都发生了较为显著的变化，这使得传统流动性改善方法对于原油流动特性的影响发生改变，流动性改善效果更加复杂。

## 5.1 原油流动特性理论基础

原油的流变性取决于原油的组成，即取决于原油中溶解气、液体和固体物质的含量，以及固体物质的分散程度。根据其分散程度，原油属于胶体体系，固体物质(蜡晶、沥青质为核心的胶团)构成这个体系的分散相，而分散介质则是液态烃和溶解于其中的天然气。当原油中固体分散相浓度很大时，原油具有明显的胶体溶液性质，并表现出复杂的非牛顿流体流变性质。原油中的胶体特性，尤其是分散相的含量、颗粒形状与尺寸、絮凝结构性质等，决定着原油流变性。

### 5.1.1 原油的流变类型

含蜡原油的相态和内部物理构成的变化与温度密切相关，在不同的温度下，原油中的蜡所处的形态也不同，因而也就表现出不同的流变行为。研究表明，在工程实用温度范围内，按油温从高到低变化，大体可把含蜡原油的流变曲线分为3种流变类型。

#### 5.1.1.1 牛顿流体类型

含蜡原油的温度在高于反常点的温度范围内，原油中的蜡晶基本全部溶解，虽有少量的蜡晶及沥青质、胶质的胶体粒子，但浓度很低，且处在高度分散状态，呈牛顿流体特性，流变方程服从牛顿内摩擦定律。

#### 5.1.1.2 假塑性流体类型

当温度低于反常点但高于胶凝点时，蜡晶析出量增多，体系的分散颗粒浓度增加，成为细分散悬浮体系，此时液态烃仍为连续相。外力作用影响体系内部颗粒的成长速度、形状、大小排列和取向，使得含蜡原油流变性不再服从牛顿内摩擦定律，而表现出假塑性流体特性，且常伴有触变性。

### 5.1.1.3 屈服–假塑性流体类型

温度低于胶凝点以下时，原油中蜡晶析出量增多，体系中分散颗粒的浓度大大增加。在静态条件下，颗粒之间连成网络，内部物理结构发生了质的变化，原为连续相的液态烃逐渐成为分散相，而析出的蜡晶却连成网络而成为连续相。此时，原油已具有一定的机械强度，欲使原油流动，所施外力必须克服这一强度。研究表明：此时的含蜡原油具有触变性、屈服–假塑流体特性。

## 5.1.2 原油组成对流动特性的影响

### 5.1.2.1 液态烃类

原油中碳原子数低于16的烃类在常温下保持液态，是作为蜡的溶剂和胶质、沥青质的分散介质存在的。这些组分含量和相对比例分布直接影响蜡的溶解度和蜡析出后分散介质本身的黏度，也是原油流动性的重要根据。烃类化合物的液态黏度，随着相对分子质量增加而增加，黏温系数也随着相对分子质量的增加而增加。黏度反映液体内部摩擦力，也包含分子结构的信息。相对分子质量相近的不同烃类，环状烃黏度大于链状烃黏度，环数相同时，其侧链越长黏度越大。总体来说，黏度与分子结构的关系十分复杂，何况原油中各烃类组分又是以混合物存在的，同时还含有非烃化合物，因此，黏度不是简单的加和规律，这给研究原油改性带来了困难。如果撇开上面谈到的蜡和胶质、沥青质的存在与作用，单独讨论液态烃类混合物的降黏问题，恐怕就不是添加什么药剂的问题，而是要深入分子层次上，设法改变分子结构，或者改变各类烃的组成比例了。

### 5.1.2.2 胶质、沥青质

原油中含有的胶质、沥青质对流动性有不容忽视的影响。在石油化学中原油所含的具有较高相对分子质量的非烃化合物称为胶状沥青状物质，一般是带长侧链的稠环化合物并按其在正庚烷或正己烷中的溶解与否分为胶质或沥青质。胶质能溶于正庚烷，是半液态物质或无定形固体，流动性很差平均相对分子质量在600~3000。沥青质不溶于正庚烷或正己烷而溶于苯，是一种暗褐色到黑色的无定形固态物质，加热亦不熔融，平均相对分子质量在3000~10000，极性最强，它在原油或渣油中以凝胶或溶胶状态存在。无论胶质还是沥青质都不是严格按照化学结构特征分类的。胶质或沥青质的定义和含量测定是以一些实验方法为基础的，胶质是指原油或其他油样的正庚烷可溶质中用氧化铝吸附色谱分离而不被苯洗下来的那部分组分。胶质和沥青质的存在使原油黏度大大增加，它们在原油中处于比较稳定的胶体分散状态。在这个分散体系中，以沥青质为核心，以吸附于它的胶质为溶剂化层的胶束构成分散相，以油和部分胶质为分散介质，在原油的广义组成中胶质、沥青质又与饱和烃、芳香烃形成"四组分"。原油中"四组分"质量分数反映原油的化学组成特点，这些组成特点与原油的流动特性相关联，也就是说，在研究原油流动性时，胶质、沥青质与蜡同样都是重要的内在影响因素。

有一些学者注意到原油中蜡和胶质、沥青质并不是孤立存在的。早在20世纪50年代，就有学者指出，胶质、沥青质对石蜡形成结晶起着重要作用。国内刘青林等专门针对原油热处理过程中胶质、沥青质的作用进行了研究。他们采用由大庆和南阳原油经过常减压所得的馏分油，加入渣油经丙烷脱沥青后的沥青油，配制成基础油再加入从原油脱出的不同量胶质、沥青质，得到不同胶蜡比的试验油样。用这种"配制模拟油"方法对原油流动性与热处理过程规律进行了研究，结果表明：胶质、沥青质本身是有显著分散作用的天然蜡晶分散剂适量胶质的存在，以及胶质与蜡中正构烷烃含量之比是热处理改原油流动性的一个条件。他们还给出了胶质与正构烷烃比为0.6~3.0范围的原油热处理效果最好的定量结论。美国石油研究发展中心用高效液相色谱法分析从原油中分离出的蜡"四组分"，发现在化学降凝过程中沥青质与蜡的缔合有重要作用。当原油中的沥青质不再同蜡缔合的温度很可能就是该种原油加入化学降凝剂达到的最低凝点。这说明从石油化学角度，胶质、沥青质对原油流动性有重要影响已是一些学者的共识。

### 5.1.2.3 蜡的组成与存在形式

按照石油化学观点，原油中的蜡是指 $C_{16}$ 以上的烃类混合物，其中 $C_{16} \sim C_{30}$ 被称为石蜡，主要是正构烷烃，也有异构烷烃、环烷烃和微量芳香烃。$C_{30} \sim C_{60}$ 习惯被称为地蜡或微晶蜡，主要是环烷烃和芳香烃，而正构烷烃和异构烷烃较少。在常温下，多蜡原油的蜡和油处于固液平衡状态，可以将其看作二元物系。液相中油为溶剂、蜡为溶质，随着温度升高，当达到某一温度时，原油变为单一液相（不考虑少量存在的烃类不溶物，如胶质、沥青质）。反之，随着温度降低，达到某一温度，溶液呈过饱和状态，即开始有蜡晶析出，这一特定温度被称为析蜡点。在析蜡点以下蜡晶即逐渐析出，使原油变成液-固两相分散体系的状态。当结晶量甚少时，属于一种假均相体系，这时它们对原油的黏度开始有特殊的影响。随着温度降低，蜡晶体逐渐增多，析出蜡的碳原子数由多至少，相应的相对分子质量亦由大变小，开始析出 $C_{30}$ 以上大相对分子质量的蜡，一般是微晶蜡。其中，正构烷烃、异构烷烃仅占6%~15%，而环烷烃则占49%~75%，还有相当多的芳香烃，它们的结晶为细小的针状或粒状。在低熔点烃类液相中的假均匀悬浮体系，当到达 $C_{16} \sim C_{30}$ 的石蜡开始析出的温度后，蜡晶开始大量涌现，其化学组成以正构烷烃为主，其他烃类则含量甚微。石蜡是多种烃类的混合物，其析出的不仅有单一烃类组分的晶体，还有不同烃类的共晶混合体。

许多学者的研究表明，石蜡的主要成分正构烷烃通常是薄片状六方体和斜方晶体。蜡晶经历成核与生长两个交叠阶段，当片状晶体生长到足够数量时，很容易互相叠合在分散体系中形成三维网状结构。从开始形成结构，原油即会发生"黏度反常"，这种结构一旦遍布于整个液相后，就会给体系流动造成很大困难，形同"凝固"。从微晶蜡的分散析出到足够量石蜡晶体析出并逐渐叠合成为三维网状结构的整个过程，决定了原油在一段温度范围内流动性的种种表现，也就是原油的低温流变行为。

## 5.1.3　含蜡原油的历史效应

含蜡原油的流变性不仅取决于原油的组成，而且还与所处的测量温度密切相关。另外，大量研究表明：含蜡原油的非牛顿流变性还依赖于原油所经历的各种历史，如热历史、冷却速度大小、剪切历史、老化等，因为这些外部因素能对含蜡原油的内部结构特别是蜡晶结构产生较大的影响，所以这一特点被称为非牛顿含蜡原油的历史效应。

### 5.1.3.1　热历史的影响

热历史是指原油在某一特定流变性表现之前所经历的各种温度及其变化过程，主要指加热温度的影响。

不同的加热温度对原油的低温流变性往往有不同的影响。对原油中蜡与胶质、沥青质含量比适中(如在 $0.8 \sim 1.5$ )的含蜡原油，都有 1 个使其低温流变性最佳的最优加热温度范围和 1 个使其流变性最差的加热温度范围。

加热温度对含蜡原油低温流变性的影响与原油中蜡的分子组成、含量，液态油对蜡的溶解能力，以及胶质、沥青质的含量、活性大小等有较大的关系。因此，不同产地的原油，由于组成的不同，其对热历史的敏感程度也不同。

### 5.1.3.2　冷却速度的影响

加热温度是原油中石蜡可能重新结晶的先决条件，冷却速度的快慢则可改变原油中石蜡的过饱和度，使晶核的生成速度和蜡晶的生长速度不同，造成蜡颗粒的形态各异，宏观上表现出不同的流变性。

### 5.1.3.3　剪切历史的影响

剪切历史是指含蜡原油在特定流变性表现以前所经受的各种剪切经历，如原油经过离心泵时的高速剪切，流经各种阀门、管件设备等的剪切。剪切对含蜡原油流变性的影响与剪切过程中原油所处的温度状态密切相关，只有在低于析蜡点的温度范围内才能产生剪切历史效应。

总之，热历史、冷却速率、剪切历史等只有对含蜡原油非牛顿流体温度下的流变性有较大影响，并且对经过最优加热温度等条件处理的原油，影响最为明显。含蜡原油在实际生产条件下的历史很复杂，热历史、剪切历史等交织在一起，造成其历史效应的复杂化。

## 5.1.4　原油流动性改善方法

我国盛产易凝、高含蜡原油，为了保证含蜡原油的长距离输送，降低输送能耗并提高输送安全性，常采用物理化学等多种手段辅助进行，其中热处理与添加降凝剂由于其便捷、安全、高效的特点而备受青睐。

### 5.1.4.1　热处理对原油流动性的改善

含蜡原油的热处理是指将含蜡原油加热到不同的温度，而后以一定的降温速率和冷却方式降温，使原油低温流变性改善的方式。

自20世纪60年代以来，人们就开始对含蜡原油的热处理现象进行研究，近年来，国内对含蜡原油热处理应用技术研究有了很大进展。代晓东等对大庆原油的热处理效果及其机理进行了研究，结果表明：热处理在不同的温度区间呈现出不同的性质规律，在不同的热处理温度下，原油热力学的变化主要由蜡晶的溶解分散与沥青质胶粒的结构变化和分散状态决定，在不同温度区间的低温流变性变化趋势表明不同温度区间原油热力学的变化，反映原油热处理对原油体系影响的内部规律。

朱浩然等探究了热处理对原油的流变性及蜡沉积的影响，结果表明：热处理有助于改善原油的低温流变性，且原油的蜡沉积速率大幅降低，提高热处理温度可以分散原油中的沥青质并提高其活性，活化的沥青质能够更好地与蜡发生作用，从而降低原油的析蜡点、改善蜡晶形貌，最终改善原油低温流变性并降低蜡沉积速率。聂岚等研究发现，决定热处理效果的最主要因素是加热温度，在加热温度为50~60℃时，热处理恶化原油流变性；加热温度为70~95℃时，热处理显著改善原油流变性，冷却速率对原油的热处理效果影响较大，最优冷却速率为0.5~1.0℃/min。同时在冷却过程中，较低的剪切速率对原油的低温流变性的改善较为明显，高剪切速率恶化原油低温流变性。

### 5.1.4.2　降凝剂对原油流动性的改善

含蜡原油失去流动性缘于在低温下析出蜡晶，这些蜡晶大多呈片状或针状，相互结合在一起形成三维网状结构，并把低凝点的油分、油泥、胶质和沥青质等吸附在其周围，或包围在网状结构内形成蜡膏状物质，而使原油失去流动性。原油降凝剂的作用在于影响蜡晶网络结构的发育过程，从而使原油凝固点降低。关于降凝剂作用机理，目前主要存在以下几种理论：

（1）成核理论

学者认为，降凝剂分子将先于石蜡分子结晶，起晶核作用。一方面，可以增加原油中晶核的数量，减小蜡晶体积；另一方面，降凝剂分子形成的晶核不同于石蜡分子形成的晶核，可能会导致形成不同结构的蜡晶。上述两种作用均有利于凝点的降低。

（2）吸附理论

降凝剂分子在略低于油品浊点温度下结晶析出，由于极性基团的作用，改变了蜡晶的表面特性、阻碍了晶体的长大或改变了晶体的生长习性，使蜡晶的分散度增加，不易聚结成网，起到降凝的作用。

（3）共晶理论

共晶理论认为不加降凝剂时蜡中晶体呈二维生长，蜡晶长成菱形片状，至200μm左右时，联结成网，破坏了油品的流动性。而加入添加剂后，降凝剂分子在油品的浊点温度下析出，因其与蜡分子碳链有足够的相似性，可进入蜡晶取代晶格中的蜡分子(正烷基链分子)，从而发生共晶。但又因为降凝剂分子与蜡晶分子的极性部分的不同，使蜡晶逐渐向着分枝形树枝状结晶方向发展。晶形由不规则的块状向四棱锥、四棱柱形转变。蜡的这种结晶形态，使比表面积相对减小，表面能下降，而难于聚集形成三维网状结构。

（4）改善蜡的溶解度理论

改善蜡的溶解度理论认为，降凝剂如同表面活性剂，加剂后，增加了蜡在油品中的溶解度，使析蜡量减少，同时增加了蜡的分散度，且由于蜡分散后的表面电荷的影响，蜡晶之间相互排斥，不容易聚结形成三维网状结构，而降低凝固点。结晶学也认为，如果添加剂改善了溶质的溶解性，会使溶液的过饱和度下降，从而降低表观成长速率，阻止晶体生长。

随着技术的发展，近年来国内外学者对降凝剂改善含蜡原油的作用规律与机理又有了更深入的认识。李传宪团队通过 Couette 蜡沉积实验装置，研究了 EVA 对原油蜡沉积特性的影响，结果表明：EVA 能够显著改善原油的低温蜡晶形貌，从而改善原油的流动特性及低温胶凝结构特性，在恒定油壁温差或恒定壁温条件下，EVA 对蜡沉积物老化速率的提升幅度随着油温升高而增大。

Bruna 等利用人工配置的合成蜡油，研究了原油中不同类型化合物存在对 EVA 降凝剂的作用效果的影响，结果表明：向合成蜡油中添加沥青质能够降低凝点，蜡的溶解度会改变体系析蜡点，但对凝点没有影响，添加剂的溶解度不改变析蜡点，但会明显改变体系凝点。Yu 等探究了球形纳米颗粒掺杂 EVA 降凝剂对大庆原油的降凝效果，结果表明：相对于纯 EVA 降凝剂，纳米颗粒的加入使得大庆原油在低温下具有更紧密的蜡晶形貌，由于纳米颗粒促进了异相成核作用，因而进一步削弱了原油的低温胶凝结构。

## 5.2 溶 $CO_2$ 对原油流动特性的影响

### 5.2.1 原油溶气特性

#### 5.2.1.1 $CO_2/CH_4$ 溶解度的变化

集输温度（30℃）下，$CO_2$、$CH_4$ 在原油中的溶解度随压力变化规律如图 5-1 所示。可见，$CO_2$ 在原油中的溶解度显著大于 $CH_4$，且随着溶气压力升高，二者间的差距也逐渐增大；$CH_4$ 在原油中的溶解度随压力变化近乎是线性的，对其进行线性拟合，得到 30℃ 下 $CH_4$ 在原油中溶解度随压力变化关系如式（5-1）所示，公式相关系数达到 0.9992，与实验数据拟合良好。

$$R_{s(CH_4)} = -0.0515 + 4.097 p_{CH_4} \qquad (5-1)$$

式中　$R_{s(CH_4)}$——$CH_4$ 在原油中的溶解度，$m^3/m^3$；

　　　　$p_{CH_4}$——$CH_4$ 的溶气压力，MPa。

该方程适用于分析集输工况下，溶 $CH_4$ 原油溶解度随压力的变化。

由图 5-1 还发现，$CO_2$ 在原油中的溶解度随压力变化并不是线性的，而是随着压力升高，$CO_2$ 溶解度逐渐偏离线性关系。当溶气压力较低时，$CO_2$ 分子以填充烃类分子间的间隙为主，其溶解度的大小主要取决于溶气压力，所以没有明显偏离压力与溶解度间的线性关系。但由于 $CO_2$ 在原油中的溶解度远高于 $CH_4$，随着溶于原油中 $CO_2$ 分子数目的进一步增多，烃类分子间的间隙已无法容纳更多的 $CO_2$ 分子，多余 $CO_2$ 分子会迫使烃类分子间彼此远离、间隙增大（溶胀作用），

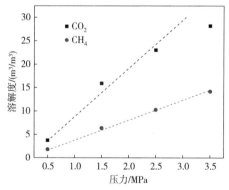

图 5-1　$CO_2/CH_4$ 在原油中溶解度随压力的变化（30℃）

从而进一步提高 $CO_2$ 的溶解能力。此时溶气压力的提高，主要提高 $CO_2$ 溶胀原油的能力，而溶入原油中的 $CO_2$ 分子的增速将会变慢，这使得 $CO_2$ 在原油中的溶解度随压力的变化偏离线性规律并向下偏移。

集输压力（1.5MPa）下，$CO_2$、$CH_4$ 在原油中的溶解度随温度变化规律如图 5-2 所示。可见，随着温度升高，$CO_2$ 与 $CH_4$ 的溶解能力都在变差，且随着温

度增大, 二者的溶解度差距在逐渐缩小; $CH_4$ 在原油中的溶解度随温度变化同样是线性的, 对其进行线性拟合, 得到 1.5MPa 下 $CH_4$ 在原油中的溶解度变化关系如式(5-2)所示, 公式相关系数达到 0.9962, 与实验数据拟合良好。

$$R_{s(CH_4)} = 7.46219 - 0.03934 T_{CH_4} \tag{5-2}$$

式中   $T_{CH_4}$——$CH_4$ 的溶气温度, ℃。

该方程适用于分析集输工况下, $CH_4$ 在原油中的溶解度随温度的变化。

由图 5-2 还发现, $CO_2$ 在原油中的溶解度随温度变化也不是线性的, 而是随着温度升高, $CO_2$ 溶解度逐渐偏离线性关系。当温度较低时, 原油中烃类分子间的间距较小, $CO_2$ 分子需在溶气压力的作用下先溶胀原油, 迫使烃类分子间彼此远离, 才能溶于原油体系。而当温度升高后, 原油中烃类分子的热运动加剧, 分子间作用力减弱, 使得 $CO_2$ 分子可以较为轻松地溶胀原油, 有更大的烃类分子间隙供 $CO_2$ 分子填充, 这平衡了温度升高带来的 $CO_2$ 溢出体系的趋势, 使得 $CO_2$ 在原油中的溶解度随温度的变化偏离线性规律并向上偏移。

在集输工况下(30℃、1.5MPa), 按不同摩尔配比将 $CO_2$ 与 $CH_4$ 混合, 其在原油中的溶解度随配比关系的变化如图 5-3 所示。可见, 混合气体在原油中的溶解度随 $CH_4$ 在混合气体中所占的摩尔含量的增高而逐步减小; 且由于 $CO_2$ 分子对原油体系的溶胀作用会增大原油中烃类分子间的间隙, 一定程度上有助于 $CH_4$ 分子在原油体系内的扩散, 使得 $CO_2$ 与 $CH_4$ 混合溶气时的溶解度, 略高于按各自所占物质的量比的溶解度加权值。

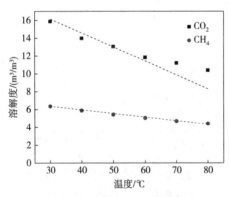

图 5-2  $CO_2/CH_4$ 在原油中溶解度
随温度的变化(1.5MPa)

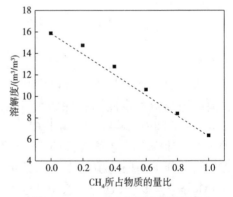

图 5-3  $CO_2/CH_4$ 在原油中溶解度
随 $CO_2$ 与 $CH_4$ 摩尔配比的变化

### 5.2.1.2 溶 $CO_2/CH_4$ 原油体积膨胀系数的变化

为了明确 $CO_2$ 和 $CH_4$ 各自对原油的溶胀效果, 测得 30℃下, $CO_2/CH_4$ 溶于原油后的体积膨胀系数随压力变化规律, 具体见图 5-4。

由图 5-4 可知：由于相同条件下 $CO_2$ 溶解度远大于 $CH_4$，需要烃类分子间具有更大的分子间隙来分散溶于原油体系中的 $CO_2$ 分子，所以 $CO_2$ 溶于原油后的体积膨胀系数远大于 $CH_4$ 溶于原油后的体积膨胀系数；且溶气压力越高，溶于原油体系中的分子数量越多，所需的烃类分子间隙越大，溶气原油体系的体积膨胀系数也越大。

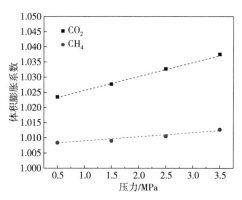

图 5-4　溶 $CO_2/CH_4$ 原油体积膨胀系数随压力的变化（30℃）

集输压力（1.5MPa）下，$CO_2$、$CH_4$ 溶于原油后的体积膨胀系数随温度变化如图 5-5 所示。可见，当温度升高时，原油中烃类分子的热运动加剧，分子间作用力减弱，进而有更大的烃类分子间隙供气体分子填充。因此，气体分子可以较为轻松地溶胀原油，溶气原油的体积膨胀系数随着温度升高而增大；且由于相同条件下，溶于原油中的 $CO_2$ 分子远多于 $CH_4$ 分子，温度升高令 $CO_2$ 分子可以更轻易地迫使烃类分子间彼此远离，使得温度对溶 $CO_2$ 原油体积膨胀系数的影响效果更为显著。

在集输工况下（30℃、1.5MPa），按不同摩尔配比将 $CO_2$ 与 $CH_4$ 混合，其溶于原油后的体积膨胀系数随配比关系的变化如图 5-6 所示。

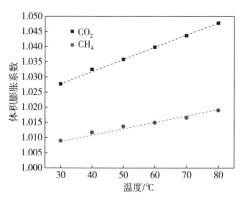

图 5-5　溶 $CO_2/CH_4$ 原油体积膨胀系数随温度的变化（1.5MPa）

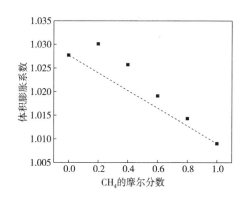

图 5-6　溶 $CO_2/CH_4$ 原油体积膨胀系数随 $CH_4$ 的摩尔分数的变化

由图 5-6 可知：混溶 $CO_2/CH_4$ 原油的体积膨胀系数整体偏离线性规律并向上偏移，在 $CH_4$ 摩尔分数为 0.2 时，体积膨胀系数为 1.030，甚至高于纯溶 $CO_2$ 时的 1.028，说明 CH$_4$ 的存在有助于促进 CO$_2$ 对原油的进一步溶胀；随着 CH$_4$ 摩尔分数的增大，CO$_2$ 含量逐渐降低，原油溶胀效果变差，混溶 CO$_2$/CH$_4$ 原油的体积膨胀系数偏离线性规律的程度逐渐缩小。

### 5.2.2 溶气原油的流变特性

#### 5.2.2.1 溶 CO$_2$/CH$_4$ 原油黏温特性的变化

通过 DHR-1 控应力流变仪高压模块，测得不同溶气压力下溶 CO$_2$ 原油与溶 CH$_4$ 原油的黏温特性曲线如图 5-7、图 5-8 所示(图中标示为 15℃ 时，50s$^{-1}$ 下的表观黏度，以方便对比)。

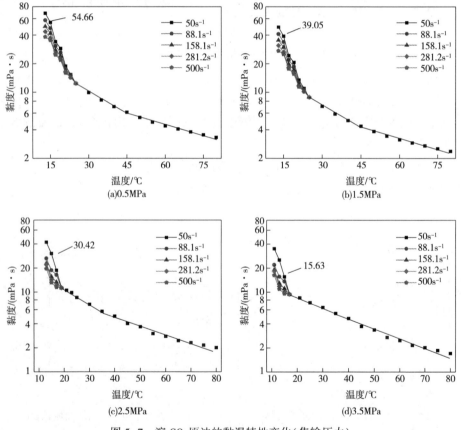

图 5-7 溶 CO$_2$ 原油的黏温特性变化(集输压力)

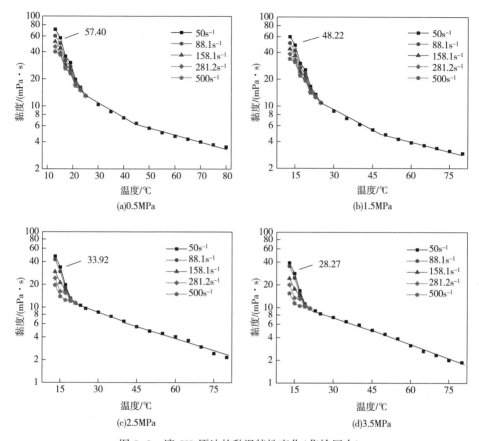

图 5-8　溶 $CH_4$ 原油的黏温特性变化(集输压力)

由图 5-7、图 5-8 可知：在一定溶气压力下，$CO_2$ 分子与 $CH_4$ 分子进入原油胶体体系，填充烃类分子间的间隙，迫使烃类分子彼此远离，削弱了油品内烃类分子间的内摩擦阻力，大幅降低了原油黏度；当溶气压力升高时，更多的气体分子溶于原油体系，使得烃类分子被迫进一步远离，油品得到进一步溶胀，溶气原油黏度进一步下降。例如，15℃、$50s^{-1}$ 时，0.5MPa 下溶 $CO_2$ 原油表观黏度为 54.66mPa·s，而当溶气压力升至 3.5MPa 时，其表观黏度仅为 15.63mPa·s。

由于相同条件下，分散于原油烃类间隙中的 $CO_2$ 分子远多于 $CH_4$，对烃类分子间的内摩擦阻力削弱更为明显，使得相同压力下溶 $CO_2$ 原油的黏度小于溶 $CH_4$ 原油的黏度。例如，15℃、$50s^{-1}$ 时，3.5MPa 下溶 $CO_2$ 原油表观黏度为 15.63mPa·s，而相同条件下溶 $CH_4$ 原油，其表观黏度则为 28.27mPa·s。

在集输压力(1.5MPa)下，按不同摩尔配比将 $CO_2$ 与 $CH_4$ 混合，测得混合溶气状态下，原油的黏温特性随配比关系的变化如图 5-9 所示。

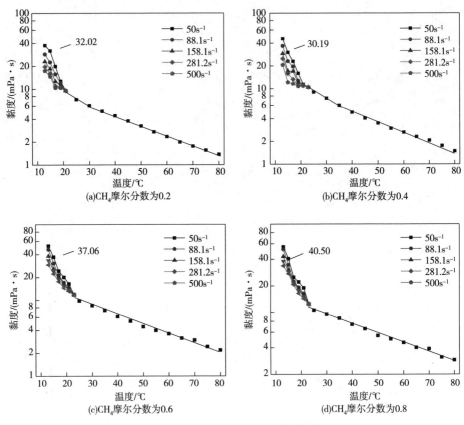

图 5-9　混溶 $CO_2/CH_4$ 原油的黏温特性变化(1.5MPa)

由图 5-9 可知：在原油中溶有少量 $CH_4$ 分子后，能够极明显地削弱油品中烃类分子间的相互作用，有利于 $CO_2$ 分子进一步增大烃类分子间隙，削弱原油体系的平均分子内摩擦阻力，进一步降低溶气原油黏度，令溶有 $CO_2$ 与少量 $CH_4$ 的溶气原油黏度小于纯溶 $CO_2$ 原油黏度。例如，15℃、$50s^{-1}$ 时，1.5MPa 下混溶 $CH_4$ 摩尔分数为 0.2 的混合气体的原油表观黏度为 32.02mPa·s，而相同条件下溶 $CO_2$ 原油，其表观黏度则为 39.05mPa·s。这一规律与混合溶气时原油的体积膨胀系数变化规律相一致，而不同于混合溶气时气体溶解度的变化规律，说明原油在混溶 $CO_2$ 与 $CH_4$ 时，溶胀效应的降黏效果比稀释效应的降黏效果更显著。

### 5.2.2.2　溶 $CO_2/CH_4$ 原油胶凝特性的变化

（1）凝点

通过自研的溶气原油凝点测定装置，测得集输压力下溶 $CO_2$ 原油和溶 $CH_4$ 原油凝点随压力的变化，如表 5-1、表 5-2 所示。

表 5-1　溶气原油凝点变化(集输压力)

| 压力/MPa | 溶 CO$_2$原油凝点/℃ | 溶 CH$_4$原油凝点/℃ |
|---|---|---|
| 0.5 | 17.0 | 17.0 |
| 1.5 | 15.0 | 16.0 |
| 2.5 | 11.0 | 15.0 |
| 3.5 | 9.0 | 14.0 |

表 5-2　混溶 CO$_2$/CH$_4$ 原油的凝点变化(1.5MPa)

| CH$_4$摩尔分数 | 0.2 | 0.4 | 0.6 | 0.8 |
|---|---|---|---|---|
| 原油凝点/℃ | 13.0 | 15.0 | 16.0 | 16.0 |

　　由表 5-1、表 5-2 可知：随着压力升高，更多的气体分子溶解于原油体系中，抑制了原油中烃类分子间的相互作用，使其难以相互搭接形成蜡晶三维网状结构，从而降低了溶气原油的凝点。例如，0.5MPa 下溶 CO$_2$原油的凝点为 17℃，而当溶气压力升至 3.5MPa 时，凝点则大幅降至 9℃。

　　在相同压力下，CO$_2$分子比 CH$_4$分子更易分散于原油烃类分子之间，迫使烃类分子彼此进一步远离，进而使得原油体系难以形成稳定的蜡晶结构，原油溶气凝点进一步降低。例如，3.5MPa 下溶 CO$_2$原油的凝点为 9℃，而溶 CH$_4$的油样凝点则为 14℃。

　　当混溶 CO$_2$/CH$_4$时，少量 CH$_4$的存在有助于 CO$_2$对原油的进一步溶胀，使得原油凝点进一步降低。例如，1.5MPa 下，CH$_4$摩尔分数为 0.2 时，原油凝点为 13℃，而纯溶 CO$_2$时的原油凝点则为 15℃。

　　(2) 屈服值

　　通过 DHR-1 控应力流变仪高压模块，测得不同溶气压力下溶 CO$_2$原油与溶 CH$_4$原油的屈服值变化如图 5-10、图 5-11 所示。

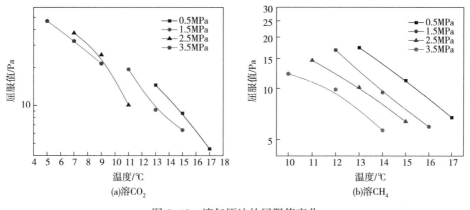

图 5-10　溶气原油的屈服值变化

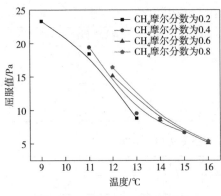

图 5-11　混溶 $CO_2/CH_4$ 原油的
屈服值变化（1.5MPa）

由图 5-10、图 5-11 可知：随着温度降低，烃类分子热运动速度变慢，分子间相互作用增强，更多的蜡晶体从原油体系中析出，形成三维空间结构，增强了原油的非牛顿流体特性，使得溶气原油屈服值增大；随着溶气压力升高，更多的气体分子分散于原油烃类分子间隙，不仅抑制了蜡晶三维网状结构的形成，还会削弱形成的蜡晶结构强度，使得溶气原油屈服值降低。

在相同压力和测量温度下，溶 $CO_2$ 原油的屈服值低于溶 $CH_4$ 原油的屈服值，证明 $CO_2$ 对原油具有更显著的溶胀作用；混溶 $CO_2/CH_4$ 时，$CH_4$ 摩尔分数越小，$CO_2$ 含量越高，原油溶胀效果越显著；且少量混溶 $CH_4$ 有利于 $CO_2$ 进一步溶胀原油，降低原油屈服值。例如，1.5MPa 下 $CH_4$ 摩尔分数为 0.2 时，13℃下的屈服值为 8.82Pa，而纯溶 $CO_2$ 时，13℃下的屈服值为 9.2Pa。

## 5.2.3　$CO_2/CH_4$ 与油样的作用机理分析

### 5.2.3.1　$CO_2/CH_4$ 与油样的表面张力变化

物质的相界面不是一个单纯的几何面，而是约几个分子厚度的、由一相到另一相的过渡层，处在该过渡层中的分子受到两相中不同分子的作用力大小存在差异，使得其有向体相内部迁移的趋势，使得相界面有一种收缩的趋势；当想要扩大相界面时，必然要抵抗这种收缩力，当两相中有一相为气相时，这种力便称为表面张力。表面张力的大小，实际反映了界面过渡层中的分子，受到的两相中分子作用力差异的大小。

测得 $CO_2/CH_4$ 与油样的表面张力变化如图 5-12 所示。可见，$CO_2$/油样的表面张力低于 $CH_4$/油样的表面张力，说明 $CO_2$ 分子与原油的相互作用更强。依照物理化学的"相似相溶原理"，$CO_2$ 更易溶于

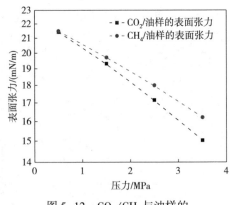

图 5-12　$CO_2/CH_4$ 与油样的
表面张力变化

原油，令 $CO_2$ 在原油中的溶解度大于 $CH_4$。随着溶气压力上升，更多的 $CO_2/CH_4$ 溶于油样，降低了相界面处油气两相的差异，使得油气间的表面张力降低。

### 5.2.3.2 溶 $CO_2/CH_4$ 原油的分子动力学模拟

分子动力学模拟是一种研究带压体系下油品内部各组分间相互作用的有效工具。为了分析集输压力(1.5MPa)下，溶 $CO_2$、$CH_4$ 的原油体系内分子间相互作用的变化，利用 Materials Studio 软件对其进行了分子动力学模拟研究。

为方便计算，将原油简化为一种烃类组分与沥青质分子构成的体系，并以正十二烷作为原油的烃类组分。尽管沥青质的分子结构尚未清晰，但有文献指出，简化构建的沥青质分子模型，在一定程度上可以反映出沥青质分子的特性。因此，本文采用"大陆型"沥青质分子结构(具体结构可参考文献[128])，结构示意如图5-13所示。

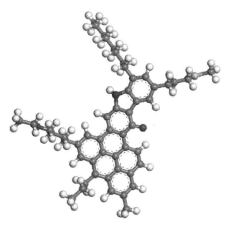

图5-13 "大陆型"沥青质分子结构

首先利用 Materials Studio 的 Amorphous Cell 模块构造集输压力下的溶气原油体系。该体系中含有 4 个沥青质分子和 50 个正十二烷分子，并分别将 10 个 $CO_2$ 分子或 10 个 $CH_4$ 分子加入体系中。将上述分子随机填充到边长为 30Å 的正方体中，在 COMPASS II 力场中进行结构优化计算并保证优化结果收敛。然后，在 Focite 模块中使用 NPT 系综，Nose 方法控制温度，Berendsen 方法控制压力，获得体系在 30℃(303K)、1.5MPa 下动态模拟 5ns 后的平衡轨迹如图5-14所示。通过对体系在达到平衡后的能量分析，即可得知各组分或多个组分的能量构成，如表5-3所示。

表5-3所示为原油体系中各组分总能量、能量组成以及相互作用能。根据采用的 COMPASS II 力场，各体系的总能量等于其键能和非键能之和，其中键能为分子内部能量，不在本章讨论范围。非键能由长程能、范德华能以及静电能组成。各组分间的相互作用能由式(5-3)计算得出：

$$E_{InterAB} = E_{totalAB} - (E_{totalA} + E_{totalB}) \tag{5-3}$$

式中　$E_{InterAB}$——AB 两组分之间的相互作用能，kcal/mol；

$E_{totalAB}$——两组分存在时的总能量，kcal/mol；

$E_{totalA}$ 和 $E_{totalB}$——组分 A、B 单独存在时体系的总能量，kcal/mol。

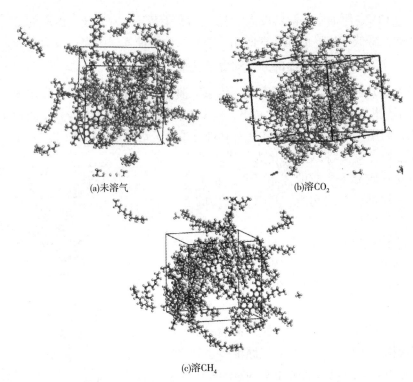

图 5-14　集输条件(30℃、1.5MPa)下原油体系平衡

**表 5-3　原油体系中各组分之间能量统计(30℃、1.5MPa)**

| 模拟条件 | 组分 | 能量(kcal/mol) | | | | | |
|---|---|---|---|---|---|---|---|
| | | 总能量 | 非键能 | 长程能 | 范德华能 | 静电能 | 相互作用能 |
| 原油体系 | C₁₂H₂₆ | −409.05 | −340.73 | −12.62 | −416.61 | 88.5 | — |
| | 沥青质 | 2655.33 | −7.7 | −1.3 | 89.96 | −96.35 | — |
| | C₁₂H₂₆-沥青质 | 1904.08 | −690.63 | −22.03 | −660.77 | −7.83 | −342.2 |
| 溶 CO₂原油体系 | C₁₂H₂₆ | −408.57 | −327.29 | −12.19 | −405.53 | 90.43 | — |
| | 沥青质 | 2649.07 | −13.88 | −1.26 | 86.08 | −98.7 | — |
| | CO₂ | 25.58 | −0.49 | −0.01 | −0.31 | −0.17 | — |
| | C₁₂H₂₆-沥青质 | 1941.41 | −640.26 | −21.28 | −610.55 | −8.43 | −299.1 |
| | C₁₂H₂₆-CO₂ | −421.61 | −366.4 | −12.85 | −443.23 | 89.68 | −38.62 |
| | 沥青质-CO₂ | 2658.69 | −30.33 | 75.49 | −1.47 | −104.34 | −15.96 |
| 溶 CH₄原油体系 | C₁₂H₂₆ | −370.13 | −295.12 | −12.19 | −370.09 | 87.16 | — |
| | 沥青质 | 2633.58 | −21.4 | −1.26 | 80.17 | −100.32 | — |
| | CH₄ | 32.2 | −0.53 | −0.01 | −0.52 | −0.01 | — |
| | C₁₂H₂₆-沥青质 | 1938.29 | −641.67 | −21.27 | −607.28 | −13.11 | −325.15 |
| | C₁₂H₂₆-CH₄ | −371.33 | −329.04 | −12.79 | −403.31 | 87.06 | −33.39 |
| | 沥青质-CH₄ | 2660.41 | −27.3 | −1.45 | 74.45 | −100.29 | −5.37 |

由表 5-3 可知：集输压力下 $CO_2$ 分子与原油体系中烃类分子的相互作用相对较强（-38.62kcal/mol），而与沥青质的相互作用较弱（-15.96kcal/mol），$CO_2$ 分子主要分布于烃类分子间隙中；$CH_4$ 分子与 $CO_2$ 分子相类似，同烃类分子的相互作用相对较强（-33.39kcal/mol），而与沥青质的相互作用较弱（-5.37kcal/mol），同样分布于烃类分子间隙。$CO_2$ 分子与原油体系中沥青质、烃类分子的作用都要强于 $CH_4$ 分子，因此集输条件下原油中 $CO_2$ 的溶解性能将优于 $CH_4$。

当原油体系内引入 $CO_2$ 分子时，烃类分子自身的作用变化并不明显，烃类分子间总作用能仅由 409.05kcal/mol 降至 408.57kcal/mol，较强的烃类分子间相互作用，不利于 $CO_2$ 对原油体系的溶胀；当原油体系内引入 $CH_4$ 分子时，烃类分子间总作用能由 409.05kcal/mol 降至 370.13kcal/mol，明显削弱了烃类分子间相互作用，有利于 $CO_2$ 对原油体系的溶胀。因此，当原油混合溶 $CO_2$ 与 $CH_4$ 时，少量 $CH_4$ 的存在可以削弱原油体系中烃类分子间作用，有助于 $CO_2$ 进一步迫使烃类分子彼此远离，从而溶胀原油。

## 5.3 脱 $CO_2$ 气原油流动特性的变化

### 5.3.1 脱 $CO_2$ 气原油对热处理的感受性

#### 5.3.1.1 热处理对脱气原油流变性的影响

（1）原油凝点变化

测得不同热处理温度下，超临界 $CO_2$ 处理前后原油的凝点，如表 5-4 所示。

表 5-4 热处理对超临界 $CO_2$ 处理前后原油凝点的影响 ℃

| | 超临界 $CO_2$ 处理前油样 | 超临界 $CO_2$ 处理后油样 |
|---|---|---|
| 50℃热处理 | 23.0 | 25.0 |
| 80℃热处理 | 18.0 | 23.0 |

由表 5-4 可知：高温热处理可以显著降低超临界 $CO_2$ 处理前脱气原油的凝点；但超临界 $CO_2$ 处理后脱气原油对热处理效应的感受性则明显变差，凝点由 25℃下降至 23℃。

（2）原油黏度变化

超临界 $CO_2$ 处理前后脱气原油在不同热处理条件下的黏温曲线如图 5-15 所示。可见，高温热处理能够显著降低脱气原油的反常点。超临界 $CO_2$ 处理前，80℃的热处理令反常点由 30℃降至 28℃；超临界 $CO_2$ 处理后，80℃的热处理令反常点由 33℃降至 32℃。同时，热处理明显降低了非牛顿流体温度范围内脱气原油的表观黏度。例如，超临界 $CO_2$ 处理前，热处理使得原油 26℃时的表观黏度由 27.63mPa·s 降至 15.9mPa·s；而超临界 $CO_2$ 处理后，热处理使得原油 26℃时的表观黏度由 36.34mPa·s 降至 26.14mPa·s。超临界 $CO_2$ 处理后脱气原油的反常点、表观黏度均高于处理前，表明超临界 $CO_2$ 处理恶化了脱气原油的低温流动性。

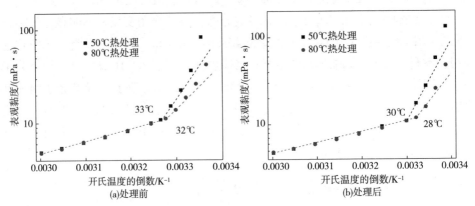

图 5-15　热处理对超临界 $CO_2$ 处理前后原油表观黏度的影响

液体中流动单元向周围移动时，需克服由其周围的分子间相互作用造成的位垒，移动单元必须具有一定的热动能。在牛顿流体范围，温度升高，引起原油烃类分子动能增加，分子间距变大，内摩擦阻力减小，其规律符合阿伦尼乌斯方程：

$$\mu = Ae^{E_a/RT} \tag{5-4}$$

对式(5-4)两边求对数，则得到：

$$\lg\mu = \lg A + \frac{E_a \lg e}{R} \cdot \frac{1}{T} \tag{5-5}$$

式中　$\mu$——牛顿流体表观黏度，Pa·s；

　　　$E_a$——流体黏性流动的活化能，J/mol；

　　　$A$——指前因子，很大程度上取定于流动活化熵的常数，mPa·s；

　　　$R$——理想气体常数，取 8.314J/(mol·K)；

　　　$T$——开氏温度，K。

将图 5-14 中的数据，代入式(5-5)，可以求得原油牛顿流体温度范围内的黏性流动活化能与指前因子，得到实验条件下超临界 $CO_2$ 处理前后原油牛顿流体温度范围内的阿伦尼乌斯方程分别为(相关系数皆在 0.997 以上)：

$$\mu = 9.697 \times 10^{-7} e^{2.348 \times 10^4/RT} \tag{5-6}$$

$$\mu = 7.921 \times 10^{-7} e^{2.411 \times 10^4/RT} \tag{5-7}$$

超临界 $CO_2$ 处理使得原油的黏性流动活化能由 $2.348 \times 10^4$ J/mol 增至 $2.411 \times 10^4$ J/mol，这主要是原油体系内沥青质分散稳定性变差所导致的。

（3）原油黏弹性变化

通过小振幅震荡剪切，对不同热处理温度下，超临界 $CO_2$ 处理前、后原油的黏弹性进行测试，结果如图 5-16 所示(图中标示为 20℃时，各体系的储能模量，以方便对比)。

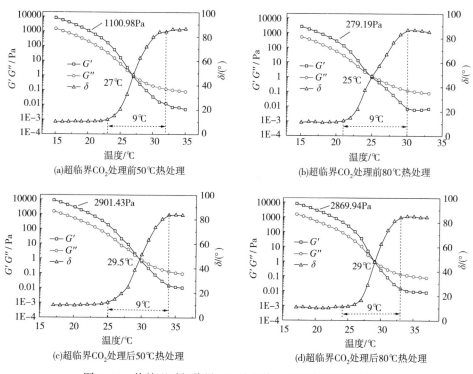

图 5-16　热处理对超临界 $CO_2$ 处理前、后原油黏弹性的影响

由图 5-16 可知：在原油中蜡晶大量析出前，原油体系的受力与流动符合牛顿内摩擦定律，可以将其视为纯黏性流体，损耗模量远大于储能模量且较为稳定，损耗角维持在 90°附近。当蜡晶从原油中析出、生长并搭接成三维网络结构时，原油体系的储能模量迅速增大，损耗角快速降至 10°附近，体现出弹性为主的流变特性。

对于超临界 $CO_2$ 处理前的脱气原油，胶凝点由高温热处理前的 27℃降至 25℃，并在约 9℃的温降内，原油由纯黏性流体转化为较为稳定的黏弹性结构，且热处理使得胶凝原油的储能模量大幅降低。例如，20℃时，80℃的热处理令油样的储能模量由 1100.98Pa 降至 279.19Pa。

对于超临界 CO$_2$ 处理后的脱气原油体系，胶凝点由高温热处理前的 29.5℃ 微降至 29℃，并同样在约 9℃ 的温降内，原油由纯黏流体转化为较为稳定的黏弹性结构。然而，热处理对胶凝原油弹性的削弱不明显，使得超临界 CO$_2$ 处理后脱气原油的储能模量受热处理的影响较小。例如，20℃时，80℃的热处理令油样的储能模量由 2901.43Pa 微降至 2869.94Pa。

### 5.3.1.2 热处理对析蜡特性及蜡晶形貌的影响

（1）原油析蜡特性变化

测得不同热处理温度下，超临界 CO$_2$ 处理前、后原油的 DSC 热流曲线，如图 5-17 所示。通过对热流曲线的积分算得原油的析蜡曲线，结果如图 5-18 所示。

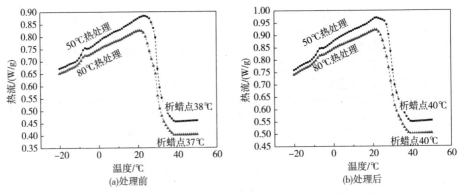

图 5-17　热处理对超临界 CO$_2$ 处理前、后油样 DSC 曲线的影响

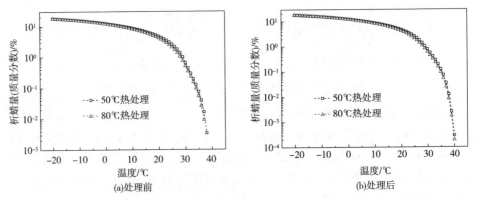

图 5-18　热处理对超临界 CO$_2$ 处理前、后油样析蜡特性曲线的影响

由图5-17、图5-18可知：对于超临界$CO_2$处理前的脱气原油，高温热处理会在一定程度上抑制脱气原油的初始析蜡过程，从而将脱气原油析蜡点由38℃降至37℃；当温度降至15℃以下，不同热处理温度下的脱气原油析蜡量无明显差异。对于超临界$CO_2$处理后的脱气原油，高温热处理不再改变原油的析蜡点，析蜡点保持在40℃。

（2）蜡晶形貌

不同热处理温度下，超临界$CO_2$处理前、后原油的蜡晶形貌照片，如图5-19所示。可见，超临界$CO_2$处理前，热处理使得蜡晶聚集体尺寸更大，蜡晶形貌呈片状；超临界$CO_2$处理后，热处理对蜡晶形貌的改善效果变差，蜡晶聚集体以数量较多的针状小颗粒为主。

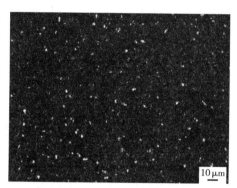
(a)50℃热处理，超临界$CO_2$处理前的油样

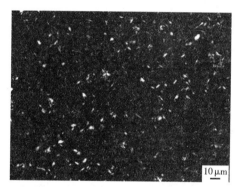
(b)80℃热处理，超临界$CO_2$处理前的油样

(c)50℃热处理，超临界$CO_2$处理后的油样

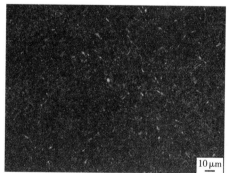
(d)80℃热处理，超临界$CO_2$处理后的油样

图5-19　热处理对超临界$CO_2$处理前、后油样析出蜡晶形貌的影响(15℃下)

将图5-19中的蜡晶照片二值化后，利用MATLAB软件对其进行分析，得到蜡晶形貌的相关数据，如表5-5所示。可知：超临界$CO_2$处理前，高温热处理有利于改善蜡晶形貌，提高平均蜡晶面积、降低蜡晶数量与分形维数、削弱蜡晶聚

集体对原油空间的填充能力，进而改善原油低温流动性；超临界 $CO_2$ 处理后，高温热处理同样能起到改善蜡晶形貌的作用，但蜡晶数量与分形维数的降幅明显小于超临界 $CO_2$ 处理前，使得热处理对原油低温流动性的改善作用也弱于超临界 $CO_2$ 处理前。

表 5-5　不同热处理温度下，超临界 $CO_2$ 处理前、后油样蜡晶形貌的分析数据

| | 蜡晶数量 | 平均面积/$\mu m^2$ | 分形维数 |
| --- | --- | --- | --- |
| 50℃热处理，超临界 $CO_2$ 处理前的油样 | 1070 | 9.13 | 1.217 |
| 80℃热处理，超临界 $CO_2$ 处理前的油样 | 920 | 10.52 | 1.197 |
| 50℃热处理，超临界 $CO_2$ 处理后的油样 | 1402 | 7.03 | 1.256 |
| 80℃热处理，超临界 $CO_2$ 处理后的油样 | 1346 | 7.26 | 1.249 |

### 5.3.1.3　热处理对沥青质性质的影响

不同热处理温度下，超临界 $CO_2$ 处理前、后原油体系电导率随正庚烷稀释程度的变化结果如图 5-20 所示。可知：超临界 $CO_2$ 处理前高温热处理提高了沥青质的分散稳定性，显著增大了原油体系的电导率值；超临界 $CO_2$ 处理后高温热处理仍能够提高原油体系的电导率值，但由于超临界 $CO_2$ 处理剥离了沥青质的溶剂化结构，抑制了热处理对沥青质的分散、胶溶效果，使得沥青质难以稳定分散于原油体系中，导致电导率的增幅明显减小。

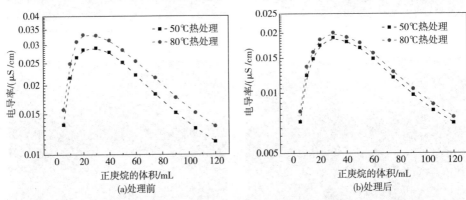

图 5-20　热处理对超临界 $CO_2$ 处理前、后沥青质分散稳定性的影响

根据图 5-20 中数据，求得不同热处理温度下原油沥青质的 $f_{(q)} \cdot D_{asphaltene}$ 值，结果如表 5-6、表 5-7 所示。由表中数据可知：超临界 $CO_2$ 处理前的高温热处理能够提高沥青质的分散性与溶剂化程度，进而提高沥青质在原油体系中的扩散能力，令 $D_{asphaltene}$ 相对增大。超临界 $CO_2$ 处理使得沥青质部分失去溶剂化保护，不利于高温热处理对沥青质的分散、胶溶效果，使得热处理导致的 $D_{asphaltene}$ 增幅相对变小。

表 5-6　超临界 $CO_2$ 处理前沥青质的 $f(q) \cdot D_{asphaltene}$ 值

| 正庚烷的体积/mL | 50℃热处理下原油的 $f_{(q)} \cdot D_{asphaltene}/(10^{-32}C^2 \cdot m^4/s)$ | 80℃热处理下原油的 $f_{(q)} \cdot D_{asphaltene}/(10^{-32}C^2 \cdot m^4/s)$ |
|---|---|---|
| 10 | 38.25 | 44.09 |
| 20 | 63.41 | 73.6 |
| 30 | 77.5 | 87.88 |
| 40 | 86.75 | 97.63 |
| 50 | 89.6 | 101.33 |
| 60 | 88.84 | 102.04 |
| 90 | 81.17 | 94.52 |
| 120 | 76.14 | 88.82 |

表 5-7　超临界 $CO_2$ 处理后沥青质的 $f(q) \cdot D_{asphaltene}$ 值

| 正庚烷的体积/mL | 50℃热处理下原油的 $f_{(q)} \cdot D_{asphaltene}/(10^{-32}C^2 \cdot m^4/s)$ | 80℃热处理下原油的 $f_{(q)} \cdot D_{asphaltene}/(10^{-32}C^2 \cdot m^4/s)$ |
|---|---|---|
| 10 | 21.78 | 24.08 |
| 20 | 38.58 | 41.24 |
| 30 | 50.6 | 53.53 |
| 40 | 56.28 | 59.39 |
| 50 | 60.09 | 63.64 |
| 60 | 59.62 | 63.63 |
| 90 | 52.33 | 56.07 |
| 120 | 47.42 | 50.76 |

为反映超临界 $CO_2$ 处理前后,热处理对沥青质溶剂化结构的影响,测得沥青质沉淀的表面形貌,并测得沥青质沉淀中真实庚烷沥青质含量,以判断热处理对沥青质溶剂化程度的影响,如图 5-21 所示。

由图 5-21 可知:超临界 $CO_2$ 处理前,对脱气原油的高温热处理能在一定程度上促进沥青质核心的溶剂化,使沥青质沉淀中溶剂化物质含量(质量分数)由 6.13%增加至 8.04%,这将提升沥青质在原油体系下的分散能力,以及沥青质与石蜡分子的共晶能力。

超临界 $CO_2$ 处理破坏了沥青质的溶剂化结构,虽然高温热处理能够在一定程度上促进沥青质的解缔与再溶剂化,令沥青质沉淀中溶剂化物质含量(质量分数)由 1.89%增加至 3.72%,但沥青质中的溶剂化物质仍较少,沥青质在原油中的分散能力以及与石蜡分子的共晶能力仍较差,沥青质沉淀仍以团聚小颗粒的形式存在。

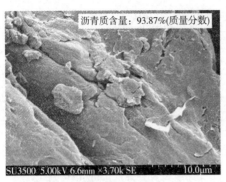

(a)超临界CO$_2$处理前50℃热处理

(b)超临界CO$_2$处理前80℃热处理

(c)超临界CO$_2$处理后50℃热处理

(d)超临界CO$_2$处理后80℃热处理

图 5-21　热处理对超临界 CO$_2$ 处理前、后沥青质沉淀 SEM 形貌的影响

#### 5.3.1.4　CO$_2$处理对热处理效果影响的机理分析

通过上述流变实验发现，超临界 CO$_2$ 处理后的脱气原油对热处理的感受性变差。为更好地阐释热处理对超临界 CO$_2$ 处理前后原油中沥青质与石蜡分子相互作用的影响，做出超临界 CO$_2$ 处理对热处理效果影响的机理示意，如图 5-22 所示。

(a)处理前

(b)处理后

图 5-22　超临界 CO$_2$ 处理前、后原油对热处理感受性的机理示意

由图 5-22 可知：分散于原油中的沥青质，除了含有沥青质核心，还通过溶剂化作用形成空间范围较大的溶剂化层。沥青质核心及其溶剂化物质的烷基侧链与石蜡分子的碳链具有足够的相似性，能够增溶石蜡分子并与其发生共晶作用，一定程度上提高了蜡晶的聚集程度；热处理能够提高沥青质的分散性与溶剂化程度，提升沥青质与石蜡分子的共晶能力，从而形成更大的蜡晶聚集体，降低蜡晶的比表面积，抑制蜡晶三维网络结构的形成，进而改善原油的低温流动性。

超临界 $CO_2$ 处理能够从沥青质核心上剥离大部分的溶剂化物质，使沥青质核心失去保护而在偶极作用与 π-π 作用下缔结：一方面，被剥离的烃类组分以微晶蜡、高碳石蜡的形式存在于原油体系中，通过成核作用促进了蜡晶析出；另一方面，失去大部分溶剂化结构保护的沥青质核心，与石蜡分子间的共晶能力被大幅削弱，难以有效改善析出蜡晶的形貌。此时，蜡晶的空间填充能力强，宏观表现为脱气原油的低温流动性较差。虽然热处理能够促进沥青质的解缔与再溶剂化，但热处理所提供的能量有限，仅能使沥青质的溶剂化结构部分恢复，沥青质与石蜡分子间的共晶能力仍较差。因此，热处理对超临界 $CO_2$ 处理后脱气原油的作用效果变差。

## 5.3.2 脱 $CO_2$ 气原油对添加降凝剂 EVA 的感受性

### 5.3.2.1 EVA 降凝剂对脱气原油流变性的影响

（1）原油凝点变化

首先向超临界 $CO_2$ 处理前、后的脱气原油中加入 $50 \times 10^{-6}$ 的 EVA，并在 50℃下持续搅拌 30min，令 EVA 充分分散于原油中，得到添加 EVA 降凝剂的油样。然后对其凝点进行测试，并与未添加 EVA 降凝剂的油样凝点相对比，结果如表 5-8 所示。

表 5-8　添加 EVA 对超临界 $CO_2$ 处理前、后原油凝点的影响

|  | 超临界 $CO_2$ 处理前油样/℃ | 超临界 $CO_2$ 处理后油样/℃ |
| --- | --- | --- |
| 未添加 EVA 降凝剂 | 23.0 | 25.0 |
| 添加 EVA 降凝剂 | 13.0 | 10.0 |

由表 5-8 可知：添加 EVA 降凝剂可以显著降低超临界 $CO_2$ 处理前脱气原油的凝点，凝点降低了 10℃；EVA 降凝剂对超临界 $CO_2$ 处理后脱气原油的降凝效果更为突出，脱气原油的凝点由 25℃下降至 10℃。

（2）原油黏度变化

测得超临界 $CO_2$ 处理前、后添加 EVA 降凝剂的原油黏度，并与未添加 EVA

降凝剂时的结果相对比，如图 5-23 所示。可见，添加 EVA 降凝剂能够大幅降低脱气原油的反常点与低温下的表观黏度。例如，超临界 CO₂ 处理前，添加 EVA 降凝剂使得原油 26℃时的表观黏度由 27.63mPa·s 降至 13.22mPa·s；而超临界 CO₂ 处理后，添加 EVA 降凝剂使得原油 26℃时的表观黏度由 36.34mPa·s 降至 12.65mPa·s。总的来看，EVA 对超临界 CO₂ 处理后脱气原油的降黏效果更显著。

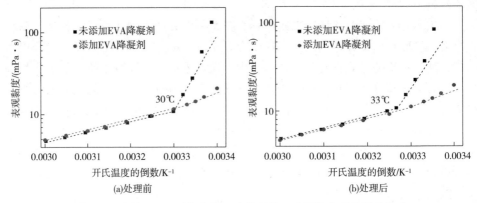

图 5-23　添加 EVA 对超临界 CO₂ 处理前、后原油表观黏度的影响

（3）原油黏弹性变化

通过小幅震荡剪切，测得超临界 CO₂ 处理前、后添加 EVA 降凝剂的原油黏弹性，并与未添加 EVA 降凝剂的结果相对比，如图 5-24 所示(图中标示为未添加 EVA 体系 20℃时的储能模量与添加 EVA 体系 5℃时的储能模量，以方便对比)。

对于未添加 EVA 降凝剂的脱气原油，其胶凝过程主要分为两个阶段：第一阶段是石蜡蜡晶大量析出并搭接成三维结构，束缚轻质油分，使得脱气原油的弹性迅速增加，由纯黏流体快速失流的过程；第二阶段是脱气原油体系已基本被石蜡蜡晶所占据，全部的轻质油分已被蜡晶分割束缚，继续降温析蜡只是在强化已有蜡晶结构及填充被束缚的轻质油品空间，此时脱气原油以弹性为主，进入一相对稳定的阶段。

对于超临界 CO₂ 处理前的脱气原油，添加 EVA 降凝剂延长了原油的胶凝过程，由纯黏性流体到形成相对稳定的黏弹性结构所需的温降由约 9℃升至 18℃。脱气原油胶凝点由加剂前的 27℃降至 14℃，降幅为 13℃。胶凝过程由两个阶段转变为三个阶段：第一阶段是石蜡蜡晶大量析出，但由于 EVA 降凝剂的作用，无法形成网络结构，这一阶段原油体系的储能模量缓慢增长，体系弹性逐渐增加；第二阶段是温度进一步降低，此时 EVA 降凝剂已经被析出的石蜡蜡晶所包覆，更多的蜡晶从无 EVA 的原油空间析出、生长并搭接成结构，使得该阶段储

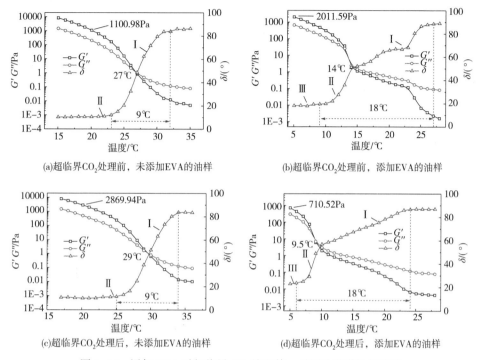

图 5-24　添加 EVA 对超临界 CO₂ 处理前、后原油黏弹性的影响

能模量迅速增长；第三阶段胶凝原油以弹性为主，进入一相对稳定阶段，但由于蜡晶结构中含有大块的被 EVA 降凝剂改变形貌的晶体存在，所以形成的胶凝结构弹性远弱于未添加 EVA 降凝剂的脱气原油。胶凝结构相对稳定时的损耗角约为 20°，远大于未添加 EVA 降凝剂时的 10° 损耗角；且储能模量也同样大幅度减小。例如，20℃时，未添加 EVA 降凝剂油样的储能模量为 1100.98Pa，而添加 EVA 降凝剂后，体系在 20℃时尚未形成稳定的胶凝结构，储能模量甚至不足 1Pa。

超临界 CO₂ 处理增强了 EVA 降凝剂的作用效果，胶凝点由加剂前的 29℃ 降至 9.5℃，降幅达到 19.5℃，并降低所形成胶凝结构的储能模量。例如，5℃时，超临界 CO₂ 处理前油样添加 EVA 降凝剂的储能模量为 2011.59Pa，而超临界 CO₂ 处理后油样添加 EVA 降凝剂可使储能模量进一步降低至 710.52Pa，显著提高了原油对 EVA 降凝剂的感受性。

### 5.3.2.2　EVA 降凝剂对析蜡特性及蜡晶形貌的影响

（1）原油析蜡特性变化

测得超临界 CO₂ 处理前、后添加 EVA 降凝剂的脱气原油的 DSC 热流曲线，并与未添加 EVA 降凝剂的测试结果相对比，如图 5-25 所示。通过对热流曲线的积分算得脱气原油的析蜡曲线，结果如图 5-26 所示。

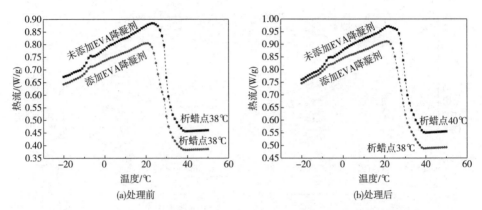

图 5-25  添加 EVA 对超临界 CO₂ 处理前、后油样 DSC 热流曲线的影响

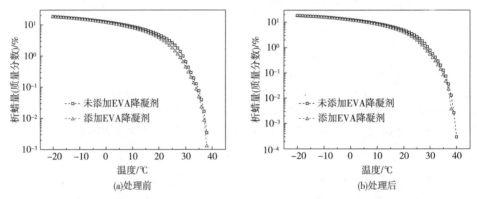

图 5-26  添加 EVA 对超临界 CO₂ 处理前、后油样析蜡特性曲线的影响

由图 5-25、图 5-26 可知：对于超临界 $CO_2$ 处理前的脱气原油，EVA 降凝剂可少量增溶石蜡分子，使得脱气原油初始析蜡量稍有降低，但并不能降低原油的析蜡点。对于超临界 $CO_2$ 处理后的脱气原油，EVA 分子可大量吸附于沥青质核心表面，形成 EVA-沥青质复合体，增强了体系与石蜡分子的共晶作用，使得析蜡点由 40℃降至 38℃。

此外，低温下加剂前后脱气原油的析蜡量基本相同，这表明 EVA 降凝剂并不能改变原油最终的析蜡量。

（2）蜡晶形貌

观测得到超临界 $CO_2$ 处理前、后添加 EVA 降凝剂的脱气原油蜡晶形貌，并与未添加 EVA 降凝剂的结果进行对比，如图 5-27 所示。

由图 5-27 可知：对于超临界 $CO_2$ 处理前的脱气原油，EVA 降凝剂的添加极大改善了蜡晶形貌，使蜡晶由大量细小颗粒转变为尺寸大、数量少的簇状蜡晶聚集体。对于超临界 CO₂ 处理后的脱气原油，EVA 的加入同样使得蜡晶聚集体尺寸变大、数量减小。通过与超临界 CO₂ 处理前脱气原油中的蜡晶对比发现，超临界 CO₂ 处理后的蜡晶聚集体尺寸小于处理前，但蜡晶结构更致密。

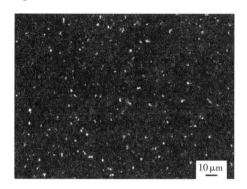
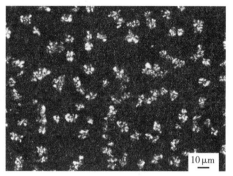

(a)超临界CO₂处理前，未添加EVA的油样　　　　(b)超临界CO₂处理前，添加EVA的油样

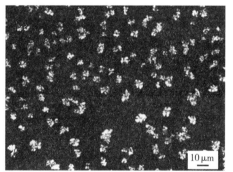

(c)超临界CO₂处理后，未添加EVA的油样　　　　(d)超临界CO₂处理后，添加EVA的油样

图 5-27　添加 EVA 对超临界 CO₂ 处理前、后油样析出蜡晶形貌的影响(15℃下)

利用分形维数描述蜡晶聚集体对空间占据能力的前提是，蜡晶聚集体具有随机性与分维性，其在整个原油空间内的析出、生长与聚集是相对自由的。这种情况下形成的细密晶体与整个体系具有统计学上的自相似性，适用于分形维数理论。当原油体系内引入 EVA 降凝剂分子后，EVA 分子与石蜡蜡晶共晶，形成空间尺寸较大，且明显存在各向异性的蜡晶聚集体，此时二维照片内有限的蜡晶聚集体，与整个体系统计学上的自相似性很难保证，不适宜继续采用分形维数的方法描述该体系。

由于添加 EVA 降凝剂后，蜡晶聚集体的形貌变化十分明显，本章利用 MATLAB 软件只对其数目与空间尺寸进行分析，得到蜡晶形貌的相关数据，如表 5-9 所示。

表 5-9  超临界 CO₂处理前/后油样添加 EVA 时蜡晶形貌的分析数据

| | 蜡晶数量 | 平均面积/$\mu m^2$ |
|---|---|---|
| 超临界 CO₂处理前的油样，未添加 EVA 降凝剂 | 1070 | 9.13 |
| 超临界 CO₂处理前的油样，添加 EVA 降凝剂 | 231 | 42.57 |
| 超临界 CO₂处理后的油样，未添加 EVA 降凝剂 | 1402 | 7.03 |
| 超临界 CO₂处理后的油样，添加 EVA 降凝剂 | 296 | 33.61 |

由表 5-9 可知：EVA 分子由于存在与石蜡分子相似的烷基链，可以与石蜡分子共晶，这极大地提高了蜡晶的聚集程度，令大量的小蜡晶转变为较大的簇状、片状蜡晶，蜡晶数量大幅度减少。此时所形成的蜡晶聚集体，无法有效地束缚液态油分，液态油分中的分子可以在原油体系内相对自由地流动。原油体系内所形成的蜡晶聚集体越大、越致密，则轻质油分被束缚得越少，整个原油体系的低温流动性越佳。

对于超临界 CO₂处理前的脱气原油，EVA 加入后所形成的蜡晶聚集体更大，但聚集体结构较疏松[见图 5-27(b)]。对于超临界 CO₂处理后的脱气原油，原油中沥青质的极性更强，EVA 分子在沥青质颗粒表面的吸附更强烈，因而所形成的 EVA-沥青质复合体与石蜡分子的作用更强。虽然超临界 CO₂处理后脱气原油中所形成的蜡晶聚集体相对较小[见图 5-27(d)]，但聚集体结构更为致密，这将有助于脱气原油流变性的改善。

### 5.3.2.3  EVA 降凝剂对沥青质性质的影响

由于添加 EVA 降凝剂后，沥青质不再是原油体系中唯一带有电荷的溶胶粒子，不能继续通过电导率法来判断沥青质的分散情况，本章改用离心沉降的方法评价沥青质的分散稳定性。

在离心力场中，分散相粒子和分散介质会因为密度的不同而分离，分散相粒子密度比分散介质大，则分散相粒子将沉降。而当分散相粒子足够小时，扩散作用又会使沉降的分散相粒子趋于均匀分布，使得分散相粒子处于沉降-扩散平衡状态。

在离心力场中，粒子匀速运动的条件是离心力与粒子在介质中所受的阻力平衡。假设沥青质核心为球形，则可以得到离心力场下的 Stokes 沉降速度公式。

$$v_{centrifuge} = \frac{dx}{dt} = \frac{2}{9} \cdot \frac{r^2 \omega^2 x (\rho_{asphaltene} - \rho_{solution})}{\mu_{solution}} \tag{5-8}$$

设时间为 0 和 $t$ 时，相应的 $x$ 值为 $x_1$ 和 $x_2$，以此条件积分式(5-8)，则可以得到：

$$\ln \frac{x_2}{x_1} = \frac{2}{9} \cdot \frac{r^2 \omega^2 x (\rho_{\text{asphaltene}} - \rho_{\text{solution}}) t}{\mu_{\text{solution}}} \qquad (5-9)$$

将式(5-9)变形，得到：

$$r = \left[ \frac{9\mu_{\text{solution}}}{2(\rho_{\text{asphaltene}} - \rho_{\text{solution}}) \omega^2} \cdot \frac{\ln(x_2/x_1)}{t} \right]^{1/2} = K \left[ \frac{\ln(x_2/x_1)}{t} \right]^{1/2} \qquad (5-10)$$

$$K = \left[ \frac{9\mu_{\text{solution}}}{2(\rho_{\text{asphaltene}} - \rho_{\text{solution}}) \omega^2} \right]^{1/2} \qquad (5-11)$$

式中　$v_{\text{centrifuge}}$——离心过程中沥青质核心的速度，m/s；

$x$——粒子与离心转轴间的距离，混合液顶部处取 0.04m，底部处取 0.08m；

$t$——时间，取 1200s；

$r$——沥青质核心的粒径，m；

$\omega$——离心力场的角速度，取 838rad/s；

$\rho_{\text{asphaltene}}$——沥青质核心密度，取 1068.1kg/m$^3$；

$\rho_{\text{solution}}$——分散介质密度，取 674kg/m$^3$；

$\mu_{\text{solution}}$——分散介质的黏度，取 1.5×10$^{-3}$Pa·s；

$K$——沉降常数，m·s$^{1/2}$，当离心体系确定后该值为常数。

通过式(5-10)可以确定本实验条件下，体系中能够被完全分离的沥青质核心的最小粒径约为 118.69nm，介于超胶束与簇状物之间，当沥青质核心空间尺寸进一步减小至胶束级，则沥青质核心能够继续分散于体系中，不易被离心分离。

将 50×10$^{-6}$ 的 EVA 降凝剂加入超临界 CO$_2$ 处理前、后的脱气原油中，然后通过正庚烷沉淀和离心，测得沥青质沉淀量的变化，如图 5-28 所示。可知：EVA 分子可以吸附于沥青质核心表面，将沥青质核心包覆于 EVA 胶束内，起到分散沥青质的作用，可以提高沥青质的稳定性。超临界 CO$_2$ 处理前沥青质核心本就被溶剂化物质所稳定分散，所以添加 EVA 降凝剂仅令离心出的沥青质沉淀量(质量分数)由 0.63% 微降至 0.58%。

超临界 CO$_2$ 处理后沥青质中的溶剂化结构被部分剥离，沥青质核心能够通

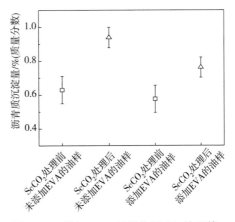

图 5-28　添加 EVA 对超临界 CO$_2$ 处理前、后沥青质沉淀量的影响

过偶极作用、π-π 作用而相互缔结成更大尺寸的颗粒。这使得沥青质的稳定性变差，离心出的沥青质沉淀量增多，质量分数由 0.63% 升至 0.94%。在添加 EVA 分子后，部分失去溶剂化保护的沥青质核心被 EVA 分子所包覆，极大地提高沥青质的稳定性，令离心出的沥青质沉淀量(质量分数)由 0.94% 降至 0.76%。

为判断 EVA 降凝剂是否能与沥青质相互作用，进而改变沥青质的溶剂化结构，测得 EVA 降凝剂添加前、后沥青质沉淀与水滴间的接触角，结果如图 5-29 所示。

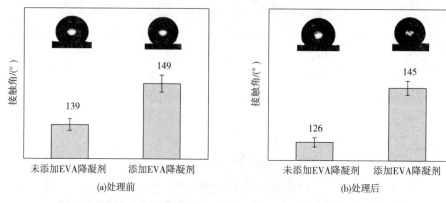

图 5-29　添加 EVA 对超临界 CO₂处理前、后沥青质沉淀极性的影响

由图 5-29 可知：超临界 CO₂处理前，所添加的 EVA 分子吸附于沥青质核心，起到溶剂化保护的作用，将沥青质核心包覆于 EVA 所形成的胶束内，进而改变沥青质沉淀的极性与水润湿性，使得接触角明显增大，由 139°增至 149°(增幅 10°)。

超临界 CO₂处理部分剥离了沥青质中的溶剂化物质，令沥青质沉淀的极性与润湿性都有所提升。超临界 CO₂处理并未影响沥青质核心与 EVA 分子的相互作用，反而促进了 EVA 分子吸附于沥青质表面，使得沥青质沉淀的极性与水润湿性同样大幅下降，令接触角由 126°增至 145°(增幅 19°)。

### 5.3.2.4　沥青质与 EVA 协同作用的机理分析

超临界 CO₂处理后原油中形成的沥青质-EVA-石蜡蜡晶的显微照片如图 5-30 所示。可以很明显地看到，在超临界 CO₂处理后的脱气原油中，形成了沥青质-EVA-蜡晶的三元复合晶体。

超临界 CO₂处理改变了沥青质的溶剂化结构与在原油中的分散状态，进而改变了沥青质核心与 EVA 分子的相互作用。沥青质-EVA-石蜡蜡晶三元石蜡晶体形成机理示意，如图 5-31 所示。

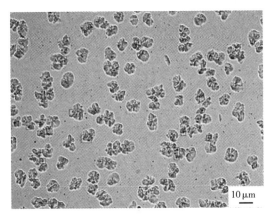

图 5-30　超临界 CO$_2$ 处理后沥青质-EVA-石蜡蜡晶三元复合晶体显微照片(15℃下)

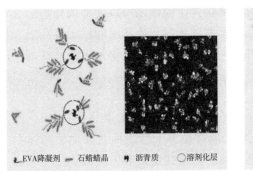 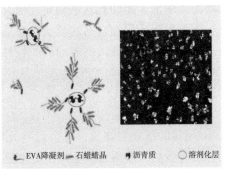

(a)处理前　　　　　　　　　　　　　　　　(b)处理后

图 5-31　沥青质-EVA-石蜡蜡晶三元复合晶体形成机理示意

　　对于超临界 CO$_2$ 处理前的脱气原油，沥青质核心外围包覆有较厚的溶剂化层，这抑制了 EVA 分子在沥青质核心表面的吸附，并且所形成的沥青质-EVA-蜡晶复合晶体结构中含有一定量的溶剂化油分，这使得所形成的蜡晶聚集体结构较松散。此外，原油中游离的 EVA 分子与石蜡共晶并通过极性引力作用与沥青质-EVA-石蜡蜡晶三元复合晶体相互作用，形成更大而松散的蜡晶聚集体。

　　超临界 CO$_2$ 处理从沥青质核心上剥离了溶剂化物质，提高了沥青质的极性，使其更易吸附 EVA 分子以提高分散稳定性。所形成的沥青质-EVA-石蜡蜡晶三元复合晶体结构中束缚的溶剂化油分更少，晶体更加致密。同时，更多的 EVA 分子吸附于沥青质核心表面，使得原油中游离的 EVA 分子数量相对减少，这也抑制了大而松散的蜡晶聚集体的形成，促进了尺寸较大且结构致密的蜡晶聚集体的形成，从而进一步改善了脱气原油流变性。因此，EVA 降凝剂对超临界 CO$_2$ 处理后脱气原油的作用效果得到进一步提升。

# 6 CO₂驱采出乳状液稳定性

世界开采出的原油有近 80% 以原油乳状液形式存在。原油破乳对原油开采、运输等十分重要。原油乳状液是十分复杂的分散体系，以油包水（W/O）为主。有许多因素影响原油乳状液的稳定性，如原油密度、黏度、水含量、水滴直径、水滴带电性、水相性质、原油中固体颗粒、界面膜强度和黏性及乳状液老化等，这些因素增加了原油乳状液稳定性研究的复杂性。原油之所以能形成稳定的乳状液，主要是因为原油含有胶质、沥青质等天然乳化剂，乳状液的稳定性在很大程度上取决于乳化剂形成的界面膜的特性。向原油乳状液体系添加表面活性剂，能影响、改变油水界面膜的性质，从而促进或抑制油水分离，改变乳状液的稳定性。

在应用 CO₂ 驱油技术后，不仅 CO₂ 气溶解于原油乳液的水相/油相中，改变水相/油相的组成与性质，还会影响胶质、沥青质等天然表面活性物质在体系中的分散与吸附，使得 CO₂ 驱采出原油乳状液的稳定性变得更加复杂。

## 6.1 乳状液稳定性的理论基础

### 6.1.1 原油乳状液的生成与稳定

稳定乳状液的形成必须满足三个条件：①存在互不相溶的两相，通常为水相和油相；②存在表面活性剂作为乳化剂，其作用是降低体系的界面张力，形成界面膜以阻止液珠的相互聚结，增大乳状液的稳定性；③具备强烈的搅拌条件，增加体系的能量。在石油开采过程中，因为原油在采出时满足上述三个条件，即地层中除了原油还有地下游离水存在，这就满足条件①；含水原油在开采和集输过程中，水被分割成单独的微小液滴，原油中含有沥青、树脂类物质、油溶性的有机酸等天然乳化剂，以及分散很细的碳酸盐、金属硫酸盐、黏土等固体颗粒吸附在油水界面上形成保护膜，给乳滴聚集造成不同程度的动力学障碍，这就满足乳化条件②；含水原油经过地层孔隙、管线、泵、阀门时的搅拌及突然脱气时造成的搅拌满足乳化条件③。

原油之所以能形成稳定的乳液，主要是因为原油中含有天然界面活性物质，原油乳液的稳定性很大程度上取决于天然界面活性物质在油水界面上形成的界面膜的性质。影响乳状液稳定性的因素有很多，主要有油相和水相的性质以及固体颗粒的含量等因素：

① 油相的性质。原油中含有天然乳化剂，这些乳化剂吸附在油水界面上，使得界面膜的强度增大，这对原油乳液的稳定性产生极大影响。在各种天然乳化剂中，沥青质对乳状液稳定性影响最大。

② 水相的性质。乳状液的含水量对乳状液稳定性有重大影响。含水率越低，乳状液脱水率越低；水的电导率较高，会破坏油水界面的双电层，不利于乳状液稳定，促进乳状液的破乳脱水。另外，水相内的含盐浓度和 pH 值也会对乳状液的稳定性产生影响。一般情况下，采出水含盐低时，所形成的乳状液会更加稳定；当 pH 值升高时，会降低内相颗粒的界面膜弹性，使得界面膜的机械强度降低，乳状液更不稳定。

③ 固体颗粒的含量。原油中的固体颗粒(如碳酸钙、黏土、金属氧化物等)如果具有一定的润湿性，就可以作为天然的界面活性物质，吸附到油水界面上，从而稳定乳状液。

通常来说，原油中的沥青质、蜡晶等颗粒在界面上的吸附，能够极大地增强界面膜的结构强度、提高乳状液的稳定性。学者们利用界面流变仪等设备，验证了相关观点。夏立新等通过研究油水界面膜与乳状液稳定性之间的关系，发现沥青质和胶质的分散状态是决定油水界面膜强度的关键因素，对乳状液的稳定性起到决定性作用。Matthew 等通过向沥青质中添加胶质等胶溶剂成分，破坏沥青质单体之间的 π-π 作用和极性作用，减小沥青质聚集体尺寸，使得沥青质聚集体的界面活性减小，进而降低了原油乳液的稳定性，当沥青质的极性增强时，往往需要更高浓度的胶质才能起到分散、解缔沥青质聚集体的作用。Ramesh 等研究了原油中沥青质于界面上的吸附，增强了油水界面弹性性质的能力，发现具有较高 N 和 Ni 含量的沥青质极性更强，更易于在油水界面上吸附、聚集，从而形成高结构强度的沥青质膜。Fan 团队通过离心沉降的方法，将最具界面活性的沥青质亚组分(吸附于界面上的沥青质)从乳液中分离，发现吸附于界面的沥青质亚组分占全部沥青质的比例极小，但却能够稳定高水相浓度的乳液。这部分沥青质亚组分与油相中剩余的沥青质相比，更易出现老化现象。

## 6.1.2　原油乳状液稳定的影响因素

乳状液是多相分散体系，具有热力学不稳定性，任何乳状液最终都要破坏，只是破坏的时间不同而已。乳状液破坏的方式有很多种，研究发现主要的破坏方式有以下几种：分层、沉降、絮凝或聚集、聚结、转相以及破乳。

分层和沉降过程是外力作用的结果，外力通常为重力或离心力。当这种外力作用超过系统中液滴的布朗运动时，大液滴上浮或下沉。一般把液滴上浮称为分层或乳析，把液滴移到底部称为沉降。当出现分层或沉降时，乳状液内相液滴直径及液滴直径分布不会发生变化。

絮凝或聚集是指乳状液中的分散相液滴絮凝成团，在这些絮团中液滴仍以液珠的形式存在。自沉降的观点认为，这些絮团可以看作一个大液滴，从而加速沉降速率。但絮凝是一个可逆过程，适当的搅拌条件可以使絮团再分散。絮凝作用是液滴间的范德华力造成的。

聚结是指絮凝的絮团变成一个大液滴。聚结是不可逆过程，导致液滴数目减少以及乳状液的完全破坏。减慢聚结速率是保持乳状液稳定性、防止破乳的关键环节。

转相(相变或变型)是指在一定作用条件下一种类型的乳状液变成另一种类型乳状液的过程。

破乳是指乳状液的分散相液滴经过絮凝和聚结，液滴数目减少并最终完全分离。

影响乳状液静态稳定性的因素很多，如油水界面膜、界面张力、温度、乳化剂的性质、界面电荷等，主要有以下几个方面：

(1) 油水界面膜

界面膜的强度和紧密程度是乳状液稳定性的决定因素。由于布朗运动及分子间范德华力作用，乳状液中的液滴会频繁碰撞。若碰撞过程中界面膜破裂，小液滴将聚结成大液滴并最终导致破乳。若界面膜具有一定的强度和黏附性，膜中吸附的分子排列紧密，不易脱附，则能形成稳定的乳状液。

(2) 界面张力

乳状液存在着巨大的相界面，体系总表面能较高，这是乳状液成为热力学不稳定体系的原因，也是液珠发生聚并的推动力。若降低界面张力，则有利于增加其稳定性。研究表明，降低界面张力对乳状液的稳定性起重要作用。油水界面张力降低使乳状液稳定性增强，但对于乳状液而言，仍然会力图减少界面积来降低体系的能量，最后导致破乳。而对乳状液稳定性更重要的影响因素是界面膜的性质。因为有的体系虽有很低的界面张力，却并不能形成十分稳定的乳状液；而有的高分子界面膜虽然界面张力高，却能形成十分稳定的乳状液。所以，降低界面张力对乳状液的稳定性是一个有利因素，但不是决定因素。

(3) 黏度

乳状液液滴的沉降速度与其连续相黏度成反比。若乳状液分散介质的黏度越小，则分散相液滴运动的速度越快，越不利于乳状液的稳定。实际生产中，常以可溶于分散介质的高分子物质作增稠剂，提高乳状液的稳定性。高分子物质还可形成比较坚固的界面膜。但是，外相黏度大有利于乳状液的动力稳定性，却不一定有利于乳状液的聚结稳定性。

（4）液滴大小

液滴的大小分布是影响液滴聚结速度的一个复杂因素。从热力学角度来看，分散相液滴越大，油水两相的界面面积越小，乳状液体系的界面能越小，液滴越趋向于相互分散，乳状液越趋向于稳定。而从动力学角度来看，液滴越大，在液滴聚并速度相同的情况下，乳状液破坏所需的时间越短，即乳状液越不稳定。由此可见，在平均粒子大小相仿的情况下，液滴大小分布均匀的乳状液比液滴大小分布不均匀的乳状液要稳定得多。

（5）温度及内相含量

温度是影响乳状液稳定性的关键因素之一。一般情况下，温度越高，则布朗运动越剧烈，乳状液表观黏度越小，稳定性减弱。另外，对于某些油包水型乳状液，尤其是稠油乳化降黏过程中内相含油率较高的油包水型乳状液，随着温度升高，乳化剂失效，同时稠油中的天然油包水型乳化剂扩散到油水界面，使乳状液反相。

（6）分散相体积的影响

增加分散相体积，可增加分散相的数量、粒径、截面面积和界面能，减小液滴间距，使乳状液稳定性变差。

## 6.1.3  原油乳状液的破乳机理与方法

化学破乳过程的实质是破乳剂分子渗入并黏附在乳化液滴的界面上，取代天然乳化剂并破坏界面膜，将膜内包覆的水释放出来，水滴相互聚结形成大水滴并沉降到底部，油水两相发生分离。目前公认的破乳机理有以下几点：

（1）反相机理。破乳剂促使油包水型乳状液反相成为水包油型乳状液。

（2）碰撞击破界面膜机理。破乳剂碰撞乳状液的界面膜或吸附在界面膜上，从而击破界面膜，使其稳定性大大降低。

（3）增溶机理。破乳剂形成胶束，增溶乳化剂分子，引起乳化原油破乳。

（4）絮凝—聚结机理。相对分子质量较大的破乳剂分子将细小的液滴集合成松散的鱼卵状"聚集体"，增加液滴相互碰撞的机会。

（5）中和界面膜电荷机理。中和油包水型乳状液界面膜电荷，降低液珠之间的斥力。

（6）褶皱变形机理。具有双层或多层水圈的油包水型乳状液，液滴内部各层水圈相互连通，使液滴凝集而破乳。

多年来，国内外已经研究了多种原油破乳脱水技术，以满足各种原油不同程度的脱水需要。常用的破乳方法有以下几种：

（1）加热脱水法。依据原油与水的不互溶、密度有差异，在加热至一定温度时，两相的密度差增加而导致水从油中沉降出来，使得两相分离的一种方法。

（2）电脱水法。其原理是利用水是导体、油是绝缘体这一特性，将油包水型乳状液置于电场中，乳状液水滴在电场作用下发生变形、聚结而形成大水滴从油中分离出来。

（3）润湿聚结脱水法。它是在加热、投入乳化剂的同时，使乳状液从一种强亲水物质缝隙间通过，水滴极易将亲水物质润湿，并吸附在其表面，相互聚集，沉降脱离出来。

（4）化学破乳法。它是通过向乳状液中添加化学破乳剂，破坏其乳化状态，使油水分层的一种破乳方法。

以上几种方法中，化学破乳法是油田脱水中常用的一种破乳手段，因其破乳时间短、见效快、所耗破乳剂少等优点而受到人们广泛关注。

### 6.1.4　油水界面特性

一般情况下，原油乳状液中的乳滴在不断地相互碰撞，碰撞如果导致油水界面膜破裂，使得乳滴聚并，则认为该次碰撞是有效碰撞。乳滴聚并是以界面膜破裂为前提，因此，界面膜的强度与特性是乳状液稳定性的决定因素之一。如果油水界面膜上吸附的分子排列紧密，且不易脱附，使得界面膜具有一定的强度与黏弹性，则能形成较为稳定的乳滴。通常制备乳状液时，需要加入一定量的表面活性物质，以此形成稳定的油水界面，若表明活性物质浓度较低，在界面上的吸附量较少，膜中分子排列松散，则形成的界面膜强度较低，油水乳状液通常是不稳定的。当表明活性物质浓度增加到一定程度后，界面上就会形成由定向吸附的乳化剂分子紧密排列组成的界面膜，虽然此膜厚度仅为 1~5nm，但具有较高的强度，足以阻碍乳滴聚并，提高乳状液的稳定性。

吸附于油水界面膜的表面活性物质的结构、性质与浓度都会对界面膜的性质产生十分重要的影响。一般情况下，混合物质形成的界面膜比单一物质形成的界面膜更为紧密。同一类型的表明活性物质中直链结构的比带有支链结构的膜紧密。混合表面活性物质能够更显著地降低油水表面张力，有利于乳化过程的进行。更重要的是使得界面膜强度增加，增强原油乳状液体系的稳定性。

乳状液液滴的界面膜具有抵抗局部机械压缩的能力，尤其是许多大分子作为乳化剂所稳定的乳状液表现得更为突出。这些大分子组成的界面膜，具有较高的界面黏弹性，这种黏弹性使得界面膜具有扩张性和可压缩性，当界面遭到破坏时，它能使膜愈合。这种吸附膜的黏弹性质对于防止液珠聚并非常重要。

乳状液的稳定性不仅与界面膜流变参数的大小有关，而且还与界面膜结构的空间因素有关，即与乳化剂大分子在界面上的连续相一侧能否形成厚而具有黏性的膜有关。这种膜有对抗两液珠之间介质变薄的作用。它可以看作大分子乳化剂在界面上形成的、由连续相充分溶胀的弹性凝胶体，企图使此凝胶层变薄，即会受到非常大的渗透力膨胀压的对抗。因此，水溶性的大分子在油珠外围形成的水凝胶层能阻止油珠聚并。同样，油溶性的表面活性高分子可以在界面上形成上述油溶胀的弹性胶体，因而就能得到非常稳定的油包水型乳状液。由非离子嵌段共聚物作为稳定剂所形成的界面膜，其厚度可高达500Å。若液珠外围有如此厚的亲液保护层，将有效地阻止液珠聚并。如果液珠一旦发生聚并，界面面积就会减小，一些表面活性物质将会自界面上释出。若脱附过程不易进行，则也会成为液珠聚并的障碍。有时从界面上挤出的表面活性物质可能以纤维或结晶的固相形式出现，这些成膜物质不再回到溶液中去，而仍旧聚集在界面上，使其变厚或起皱，使得内相被厚的膜所包围，乳状液具有较高的稳定性。

### 6.1.4.1　沥青质对界面膜的影响

原油中胶质和沥青质具有较强的极性和表面活性，可以吸附在油水界面，形成具有一定强度的界面膜，使原油乳状液得以稳定。因此，国内外研究天然乳化剂对原油乳状液稳定性的影响主要是针对沥青质进行的。李明远等把北海大陆架某种原油沥青质组分进行进一步分离，得到芳香酚含量不同的3个组分，经过研究各组分对原油乳状液稳定性的影响发现，胶质、沥青质中具有羰基、芳香碳–碳双键的化合物对乳状液稳定性有重要作用，界面活性组分氧化后羰基含量和乳状液稳定性均显著增大。杨小莉等认为界面活性组分中—C＝O的存在对稳定原油乳状液有至关重要的作用，但还需—OH存在，—C＝O与—OH共存能帮助沥青质分子通过形成氢键包围在液滴周围，防止液滴聚结。Mohammed等研究表明：沥青质的界面活性不很强，一般情况下，油水界面张力为25～35mN/m，但乳化能力较强。这是由于沥青质、胶质等天然表面活性物质吸附在油水界面，形成具有一定黏弹性的界面膜。沥青质形成的界面膜强度大，可承受高压，沥青质含量越高，油水界面膜的强度越高，乳状液也越稳定。

### 6.1.4.2　胶质对界面膜的影响

胶质也是原油乳状液稳定存在的一个重要因素，但国内对胶质的结构、组成以及对乳状液的影响研究还不够深入。就界面膜的强度而言，胶质形成的界面膜强度较小，这是由于胶质相对分子质量比沥青质小，为弱的有机酸，只显酸的性质，形成的界面膜为液体流动膜。Andersen、李明远等研究胶质对沥青质稳定原油乳状液的影响时发现,固定沥青质浓度增加胶质含量,有降低沥青质稳定原油乳状液的作用。这是由于胶质对沥青质有溶解作用,能够阻碍沥青质的缔合、聚结,从而改变沥青质的胶束状态。另外,胶质还对沥青质颗粒的形成有明显的分散作用。

### 6.1.4.3 固体颗粒对界面膜的影响

原油中的固体颗粒物和蜡晶吸附在油水界面,可以增加胶质、沥青质降低界面张力的能力,进而使原油乳状液更加稳定。Svetgoff、Jambme 等认为,吸附了表面活性剂的固体颗粒若附着在油水界面上,形成强度很好的吸附层,阻止液滴聚并。与表面活性剂形成的界面膜相比,固体颗粒稳定与高分子化合物稳定类似,是一种空间稳定,即由于固体颗粒的存在,液滴相互间距离较大,阻碍液滴的靠近和聚并,增加乳状液的稳定性。固体颗粒浓度增加时水滴平均体积减小,乳状液界面总面积增大,停留于界面的固体颗粒数增多,使乳状液的稳定性增大。对于石蜡基原油,蜡含量较高,而石蜡也是原油乳状液稳定的一个因素。李明远等研究大庆、吉林两种高含蜡原油活性组分中蜡晶对油水界面膜的影响时发现,原油中的蜡组分含有极性基团,当温度较高时,蜡组分可以吸附在油水界面上,降低油水界面张力,当温度较低时,蜡组分形成的蜡晶聚集在油水界面,能提高界面膜的强度和乳状液的稳定性。

## 6.1.5 化学破乳(破乳剂)

添加破乳剂是一种简单高效的破乳方法。目前,化学破乳以非离子的聚氧乙烯聚氧丙烯嵌段聚合物为主,并在传统破乳剂的基础上进行改性。常见的破乳剂包括:①脂肪醇聚氧乙烯聚氧丙烯醚;②多乙烯多胺聚氧乙烯聚氧丙烯醚,如AP 型破乳剂;③烷基酚醛树脂聚氧乙烯聚氧丙烯醚。

化学破乳过程的实质是破乳剂分子扩散并吸附于油水界面上,取代天然乳化剂并破坏界面膜,将膜内包覆的水释放出来,水滴相互聚结形成大水滴并沉降到底部,油水两相发生分离。目前公认的破乳机理有以下几点:

(1) 顶替或置换机理。破乳剂比乳状液的成膜物质具有更高的界面活性,所以能够优先吸附到油水界面并将原有成膜物质顶替或置换出来,新形成的膜具有较小的稳定性,从而促进了原油的破乳。

(2) 反相作用机理。原油中的成膜物质都倾向于稳定油包水型乳状液,破乳剂的作用是充当水包油型乳化剂,破乳剂在使油包水型乳状液转相的瞬间,水由于受重力的作用而脱出。

(3) 絮凝-聚结机理。相对分子质量较大的破乳剂可将原油乳状液中的分散水滴群集在一起,形同鱼卵状,这一过程是一个可逆过程,称为絮凝作用。群集在一起的水滴再相互合并而聚结成大水滴后从原油乳状液中脱出。

（4）膜排液机理。当两个液滴相互碰撞时，两个液滴均发生变形并在液滴间形成平行的接触平面。液滴的聚结过程与平行液膜的变薄密切相关，当膜中的液体向周围流动而变薄时，液滴接触界面上的界面活性物质也被带走，这样每个液滴表面便形成了界面张力梯度；为了弥补流失的界面活性物质，液滴表面便形成了与平行液膜流向相反的界面流，从而阻止了液滴间的相互聚结。

（5）膜击破机理。破乳剂碰撞液珠的界面膜，或代替很少一部分活性物质击破界面膜，使界面膜的稳定性极大降低，从而促进破乳。

（6）润湿增溶机理。破乳剂对乳化膜有很强的溶解能力，从而破坏界面膜。破乳剂可以润湿成膜物质，这种润湿包括水湿和油湿，分别使成膜物质向水中或油中溶解，从而破坏界面膜。这类破乳剂也被称为增溶剂。

随着破乳剂在油田地面工程中的应用与推广，破乳剂的机理研究方面也取得较大进展。康万利团队通过向三元复合驱体系中加入 SP169、AE1910 破乳剂，研究界面膜的强度，发现加入破乳剂后界面膜的强度急剧减小，因而推断破乳剂的破乳机理为破乳剂分子部分顶替乳化剂分子，降低了界面膜强度。Noik 等利用 Langmuir 槽在硅氧烷型破乳剂存在的条件下，研究了界面膜等温压缩性质。结果表明：乳液液滴聚并，使得界面面积减小，增大了乳液体系的最大压缩度；油水界面张力的降低，使得界面压增大，并改变了界面弹性模量。即在很大程度上，破乳剂能够改变油水界面的界面弹性。Foyeke O. Opawale 等研究了亲油性非离子表面活性剂所稳定的油水乳状液的界面性质，发现油水界面上吸附的表面活性剂薄膜表现出黏弹性，并认为表面活性剂膜与油相中的表面活性剂胶束的相互作用是表面活性剂膜表现出界面黏弹性的原因。Audrey Drelich 等通过水与液体石蜡制备模拟乳状液体系，并向体系内加入 $SiO_2$ 颗粒以稳定乳状液，并与非离子型表面活性剂稳定的乳状液体系进行比较。结果表明：相较于非离子型表面活性剂，$SiO_2$ 颗粒所稳定的乳状液界面张力值更稳定，结合流变实验结果，推断 $SiO_2$ 颗粒稳定的乳状液机理是颗粒在界面与油相形成了空间三维网络结构。

## 6.2  溶 CO₂ 气原油乳液稳定性的变化

### 6.2.1  CO₂/CH₄ 在溶气原油乳液中的溶气特性

#### 6.2.1.1  在水相中的溶解度

测得 50℃下 $CO_2/CH_4$ 在水样中的溶解度，并与其在油样中的溶解度进行对比，结果如图 6-1 所示。

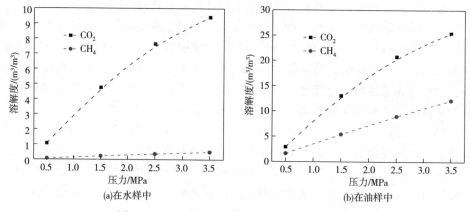

图 6-1　CO₂/CH₄在水样/油样中的溶解度变化

由图 6-1 可知：CH₄在水样中的溶解能力极差，几乎不会对溶气原油乳液的水相性质产生影响；CO₂在水样中的溶解能力虽不如其在油样中，但仍十分显著，这必将会对溶气原油乳液的水相性质产生影响；随着溶气压力上升，更多的气体分子由界面过渡层扩散进入水相，进而增大了 CO₂/CH₄在水样中的溶解度。

### 6.2.1.2　表面张力变化

测得 50℃下 CO₂/CH₄与水样表面张力随压力的变化，并同 CO₂/CH₄与油样表面张力的变化进行对比，结果如图 6-2 所示。

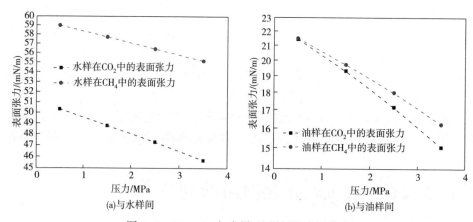

图 6-2　CO₂/CH₄与水样/油样间的表面张力

由图 6-2 可知：由于水分子间存在较强的氢键作用，使得界面处的水分子受到的两相作用力差异较大，这使得 CO₂/CH₄与水相的表面张力远大于两种气体与油相的表面张力。因此，两种气体在溶气原油乳液水相中的溶解度远小于其在油相中的溶解度(见图 6-1)。

由图 6-2(a)还可发现，$CO_2$ 与水样间的表面张力明显小于 $CH_4$，说明 $CO_2$ 与水分子的作用力远大于 $CH_4$，两者物性更相似。根据相似相溶的原理，$CO_2$ 在水相中的溶解度大于 $CH_4$[见图 6-1(a)]；压力上升使得更多 $CO_2$ 和 $CH_4$ 分子扩散进入水相和界面过渡层中，从而令表面张力随着压力的上升而逐步下降。

### 6.2.1.3 在原油乳液中的溶解度

测得 50℃下，$CO_2$/$CH_4$ 在溶气原油乳液中的溶解度，并与 $CO_2$/$CH_4$ 在油样中的溶解度相对比，如图 6-3 所示。可知：由于油水两相对于 $CO_2$/$CH_4$ 的溶解能力存在巨大差异，油相对气体的溶解能力更强，使得含水量(体积分数)40%的溶气原油乳液的溶解度小于溶气原油，且随着压力上升差距逐步扩大。相同条件下，$CO_2$ 在油相与在原油乳液中的溶解度都明显大于 $CH_4$。

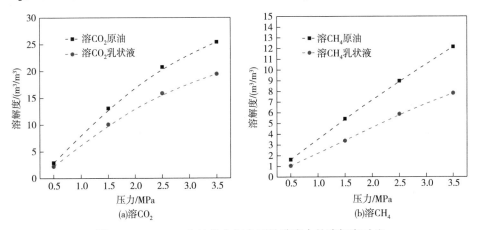

图 6-3 $CO_2$/$CH_4$ 在油样中与在原油乳液中的溶解度对比

为进一步分析乳化对 $CO_2$/$CH_4$ 在体系中溶解能力的影响，定义并计算溶气原油乳液溶解度比，如式(6-1)所示：

$$S_{\text{emulsion}} = \frac{R_{\text{s(oil)}} \times \varphi_{\text{(oil)}} + R_{\text{s(water)}} \times \varphi_{\text{(water)}}}{R_{\text{s(emulsion)}}} \quad (6-1)$$

式中　　$S_{\text{emulsion}}$——乳状液溶解度比；

　　　　$R_{\text{s(emulsion)}}$——气体在原油乳液中的溶解度，$m^3/m^3$；

　　　　$R_{\text{s(oil)}}$——气体在原油中的溶解度，$m^3/m^3$；

　　　　$R_{\text{s(water)}}$——气体在水中的溶解度，$m^3/m^3$；

　　　　$\varphi_{\text{(oil)}}$——油相体积分数；

$\varphi_{\text{(water)}} = 1 - \varphi_{\text{(oil)}}$——水相体积分数。

根据图 6-2、图 6-3 中的数据，代入式(6-1)，得到乳状液溶解度比的变化，如图 6-4 所示。

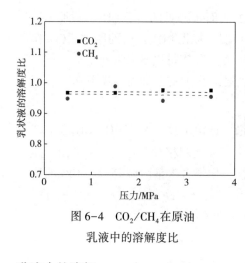

图 6-4   CO₂/CH₄在原油
乳液中的溶解度比

由图 6-4 可知：$CO_2/CH_4$ 在溶气原油乳液中的溶解量微微高于气体在其油相/水相中的溶解量之和。由界面特性的变化，可以判断出沥青质等界面活性物质在油水界面处形成了具有一定结构强度的界面膜。当油相中界面活性物质（如胶质、沥青质）在油水界面上吸附时，油相自身的极性减弱，这将有利于 $CO_2/CH_4$ 在油相中的扩散溶解，提高油相对 $CO_2/CH_4$ 的溶解能力，进而提高乳液对 $CO_2/CH_4$ 的溶解能力（$S_{emulsion} < 1$），即界面膜的形成有利于 $CO_2/CH_4$ 在溶气原油乳液中的溶解。

## 6.2.2  溶气原油乳液的界面特性变化

### 6.2.2.1  界面张力变化

测得 50℃下溶气原油乳液油水界面张力随时间的变化结果，如图 6-5 所示。可知：随着油水界面形成时间的延长，油相中界面活性物质逐渐迁移、吸附于油水界面，在界面处形成一层具有一定空间厚度且相对稳定的界面膜，使得油水界面张力随着时间的增加而逐渐降低；溶 $CO_2$ 原油乳液的油水界面张力要低于溶 $CH_4$ 原油乳液，且随着溶气压力升高，界面张力进一步降低。

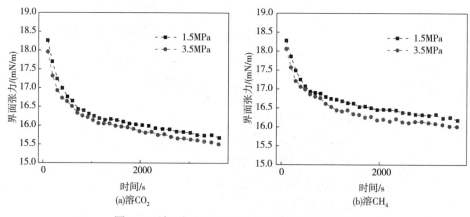

图 6-5   溶 CO₂/CH₄原油乳液油水界面张力变化

界面活性物质于油水界面的吸附过程可分为三个阶段：第一阶段为体相内界面活性物质（沥青质）扩散至界面并吸附以降低界面的吉布斯自由能；第二阶段

为已经吸附的沥青质阻碍、减缓更多界面活性物质的吸附；第三阶段为已经吸附于界面处的界面活性物质结构重整，以进一步降低界面处的吉布斯自由能。

按照吉布斯划面法，设溶剂的表面过剩量 $\Gamma_1 = 0$，该吸附过程的吉布斯吸附描述为：

$$d\gamma = \Gamma_2 d\mu_2 \tag{6-2}$$

$$d\mu_2 = RT\ln a_2 \tag{6-3}$$

对于稀溶液体系，可用浓度 $c$ 代替活度 $\alpha_2$，因此吉布斯吸附公式可表示为：

$$\Gamma_2 = -\frac{1}{RT}\left(\frac{\partial\gamma}{\partial\ln a_2}\right)_T = -\frac{c}{RT}\left(\frac{\partial\gamma}{\partial c}\right)_T \tag{6-4}$$

式中　$\gamma$——界面张力，N/m；

　　　$\Gamma_2$——界面活性物质的吸附量，mol/m²；

　　　$\mu_2$——界面活性物质的化学势，J/mol；

　　　$R$——理想气体常数，取 8.314J/(mol·K)；

　　　$T$——开氏温度，K；

　　　$\alpha_2$——溶液活度；

　　　$c$——界面活性物质的浓度，mol/m³。

对于初始阶段的扩散-吸附过程可以用 Ward-Tordai 公式来描述：

$$\Gamma_t = 2\sqrt{\frac{D_{surface}}{\pi}}c\sqrt{t} \tag{6-5}$$

式中　$\Gamma_t$——随时间变化的吸附量，mol/m²；

　　　$D_{surface}$——界面活性物质扩散至界面的扩散系数，m²/s；

　　　$t$——时间，s。

并可以根据亨利模型，把界面吸附量 $\Gamma_t$ 与表面压 $\Pi$ 联系起来。

$$\Pi = \gamma_0 - \gamma_t = \Gamma_t RT \tag{6-6}$$

式中　$\Pi$——表面压力，N/m；

　$\gamma_0$ 与 $\gamma_t$——0 时刻与 $t$ 时刻的界面张力，N/m。

将式(6-5)与式(6-6)联立，可以得到初始吸附过程中，界面张力与时间的关系。

$$\gamma_t = \gamma_0 - 2RT\sqrt{\frac{D_{surface}}{\pi}}c\sqrt{t} \tag{6-7}$$

为更好地反映界面张力随时间的变化规律，根据图 6-5 中的数据，绘制界面张力随 $\sqrt{t}$ 变化的关系，如图 6-6 所示。可知：溶气原油乳液中界面活性物质在油水界面上的吸附分为两个阶段，其初始阶段的吸附遵从 Ward-Tordai 公式与亨利模型，拟合得到溶 $CO_2$ 原油乳液 $D_{surface} \cdot c^2$ 的值，如表 6-1 所示。可知：溶 $CO_2$

原油乳液的 $D_{surface} \cdot c^2$ 值高于溶 $CH_4$ 原油乳液，表明超临界 $CO_2$ 处理促进了活性物质的扩散和界面吸附。由于超临界 $CO_2$ 处理后原油中的沥青质的极性增强，且溶 $CO_2$ 原油的黏度更低，这有利于油相中的沥青质扩散迁移并吸附于油水界面；且随着溶气压力上升，溶气原油黏度进一步降低，使得沥青质的扩散吸附速率有所增大。

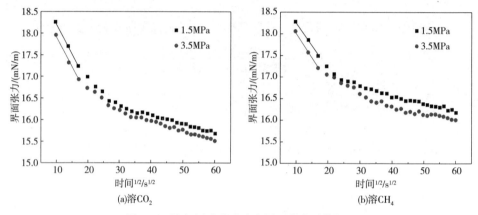

图 6-6　溶气原油乳液油水界面张力随 $\sqrt{t}$ 变化

表 6-1　溶 $CO_2/CH_4$ 原油乳液的 $D_{surface} \cdot c^2$ 值

| 溶气种类 | $D_{surface} \cdot c^2 [10^{-16}\,mol^2/(m^4 \cdot s)]$ | |
| --- | --- | --- |
| | 1.5MPa | 3.5MPa |
| $CO_2$ | 21.34 | 21.91 |
| $CH_4$ | 13.20 | 15.50 |

### 6.2.2.2　界面模量变化

溶气原油乳液中的液滴会在范德华力与布朗运动的作用下，不断发生碰撞，若碰撞过程中界面膜破裂，则小乳滴聚结形成大乳滴，并最终破乳脱出连续水相。若界面活性物质于界面处的吸附较为紧密，不易脱附，令界面膜具有一定的强度与黏弹性，则乳滴不易发生聚结，溶气原油乳液相对稳定。

现有研究表明，界面张力变化更多反映界面活性物质在界面上吸附、脱附的动力学过程。为了更好地研究乳滴的聚结稳定性，需表征油水界面膜的结构强度，而界面弹性模量正是较为合适的特征参数。

通过对小液滴施加小幅度的周期性振荡，测得 50℃下溶气原油乳液油水界面弹性模量随时间的变化，结果如图 6-7 所示(图中标示为 1500s 时的值，以方便对比)。

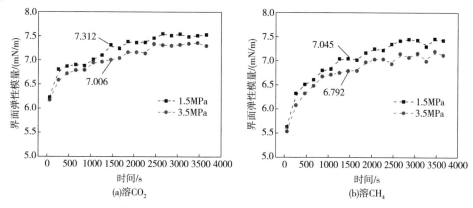

图 6-7　溶 CO₂/CH₄原油乳液界面弹性模量变化

由图 6-7 可知：相较于溶 CH₄原油乳液，超临界 CO₂处理后溶 CO₂原油乳液的界面弹性模量明显增大，说明界面活性物质于油水界面处的吸附较为稳定，形成了结构更强的界面膜；溶气压力升高则降低了界面膜的结构强度，使得界面弹性模量降低。

为更好地反映界面在变形后的恢复能力，测得界面损耗模量随时间的变化，如图 6-8 所示；并根据测得的界面弹性模量与界面损耗模量，计算得到界面扩张损耗角随时间的变化，如图 6-9 所示(图中标示 1500s 时的值，以方便对比)。

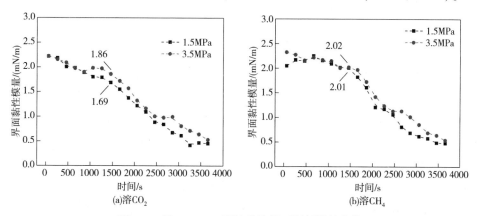

图 6-8　溶 CO₂/CH₄原油乳液界面损耗模量变化

由图 6-8 可以明显看出，不同于界面弹性模量逐渐趋于稳定的趋势，界面损耗模量在界面逐渐平衡的过程中是逐渐减小的，说明随着界面活性物质于油水的吸附，形成的界面膜将逐渐转变为弹性膜；相同时间内溶 CO₂原油乳液中乳滴界面的损耗模量值更低，说明其界面活性物质的吸附更迅速，界面膜更快地向弹性膜转变；溶气压力升高，减缓了弹性膜的形成，略微提升了界面的损耗模量。

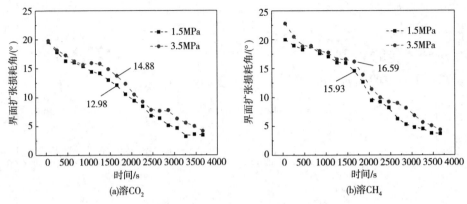

图6-9 溶CO₂/CH₄原油乳液界面扩张损耗角变化

由图6-9可知：随着时间增加，界面活性物质逐渐吸附在油水界面，使得界面扩张损耗角逐渐降低；而界面膜弹性的增强，使得乳滴相互碰撞时，界面膜能够储存部分能量，并在碰撞结束后将能量释放，降低乳滴有效碰撞频率，提高了乳滴的聚结稳定性；溶气压力升高，一定程度上增大了界面扩张损耗角，使得乳滴聚结稳定性相对变差。在1500s时，1.5MPa下超临界CO₂处理后溶CO₂原油乳液的界面扩张损耗角为14.88°，明显低于溶CH₄原油乳液16.59°的界面扩张损耗角，说明超临界CO₂处理后的油水界面膜结构强度提高，可增强乳滴的聚结稳定性。

### 6.2.3 溶气原油乳液的稳定性变化

乳滴的絮凝沉降与聚结破乳都是溶气原油乳液不稳定的具体表现。本节将通过分油率反映乳滴的絮凝沉降速率，通过分水率反映乳滴的聚结破乳速率，从而分析超临界CO₂处理对溶气原油乳液恒压及降压脱气过程中的稳定性影响。

#### 6.2.3.1 恒压条件下原油乳液稳定性变化

通过瓶试法，测得50℃下，溶气原油乳液分油率的变化，如图6-10所示（20min前油相与乳液相间的分界面不明显，故分油率从20min开始记录）。

由图6-10可知：相较于溶CH₄，溶CO₂原油乳液的分油率更大一些。这是由于溶CO₂原油的黏度下降更为显著，有利于乳滴沉降，使得分油率增大。随着溶气压力升高，油相黏度进一步降低，这加速了乳滴沉降，使得分油率进一步增大。

为更好地反映乳滴聚结破乳速率的变化，测得50℃下，溶气原油乳液分水率的变化，如图6-11所示。可知：相较于溶CH₄原油乳液，超临界CO₂处理后溶CO₂原油乳液的分水率明显减小，聚结稳定性显著提高。这是由于超临界CO₂处理后油水界面膜的结构强度增强，降低了乳滴的聚结破乳速率，使得分水率明显减小。随着溶气压力升高，一方面降低油相黏度，加速乳滴碰撞、沉降；另一方面，也降低了界面膜的结构强度，加速乳滴液膜的破裂。因此，溶 $CO_2/CH_4$ 原油乳液的分水率随着溶气压力升高而增大。

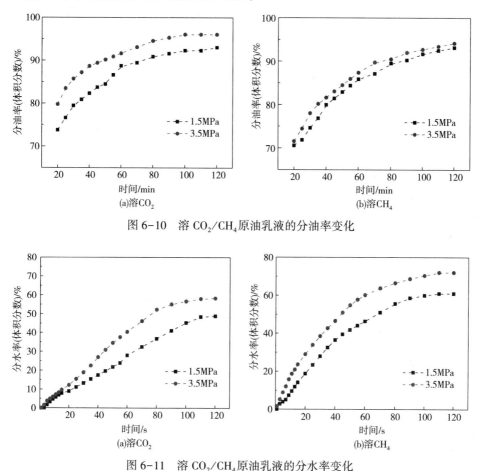

图 6-10　溶 $CO_2/CH_4$ 原油乳液的分油率变化

图 6-11　溶 $CO_2/CH_4$ 原油乳液的分水率变化

### 6.2.3.2　降压脱气过程原油乳液稳定性变化

相较于恒压条件，在降压脱气过程中，溶于油相、水相的气体大量逸出，进而影响溶气原油乳液的稳定性。测得 3.5MPa 下，溶 $CO_2/CH_4$ 原油乳液，分别以 0.01MPa/min 与 0.02MPa/min 降压速率脱气时的分油率变化，并与恒压 3.5MPa 下的原油乳液进行对比，结果如图 6-12 所示。可知：溶 $CH_4$ 原油乳液，降压脱气过程中，油相中析出的 $CH_4$ 气泡增加了原油乳液的扰动，不利于乳滴的絮凝沉降，使得分油率下降；且随着降压速率增大，油相中气泡所带来的扰动更为剧烈，分油率进一步降低。

相较于溶 CH$_4$，溶 CO$_2$原油乳液在降压脱气过程中，油相中析出的 CO$_2$气泡同样增加了原油乳液的扰动，不利于乳滴的絮凝沉降；但溶 CO$_2$原油乳液水相中脱出的 CO$_2$气泡却可以促进乳滴聚结，增大乳滴尺寸，有利于乳滴絮凝沉降；两种效应的综合作用，使得降压速率较小时，气泡的扰动作用占主导，原油乳液的分油率降低；降压速率较大时，乳滴聚结的作用占主导，原油乳液的分油率升高。

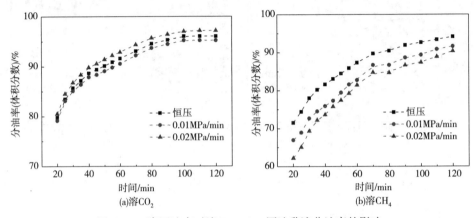

图 6-12　降压速率对溶 CO$_2$/CH$_4$原油乳液分油率的影响

降压脱气过程不仅影响乳滴的絮凝沉降速率，还会对乳滴的聚结破乳速率产生影响。为更好地分析降压脱气过程中乳滴的聚结破乳过程，测得溶气原油乳液降压脱气过程中分水率的变化，并与恒压 3.5MPa 下的原油乳液进行对比，结果如图 6-13 所示。

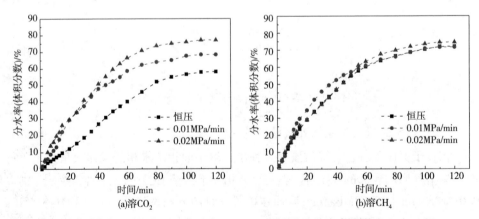

图 6-13　降压速率对溶 CO$_2$/CH$_4$原油乳液分水率的影响

由图 6-13 可知：针对溶 CO$_2$原油乳液，其水相中溶有相对较多的 CO$_2$，在降压脱气过程中，乳滴中溶解的 CO$_2$析出、长大，使得乳滴体积增大，削弱了油水界面膜的强度，促进了乳滴的聚结破乳，令溶 $CO_2$ 原油乳液的分水率增大。

随着降压速率增大，水相中脱出更多的 $CO_2$，使得乳滴体积迅速增大，降低了界面活性物质的浓度；由于乳滴膨胀速度较快，油相中的界面活性物质来不及扩散-吸附于油水界面，使得缺乏界面膜保护的乳滴变得更不稳定、更易聚结破乳，使得溶 $CO_2$ 原油乳液的分水率随着降压速率增大而进一步增大。

由于 $CH_4$ 在水相中的溶解能力较差，溶 $CH_4$ 原油乳液的乳滴中难以形成气泡，对其乳滴聚结稳定性的影响较小，所以溶 $CH_4$ 原油乳液分水率基本不受降压脱气过程的影响。

## 6.2.4 降压脱气破乳模型的建立

### 6.2.4.1 物理模型的构建

相较于恒压状态，降压过程中溶解于水相中 $CO_2$ 的脱出，会破坏乳滴的聚结稳定性，极大地促进溶气原油乳液的破乳脱水过程。研究发现，原油乳液中乳滴的聚结稳定性很大程度上取决于其界面压的变化，界面压越小，乳滴稳定性越差。

通过构建降压脱气过程的物理与数学模型，并利用 MATLAB 程序对所构建的模型进行求解，得到界面压的变化，以分析降压脱气过程与溶 $CO_2$ 原油乳液稳定性之间的内在联系。其物理模型如图 6-14 所示。

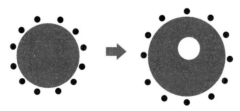

图 6-14　溶 $CO_2$ 原油乳液内相水滴中 $CO_2$ 气泡析出降低乳滴界面压的示意

由图 6-14 可知：整个脱气破乳过程分为三部分：①随着溶气原油乳液体系温度、压力的变化，水相中 $CO_2$ 的溶解能力也随之变化，当体系压力连续下降时，$CO_2$ 在内相水滴中析出；②乳滴内析出的 $CO_2$ 气泡随着体系温度、压力的变化而改变自身气泡体积，进而改变整个乳滴的体积；③在界面活性物质达到吸附脱附平衡后，乳滴体积的改变会引起乳滴界面张力的变化，进而引起界面压的变化，从而影响乳滴的聚结稳定性。

由于本模型只是对脱气过程中界面膜的聚结稳定性进行定性判断，为简化模型，进行了五点理想化假设：①以饱和溶气状态计算不同温度压力下脱出的 $CO_2$ 的量，不讨论 $CO_2$ 在水相中不饱和或过饱和的情况；②默认乳滴界面为油水界面，不讨论 $CO_2$ 气泡与油水界面膜接触，出现气油界面或气水界面的情况；③认为乳滴是球形的，不讨论乳滴间碰撞与脱出 CO$_2$ 气泡引起的乳滴变形；④认为乳滴内析出的 CO$_2$ 形成单个球形的气泡，不讨论乳滴内析出多个 CO$_2$ 气泡或 CO$_2$ 气泡变形的情况；⑤认为乳滴界面膜是均匀的，不讨论出现存在缺陷点位的不均匀界面膜的情况。

### 6.2.4.2 数学模型的构建

根据构建的降压脱气破乳的物理模型，查阅相关文献，构建降压脱气破乳的数学模型：

① 利用 Duan 模型与 Pitzer 方法，建立 CO$_2$ 在水相中的摩尔浓度与体系温度、体系压力之间的关系，算得不同条件下 CO$_2$ 在内相水滴中摩尔浓度的变化。

② 利用 PR-HV 真实气体状态方程与 Huron-Vidal 混合定律，计算乳滴中脱出 CO$_2$ 气泡的体积，并以此确定乳滴体积的变化。

③ 通过不同界面面积下界面张力的变化，计算界面压的变化，并以此判断溶 CO$_2$ 原油乳液在不同降压速率下的聚结稳定性。具体过程如下：

（1）CO$_2$ 在水相中摩尔浓度的变化

利用 Duan 模型计算 CO$_2$ 在油田水（低离子浓度盐溶液）中的溶解能力变化。该模型基于固定颗粒相互作用理论的液相模型和高精度气相状态方程进行推导求解，认为平衡状态下 CO$_2$ 在气相中的化学势等于其在水相中的化学势：

$$\mu_{CO_2}^{V} = \mu_{CO_2}^{L} \tag{6-8}$$

CO$_2$ 在气相中的化学势可以用逸度参数的形式表示：

$$\mu_{CO_2}^{V}(T, P) = \mu_{CO_2}^{V\theta}(T) + RT\ln\left[y_{CO_2} \cdot \phi_{CO_2}(T, P)\right] \tag{6-9}$$

CO$_2$ 在水相中的化学势可以用活度参数的形式表示：

$$\mu_{CO_2}^{L}(T, P) = \mu_{CO_2}^{L\theta}(T) + RT\ln\left[x_{CO_2} \cdot \Psi_{CO_2}(T, P, x_c, x_a)\right] \tag{6-10}$$

式中 $\mu_{CO_2}^{V}(T, P)$，$\mu_{CO_2}^{L}(T, P)$——CO$_2$ 在气相与水相中的化学势，J/mol；

$\mu_{CO_2}^{V\theta}(T)$，$\mu_{CO_2}^{L\theta}(T)$——CO$_2$ 在气相与水相中的标准化学势，J/mol；

$T$——系统温度，K；

$P$——系统压力，bar；

$R$——理想气体常数，取 0.08314bar·L/(mol·K)；

$y_{CO_2}$——CO$_2$ 在气相中的摩尔分数；

$x_{CO_2}$——CO$_2$ 在水相中的摩尔浓度，mol/L；

$\phi_{CO_2}(T, P)$——反映 CO$_2$ 逸度的参数，与系统温度、系统压力相关；

$\psi_{CO_2}(T, P, x_c, x_a)$——反映 CO$_2$ 活度的参数，L/mol，与系统温度、系统压力及水相阴/阳离子浓度相关。

为简化计算，CO$_2$在气相中的标准化学势$\mu_{CO_2}^{v_\theta}(T)$取 0，则 CO$_2$的逸度参数$\phi_{CO_2}(T,\ P)$可由式(6-11)表示：

$$\ln\phi_{CO_2}(T,\ P) = Z - 1 - \ln Z + \frac{c_1 + c_2/T_r^2 + c_3/T_r^3}{V_r} + \frac{c_4 + c_5/T_r^2 + c_6/T_r^3}{2V_r^2} +$$

$$\frac{c_7 + c_8/T_r^2 + c_9/T_r^3}{4V_r^4} + \frac{c_{10} + c_{11}/T_r^2 + c_{12}/T_r^3}{5V_r^5} + \frac{c_{13}}{2T_r^3 c_{15}}\left[c_{14} + 1 - \left(c_{14} + 1 + \frac{c_{15}}{V_r^2}\right)\exp\left(-\frac{c_{15}}{V_r^2}\right)\right]$$

$$(6-11)$$

其中，

$$Z = \frac{P_r V_r}{T_r} = 1 + \frac{c_1 + c_2/T_r^2 + c_3/T_r^3}{V_r} + \frac{c_4 + c_5/T_r^2 + c_6/T_r^3}{V_r^2} +$$

$$\frac{c_7 + c_8/T_r^2 + c_9/T_r^3}{V_r^4} + \frac{c_{10} + c_{11}/T_r^2 + c_{12}/T_r^3}{V_r^5} + \frac{c_{13}}{T_r^3 V_r^2}\left[\left(c_{14} + \frac{c_{15}}{V_r^2}\right)\exp\left(-\frac{c_{15}}{V_r^2}\right)\right] \quad (6-12)$$

$$P_r = \frac{P}{P_{c,CO_2}} \tag{6-13}$$

$$T_r = \frac{T}{T_{c,CO_2}} \tag{6-14}$$

$$V_r = \frac{V}{RT_{c,CO_2}/P_{c,CO_2}} \tag{6-15}$$

式中　　　$Z$——CO$_2$的压缩因子；

$P_r$，$T_r$，$V_r$——CO$_2$的相对压力、相对温度、相对体积；

$P_{c,CO_2}$，$T_{c,CO_2}$——CO$_2$的临界压力和临界温度，分别取 73.733bar 和 304.20K；其余各项为系数，可以由表6-2查得。

表 6-2　Duan 模型及相关公式系数

| 参数 | 值 | 参数 | 值 |
|---|---|---|---|
| $c_1$ | $8.99288497 \times 10^{-2}$ | $c_{11}$ | $8.93353441 \times 10^{-5}$ |
| $c_2$ | $-4.94783127 \times 10^{-1}$ | $c_{12}$ | $7.88998563 \times 10^{-5}$ |
| $c_3$ | $4.77922245 \times 10^{-2}$ | $c_{13}$ | $-1.66727022 \times 10^{-2}$ |
| $c_4$ | $1.03808883 \times 10^{-2}$ | $c_{14}$ | $1.398$ |
| $c_5$ | $-2.82516861 \times 10^{-2}$ | $c_{15}$ | $2.96 \times 10^{-2}$ |
| $c_6$ | $9.49887563 \times 10^{-2}$ | $d_0$ | $-38.640844$ |
| $c_7$ | $5.20600880 \times 10^{-4}$ | $d_1$ | $5.8948420$ |
| $c_8$ | $-2.93540971 \times 10^{-4}$ | $d_2$ | $59.876516$ |
| $c_9$ | $-1.77265112 \times 10^{-3}$ | $d_3$ | $26.654627$ |
| $c_{10}$ | $-2.51101973 \times 10^{-5}$ | $d_4$ | $10.637097$ |

当体系达到稳定时，气相中水蒸气的分压等于纯水的饱和压力，因此，CO$_2$在气相中的摩尔分数 $y_{CO_2}$ 可由式(6-16)计算得到：

$$y_{CO_2} = \frac{P - P_{H_2O}}{P} \tag{6-16}$$

水蒸气的分压可以由经验公式表示：

$$P_{H_2O} = \frac{P_{c,H_2O}T}{T_{c,H_2O}}\left[ 1 + d_0\left(-\frac{T-T_{c,H_2O}}{T_{c,H_2O}}\right)^{1.9} + d_1\frac{T-T_{c,H_2O}}{T_{c,H_2O}} + d_2\left(\frac{T-T_{c,H_2O}}{T_{c,H_2O}}\right)^2 + \right.$$
$$\left. d_3\left(\frac{T-T_{c,H_2O}}{T_{c,H_2O}}\right)^3 + d_4\left(\frac{T-T_{c,H_2O}}{T_{c,H_2O}}\right)^4 \right] \tag{6-17}$$

式中 $P_{H_2O}$——水蒸气在气相中的分压，bar；

$P_{c,H_2O}$，$T_{c,H_2O}$——水的临界压力和温度，分别取 220.85bar 和 647.29K；其余各项为系数，可以由表6-2查得。

将式(6-11)、式(6-16)的结果代入式(6-9)，可以计算得到 CO$_2$ 在气相中的化学势 $\mu_{CO_2}^V(T, P)$。

CO$_2$ 在水相中的活度参数 $\psi_{CO_2}(T, P, x_c, x_a)$ 可以由过剩自由能计算：

$$\ln\psi_{CO_2}(T, P, x_c, x_a) = \sum_c 2\lambda_{CO_2-c}x_c + \sum_a 2\lambda_{CO_2-a}x_a + \sum_c\sum_a \xi_{CO_2-a-c}x_cx_a \tag{6-18}$$

式中 $x_c$，$x_a$——水相中阴离子浓度与阳离子浓度，mol/L；

$\lambda_{CO_2-c}$，$\lambda_{CO2-a}$——CO$_2$ 与水相中阴离子、阳离子相互作用的二阶系数，L$^2$/mol$^2$；

$\xi_{CO_2-a-c}$——CO$_2$ 与水相中阴离子、阳离子相互作用的三阶系数，L$^3$/mol$^3$。

可以用 Pitzer 法计算 CO$_2$ 在水相中的标准化学势与 CO$_2$ 同水相中阴/阳离子相互作用的二阶系数与三阶系数。Pitzer 法的表达形式如下：

$$\text{Parameters}(T, P) = e_0 + e_1T + e_2T^2 + e_3/T + e_4/(630-T) +$$
$$e_5P + e_6P\ln T + e_7P/T + e_8P/(630-T) + e_9P^2/2 + e_{10}T\ln P \tag{6-19}$$

式中，用来计算 $\mu_{CO_2}^{L\theta}(T)$、$\lambda_{CO_2-c}$、$\lambda_{CO_2-a}$、$\xi_{CO_2-a-c}$ 时所用的系数值可以由表6-3查得。

表 6-3 Pitzer 法系数

| 系数 | $\mu_{CO_2}^{L\theta}(T)$ | $\lambda_{CO_2-c}$、$\lambda_{CO_2-a}$ | $\xi_{CO_2-a-c}$ |
|---|---|---|---|
| $e_0$ | 28.9447706 | -0.411370585 | 3.3689723×10$^{-4}$ |
| $e_1$ | -0.0354581768 | 6.07632013×10$^{-4}$ | -1.98298980×10$^{-5}$ |
| $e_2$ | 1.02782768×10$^{-5}$ | 0 | 0 |

续表

| 系数 | $\mu_{CO_2}^{L\theta}(T)$ | $\lambda_{CO_2\text{-}c}$、$\lambda_{CO_2\text{-}a}$ | $\xi_{CO_2\text{-}a\text{-}c}$ |
|---|---|---|---|
| $e_3$ | −4770. 67077 | 97. 5347708 | 0 |
| $e_4$ | 33. 8126098 | 0 | 0 |
| $e_5$ | 9. 04037140×10⁻³ | 0 | 0 |
| $e_6$ | −1. 14934031×10⁻³ | 0 | 0 |
| $e_7$ | −0. 307405726 | −0. 0237622469 | 2. 12220830×10⁻³ |
| $e_8$ | −0. 090731486 | 0. 0170656236 | −5. 24873303×10⁻³ |
| $e_9$ | 9. 32713393×10⁻⁴ | 0 | 0 |
| $e_{10}$ | 0 | 1. 41335834×10⁻⁵ | 0 |

将式(6-19)求得的 $\lambda_{CO_2\text{-}c}$、$\lambda_{CO_2\text{-}a}$、$\xi_{CO_2\text{-}a\text{-}c}$代入式(6-18)，得到 $CO_2$ 在水相中的活度参数 $\psi_{CO_2}(T, P, x_c, x_a)$；将式(6-19)求得的 $CO_2$ 在水相中的标准化学势 $\mu_{CO_2}^{L\theta}(T)$ 与式(6-19)代入式(6-10)，得到 $CO_2$ 在水相中的摩尔浓度 $x_{CO_2}$ 与 $CO_2$ 在水相中的化学势 $\mu_{CO_2}^L(T, P)$ 之间的关系；并与式(6-9)算得的 $CO_2$ 在气相中的化学势 $\mu_{CO_2}^V(T, P)$ 共同代入式(6-8)，得到 $CO_2$ 在水相中的摩尔浓度 $x_{CO_2}$。

（2）乳滴体积的变化

本模型认为在乳滴聚结破乳前，水相中 $CO_2$ 摩尔浓度的减少，必然会使 $CO_2$ 以气泡的形式存在于乳滴内。利用 PR-HV 真实气体状态方程对不同系统温度、系统压力条件下的多组分气体体积进行计算。

$$P_{bubble}=\frac{RT}{v_m-b_m}-\frac{a_m}{v_m(v_m+b_m)+b_m(v_m-b_m)} \tag{6-20}$$

式中   $P_{bubble}$——$CO_2$气泡所受压力，Pa；

      $v_m$——气体的摩尔体积，L/mol；

      $a_m$——混合系统的能量参数，J·L/mol²；

      $b_m$——混合系统的体积参数，L/mol。

$a_m$ 和 $b_m$ 由 Huron-Vidal 混合定律求得。对于本实验中所形成的 $CO_2$ 气泡，由式(6-16)算得 $CO_2$ 在气相中的摩尔分数 $y_{CO_2}>0.99$，（3.5MPa 下为 0.996，1.5MPa 下为 0.992），可以近似认为其为单一组分的气泡，则其形式为：

$$a_m=0.457235\frac{R^2 T_{c,CO_2}^2}{P_{c,CO_2}}\alpha(T) \tag{6-21}$$

$$b_m=0.077796\frac{RT_{c,CO_2}}{P_{c,CO_2}} \tag{6-22}$$

$$\alpha(T) = \left[1 + (0.37464 + 1.54226y_{CO_2} - 0.26992y_{CO_2}^2) \cdot (1 - \sqrt{T/T_{c,CO_2}})\right]^2 \tag{6-23}$$

弯曲的液面内外两侧存在压力差，其凹侧压力大于凸侧压力，根据 Yang-Laplace 方程，这一附加压力的大小为：

$$\Delta P = \gamma\left(\frac{1}{r_1} + \frac{1}{r_2}\right) \tag{6-24}$$

即 $CO_2$ 气泡在乳滴中要受到水相给气泡的附加压力，乳滴在溶气原油乳液中要受到油相给乳滴的附加压力，则 $CO_2$ 气泡所受压力应为环境压力再加上两个附加压力，若将 $CO_2$ 气泡与乳滴近似视为球形，则 $CO_2$ 气泡所受压力为：

$$P_{bubble} = P + \Delta P_1 + \Delta P_2 = P + \gamma_{CO_2-water}\frac{2}{r_{bubble}} + \gamma_{water-oil}\frac{2}{r_{droplet}} \tag{6-25}$$

式中　　　　$\Delta P$——弯曲液面产生的附加压力，Pa；

　　　　　　$\gamma$——界面张力，N/m；

　　　　　$r_1$，$r_2$——曲率半径，m；

　　$\Delta P_1$，$\Delta P_2$——气水界面与油水界面所产生的附加压力，Pa；

　$r_{bubble}$，$r_{droplet}$——$CO_2$ 气泡和乳滴的当量半径，m；

$\gamma_{CO_2-water}$，$\gamma_{water-oil}$——$CO_2$ 与水之间的表面张力和水与油之间的界面张力，N/m。

当 $CO_2$ 气泡刚形成时，$r_{bubble}$ 极小，气水间的附加压力 $\Delta P_1$ 趋近于无穷大，说明水相会抑制其内部 $CO_2$ 气泡的生成，如果不能连续脱气降压甚至会出现已形成的 $CO_2$ 气泡消失，复溶于水相的现象；本模型通过迭代计算发现 1.5MPa 下水相中能够析出的 $CO_2$ 气泡，$r_{bubble}$ 最小为 7.98μm；3.5MPa 下水相中能够析出的 $CO_2$ 气泡，$r_{bubble}$ 最小为 6.65μm。

将式（6-21）、式（6-22）与式（6-25）代入式（6-20），可以求得不同系统温度、系统压力条件下 $CO_2$ 的摩尔体积 $v_m$，则水滴内形成的 $CO_2$ 气泡体积为：

$$V_{bubble} = v_m \cdot x_{CO_2} \cdot \frac{4}{3}\pi r_{droplet}^3 \tag{6-26}$$

水滴内形成 $CO_2$ 气泡后，乳滴的体积为：

$$V'_{droplet} = V_{droplet} + V_{bubble} = \frac{4}{3}\pi r_{droplet}^3(1 + v_m \cdot x_{CO_2}) \tag{6-27}$$

$$\frac{V'_{droplet}}{V_{droplet}} = k^3 = 1 + v_m \cdot x_{CO_2} \tag{6-28}$$

式中　　$V_{bubble}$——$CO_2$ 气泡体积，L；

$V_{droplet}$，$V'_{droplet}$——$CO_2$ 脱出前、后的乳滴体积，L；

　　　　$k$——乳滴体积膨胀前、后当量半径的比值。

（3）界面压的变化

界面扩张模量 $E$ 的定义为：

$$E = \frac{d\gamma}{dA/A} = \frac{d\gamma}{d\ln A} \tag{6-29}$$

那么，当界面面积发生变化后，变化后的界面张力 $\gamma'$ 可以表示为：

$$\gamma'' = \gamma' + \int_{A'}^{A''} \frac{E}{A} \cdot dA \tag{6-30}$$

式中　$E$——界面扩张模量，N/m；

　　　　$A$——界面面积，m$^2$；

　$A'$，$A''$——乳滴膨胀前、后的界面面积，m$^2$；

　$\gamma'$，$\gamma''$——乳滴膨胀前、后的界面张力，N/m。

沥青质所形成的界面膜结构较为稳定，当界面处形成沥青质膜并达到吸附脱附平衡后，只要膜结构不被破坏，界面模量基本不随界面面积的变化而发生改变，可将平衡时的界面扩张模量 $E$ 视为常数，则式（6-30）可简化为：

$$\gamma'' = \gamma' + E \cdot \ln\frac{A''}{A'} = \gamma' + E \cdot \ln k^2 \tag{6-31}$$

由界面特性数据可知，溶 CO$_2$ 原油乳液油水界面扩张损耗角小于 5°（3.5MPa 下为 4.2°，1.5MPa 下为 3.5°），界面膜近似视为纯弹性膜，可以用弹性模量的取值近似代替扩张模量的值。

乳滴的界面压为：

$$\Pi = \gamma_0 - \gamma_{\text{asp}} \tag{6-32}$$

式中　$\Pi$——界面压，N/m；

　$\gamma_0$，$\gamma_{\text{asp}}$——沥青质等界面活性物质吸附前、后的油水界面张力，N/m。

则由内相水滴中 CO$_2$ 气析出、生长，所引起的界面压变化为：

$$\Delta\Pi = \Pi_2 - \Pi_1 = (\gamma_0 - \gamma'') - (\gamma_0 - \gamma') = \gamma' - \gamma'' \tag{6-33}$$

式中　$\Pi_1$，$\Pi_2$——乳滴膨胀前、后的界面压，N/m。

### 6.2.4.3　模型计算结果分析

利用 MATLAB 软件对上述溶 CO$_2$ 原油乳液降压脱气破乳模型进行编译计算，得到 50℃下，溶 CO$_2$ 原油乳液单个乳滴未破乳之前，界面压的变化，如图 6-15 所示。

由图 6-15 可知：随着内相水滴中溶解的 CO$_2$ 析出、生长，乳滴体积增大，界面压减小，使得乳滴聚结稳定性变差；由于较小的 CO$_2$ 气泡难以在水相中存在，通过模型计算发现 1.5MPa 下乳滴中脱出的 CO$_2$ 气泡最小尺寸为 7.98μm，3.5MPa 下乳滴中脱出的 CO$_2$ 气泡最小尺寸为 6.65μm，所以界面压的差值是在降压脱气一段时间后由 0 突变至某一负值后再连续变化；相同的初始溶气压力下，降压速率越大，界面压减小越快，乳滴聚结稳定性越差；相同的降压速率下，初始溶气压力越高，界面压减小越慢，乳滴聚结稳定性越好。

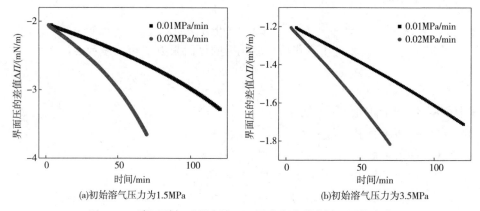

(a)初始溶气压力为1.5MPa        (b)初始溶气压力为3.5MPa

图6-15 降压脱气过程中溶 $CO_2$ 原油乳液乳滴界面压的变化

# 6.3 脱 $CO_2$ 气原油乳液稳定性的变化

## 6.3.1 原油乳液稳定性的变化

### 6.3.1.1 电导率的变化

液滴的絮凝沉降与聚结破乳都是原油乳液不稳定的具体表现。原油乳液上部电导率变化更多反映的是乳滴絮凝沉降过程，测得超临界 $CO_2$ 处理前、后原油乳液电导率随时间的变化，如图6-16所示。可见，超临界 $CO_2$ 处理后原油乳液电导率初始值较高，且下降速率相对缓慢。这说明超临界 $CO_2$ 处理后原油乳液中乳滴的絮凝沉降速率较慢。

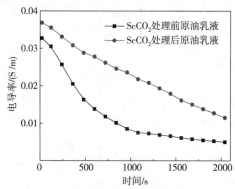

图6-16 超临界 $CO_2$ 处理前、后原油乳液沉降稳定性的变化

定义增比电导率：

$$\kappa_r = \frac{\kappa_t}{\kappa_0} \tag{6-34}$$

已知 $\kappa_r = \dfrac{qq_m c_q A}{6\pi\mu r_q}$。原油乳液上部乳滴失稳以絮凝沉降为主，在聚结稳定性较好的乳液体系内，可以认为其上部乳滴尺寸变化幅度有限，则：

$$\kappa_r = \frac{\dfrac{qq_m A}{6\pi\mu r_q}c_t}{\dfrac{qq_m A}{6\pi\mu r_q}c_0} = \frac{c_t}{c_0} \tag{6-35}$$

式中 $\kappa_r$——增比电导率；

$\kappa_0$，$\kappa_t$——0 时刻及 $t$ 时刻的电导率，S/m；

$c_0$，$c_t$——0 时刻及 $t$ 时刻所测空间内乳滴的浓度，mol/m$^3$。

由于原油乳液絮凝沉降过程可以认为类似于二级反应过程，因此电导率随时间的变化与浓度的二次方成正比，即：

$$\frac{d\kappa_t}{dt} = k_1 c_t^2 \tag{6-36}$$

将式(6-34)代入式(6-36)，得到

$$\frac{d\kappa_r}{dt} = k_1 \frac{c_0^2}{\kappa_0}\left(\frac{c_t}{c_0}\right)^2 = k_2 \kappa_r^2 \tag{6-37}$$

对式(6-36)进行积分，得到

$$-\frac{1}{\kappa_r} = k_2 t + C \tag{6-38}$$

由于负号仅反映乳滴的沉降方向，式(4-38)可以写作：

$$\frac{\kappa_0}{\kappa_t} = k_2 t + C \tag{6-39}$$

式中 $k_1$，$k_2$——原油乳液絮凝沉降过程的速率系数，$k_1$ 单位为 S·m$^5$/(mol$^2$·s)，

$k_2$ 单位为 s$^{-1}$；

$C$——常数。

为更好地反映原油乳液絮凝沉降过程中稳定性的变化，根据图 6-15 中的数据，绘制 $\kappa_0/\kappa_t$ 随时间的变化，结果如图 6-17 所示。通过两条曲线的斜率分析可知，超临界 CO$_2$ 处理后原油乳液的絮凝沉降速率明显变小，由 0.00292s$^{-1}$ 降至 0.00101s$^{-1}$，这表明超临界 CO$_2$ 处理提高了原油乳液的絮凝沉降稳定性。

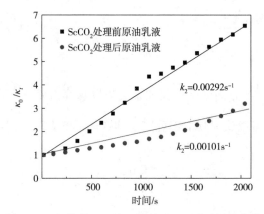

图 6-17　超临界 $CO_2$ 处理前后 $\kappa_0/\kappa_t$ 随时间的变化

### 6.3.1.2　乳滴形貌的观测

测得超临界 $CO_2$ 处理前、后原油乳液的乳滴形貌，如图 6-18 所示。可见，原油乳液乳滴界面处吸附有一层较为明显的界面活性物质(主要为油相中的沥青质)，形成了结构强度较强的沥青质膜，令乳滴不易变形，使得乳滴不易聚结破乳出连续的游离水相。同时可见，超临界 $CO_2$ 处理后乳液滴粒径显著减小，说明乳液的聚结稳定性明显提高。

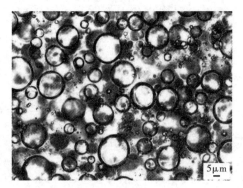

(a)处理前　　　　　　　　　　　　　　　(b)处理后

图 6-18　超临界 $CO_2$ 处理前、后原油乳液形貌

利用 ImageJ 软件对图 6-18 进行分析，得到超临界 $CO_2$ 处理前、后原油乳液的平均粒径，如表 6-3 所示。可见，超临界 $CO_2$ 处理后所形成的乳滴尺寸由 24.47μm 降至 18.53μm，这说明超临界 $CO_2$ 处理促进了原油中胶质沥青质等活性物质在油水界面的吸附。同时，由于超临界 $CO_2$ 处理后脱气原油的黏度升高、乳液粒度减小，可以推断超临界 $CO_2$ 处理后脱气原油乳液的黏度将显著高于超临界 $CO_2$ 处理前脱气原油乳液的黏度，这也有助于提高乳液的絮凝沉降稳定性。

表 6-3  超临界 CO₂处理前、后原油乳液的乳滴尺寸

|  | 超临界 CO₂处理前 | 超临界 CO₂处理后 |
|---|---|---|
| 乳滴粒径/μm | 24.47 | 18.53 |

### 6.3.1.3  界面张力分析

测得 50℃下，超临界 CO₂处理前、后油水界面张力随时间的变化，如图 6-19 所示。

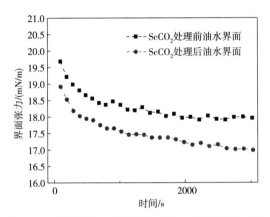

图 6-19  超临界 CO₂处理前、后油水界面张力变化

由图 6-19 可知：超临界 CO₂处理后油水界面张力明显变小，说明超临界 CO₂处理使得油相中界面活性物质的活性增强，更易吸附于油水界面，降低界面张力值。

综上分析可知，超临界 CO₂处理前、后界面活性物质在油水界面上的吸附初期，遵从 Ward-Tordai 公式与亨利模型。为更好地反映界面张力随时间的变化规律，根据图 6-19 中的数据，绘制了界面张力随 $\sqrt{t}$ 变化的关系图，见图 6-20；并依据式（6-7），拟合得到超临界 CO₂处理前、后脱气原油乳液中界面活性物质的 $D_{surface} \cdot c^2$ 值，如表 6-4 所示。可知：由于超临界 CO₂处理使得原油中沥青质的极性增强，有利于油相中沥青质更快地迁移并吸附于油水界面，提高沥青质的扩散吸附速率。

表 6-4  超临界 CO₂处理前、后原油乳液的 $D_{surface} \cdot c^2$ 值

|  | 超临界 CO₂处理前 | 超临界 CO₂处理后 |
|---|---|---|
| $D_{surface} \cdot c^2/[(10^{-16}mol^2/(m^4 \cdot s)]$ | 10.617 | 11.106 |

### 6.3.1.4  界面弹性模量分析

通过对小液滴施加小幅度的周期性振荡，测得 50℃下油水界面弹性模量随

时间的变化，如图 6-21 所示。

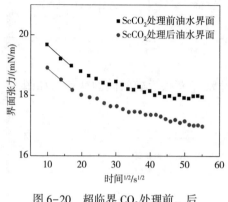

图 6-20　超临界 CO₂ 处理前、后
油水界面张力随$\sqrt{t}$变化

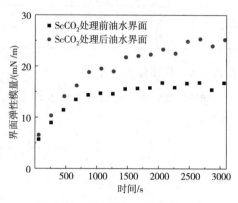

图 6-21　超临界 CO₂ 处理前、后
原油乳液界面弹性模量变化

由图 6-21 可知：超临界 CO₂ 处理后胶质沥青质等活性物质在油水界面处的吸附，形成了结构强度较强的界面膜，使得界面弹性模量的值明显高于超临界 CO₂ 处理前，由约 15mN/m 升至约 25mN/m，令乳滴在相互碰撞、挤压过程中不易聚结破乳，从而提高了原油乳液的聚结稳定性。

### 6.3.2　原油乳液中沥青质的分配与性质分析

#### 6.3.2.1　沥青质在界面上与油相中的分配量

通过离心将原油乳液分离为油相与高含水率的乳液相，分别通过正庚烷稀释、离心获取原乳液油相中以及界面上吸附的沥青质的量，进而计算得到沥青质在乳液油相与界面上的分配情况，结果如表 6-5 所示。

表 6-5　超临界 CO₂ 处理前、后原油乳液油相中与界面上沥青质的质量分数　（%）

| | 超临界 CO₂ 处理前 | 超临界 CO₂ 处理后 |
|---|---|---|
| 吸附于界面上的沥青质 | 23.66 | 25.71 |
| 分散于油相中的沥青质 | 76.34 | 74.29 |

由表 6-5 可知：原油乳液中的沥青质可分为两大类，部分极性较强、界面活性较高的沥青质吸附于油水界面上形成界面膜，提高乳滴界面结构强度，使得乳滴不易变形，从而提高原油乳液的聚结稳定性；而剩下的多数沥青质，则由于自身极性相对较弱且油水界面空间有限，而分散于油相体系内。超临界 CO₂ 处理能够促进沥青质在油水界面的吸附，使得吸附于界面上的沥青质的质量分数占比由 23.66% 增加至 25.71%。

#### 6.3.2.2 界面上及油相中沥青质的极性分析

测得超临界 $CO_2$ 处理前、后吸附于油水界面及分散于油相中的沥青质的极性变化，结果如图 6-22 所示。

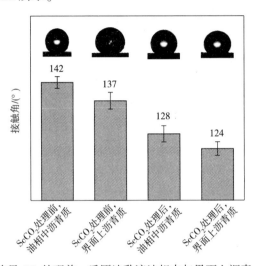

图 6-22　超临界 $CO_2$ 处理前、后原油乳液油相中与界面上沥青质的极性变化

由图 6-22 可知：从油水界面上分离获得的沥青质接触角更小，水润湿性更强，极性相对较强，所以能够更容易地吸附于油水界面，形成界面膜保护乳滴；超临界 $CO_2$ 处理导致无论油相中、还是界面上的沥青质极性都明显增强，使得沥青质更易吸附于油水界面，从而进一步提高了界面上吸附沥青质的量，这将有助于提高油水界面膜的强度和乳液的聚结稳定性。

#### 6.3.2.3 界面上及油相中沥青质的油分散性分析

测得超临界 $CO_2$ 处理前、后吸附于油水界面及分散于油相中的沥青质在正庚烷中的粒度分布，结果如图 6-23 所示。测得的沥青质粒度越小，说明沥青质的油分散性越好。

由图 6-23 可知：超临界 $CO_2$ 处理前沥青质的粒度较小，说明沥青质的油分散性相对较好；且超临界 $CO_2$ 处理前原油乳液界面上与油相中沥青质的粒度相差较小，说明超临界 $CO_2$ 处理前原油乳液界面上与油相中沥青质的油分散性相差较小。

超临界 $CO_2$ 处理剥离了沥青质的溶剂化层，使其油分散性变差，沥青质在正庚烷体系中的粒度有所增大；同时发现超临界 $CO_2$ 处理后，吸附于界面上的沥青质在油相中的粒度与分散于原油中的沥青质的粒度相差较大。这说明超临界 $CO_2$ 处理后原油乳液界面上与油相中沥青质的油分散性相差较大，界面上吸附的沥青质更难脱附至油相中，界面膜更加稳定。

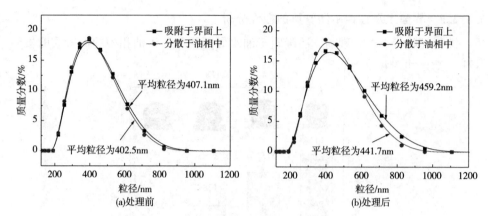

图 6-23 超临界 $CO_2$ 处理前、后原油乳液油相中与界面上沥青质的粒度变化

### 6.3.3 原油乳液对破乳剂的感受性变化

#### 6.3.3.1 分水率变化

首先向制得的原油乳液外相中,加入 $100 \times 10^{-6}$ 的 AP125 型破乳剂,并在 50℃下通过 10s 的轻轻振荡摇匀,得到添加有破乳剂的脱气原油乳液样,并对其分水率进行测试,结果如图 6-24 所示。

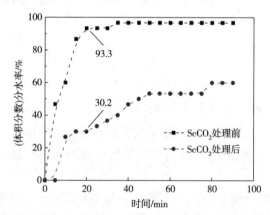

图 6-24 AP125 破乳剂对超临界 $CO_2$ 处理前、后分水率的影响

由图 6-24 可知:AP125 破乳剂的添加,能够极大地促进原油乳液的破乳脱水,在 50℃下,约 20min 便可脱出体积分数 90% 以上的游离水;超临界 $CO_2$ 处理则明显地抑制了 AP125 破乳剂的破乳效果,令脱出游离水的体积大幅减少,如 20min 时,只脱出体积分数约 30% 的游离水。

### 6.3.3.2 乳滴形貌

为反映超临界 CO$_2$ 处理前、后原油乳液对破乳剂的感受性变化，测得添加 AP125 破乳剂后原油乳液的乳滴形貌，如图 6-25 所示。

 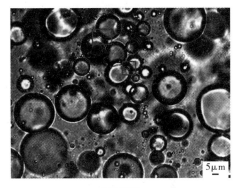

(a)处理前                                           (b)处理后

图 6-25   添加 AP125 破乳剂对超临界 CO$_2$ 处理前、后乳滴形貌的影响

由图 6-25 可知：在添加 AP125 破乳剂后，乳滴难以维持稳定的球形滴，在相互接触、挤压、变形的过程中，由于破乳剂所形成的界面膜更为松散，膜结构更易变形破裂，乳滴聚结的概率显著提升；添加 AP125 破乳剂后，乳滴的油水界面上仍存在较为明显的沥青质膜，说明 AP125 破乳剂并不会将原吸附于界面上的界面活性物质完全驱替，只需置换部分胶质或小相对分子质量的沥青质，削弱局部区域或点位的界面膜强度，就能够起到很好的破乳效果。

超临界 CO$_2$ 处理使得沥青质的极性增强，油分散性变差，令吸附于油水界面处的沥青质更难脱附；紧密的沥青质吸附膜减缓了 AP125 破乳剂在油水界面的吸附，增加了破乳剂分子将界面上吸附的活性物质驱替入油相中的难度，这抑制了破乳剂分子对界面膜强度的削弱作用，使乳滴滴形能够保持相对稳定，原油乳液更不易破乳脱水。

### 6.3.3.3 界面张力

测得 50℃下，添加 AP125 破乳剂后油水界面张力随时间的变化，如图 6-26 所示。可知：超临界 CO$_2$ 处理后油水界面张力明显升高，说明超临界 CO$_2$ 处理抑制了 AP125 破乳剂对界面吸附活性物质的驱替，减缓了界面强度较低的破乳剂分子膜的形成，有利于乳滴的稳定。

综上分析可知，AP125 破乳剂在油水界面上的吸附初期，遵从 Ward-Tordai 公式与亨利模型。为更好地反映界面张力随时间的变化规律，根据图 6-26 中的数据，绘制了界面张力随 $\sqrt{t}$ 变化的关系图，见图 6-27；并依据式(6-7)，拟合得到超临界 CO$_2$ 处理前、后 AP125 破乳剂的 $D_{surface} \cdot c^2$ 值，并与未添加 AP125 破乳剂时进行对比，结果如表 6-6 所示。

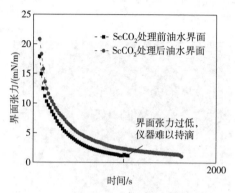

图 6-26 添加 AP125 破乳剂对超临界 CO$_2$ 处理前、后油水界面张力的影响

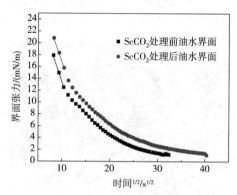

图 6-27 添加 AP125 破乳剂后油水界面张力随 $\sqrt{t}$ 变化

表 6-6 原油乳液的 $D_{surface} \cdot c^2$ 值

| | $D_{surface} \cdot c^2 / [(10^{-16} mol^2/(m^4 \cdot s)]$ | |
| --- | --- | --- |
| | 超临界 CO$_2$ 处理前 | 超临界 CO$_2$ 处理后 |
| 未添加 AP125 破乳剂 | 10.617 | 11.106 |
| 添加 AP125 破乳剂 | 6913 | 5992 |

由表 6-6 可知：由于界面活性的差异，破乳剂分子于油水界面上的扩散吸附速率远远大于沥青质的扩散吸附速率，相差 2~3 个数量级；超临界 CO$_2$ 处理后油水界面上的沥青质膜较为致密，能够明显地抑制破乳剂分子的扩散吸附速率，一定程度上维持了乳滴的稳定性。

### 6.3.3.4 界面弹性模量

通过对小液滴施加小幅度的周期性振荡，测得添加 AP125 破乳剂后油水界面弹性模量随时间的变化，结果如图 6-28 所示。

由图 6-28 可知：添加 AP125 破乳剂后，破乳剂分子能够迅速扩散吸附于油水界面，并通过竞争吸附，将界面上原有的沥青质逐步驱替入油相中，逐渐削弱乳滴的界面膜强度，降低油水界面的弹性模量，令乳滴在碰撞中更易变形破乳，大幅

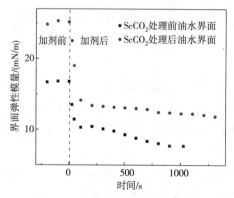

图 6-28 添加 AP125 破乳剂对超临界 CO$_2$ 处理前、后界面弹性模量的影响

降低原油乳液的稳定性。

超临界 CO$_2$ 处理剥离了沥青质的溶剂化结构，使其极性增强、油分散性变差，破乳剂分子较难将原吸附于界面处的沥青质驱替入油相中，使得添加 AP125 破乳剂后，油水界面的弹性模量仍能够维持在约 12mN/m，降低了 AP125 破乳剂对界面膜的破坏程度，令乳滴能够保持相对稳定。

### 6.3.3.5 破乳剂感受性变化的机理分析

超临界 CO$_2$ 处理前、后原油乳液添加 AP125 破乳剂的机理示意如图 6-29 所示。

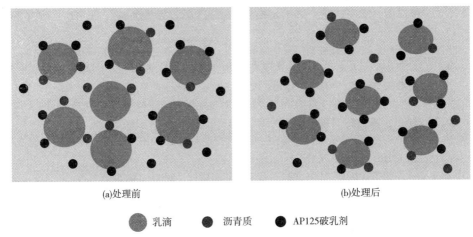

(a)处理前        (b)处理后

● 乳滴     ● 沥青质     ● AP125破乳剂

图 6-29 超临界 CO$_2$ 处理前、后原油乳液对 AP125 破乳剂感受性的机理示意

由图 6-29 可知：对于超临界 CO$_2$ 处理前的原油乳液，AP125 破乳剂比天然的界面活性物质(胶质、小相对分子质量的沥青质)具有更高的界面活性，能够迅速地扩散吸附于油水界面上，并通过竞争吸附将原有的成膜物质驱替出来，在局部区域或点位形成新的松散的破乳剂分子膜。由于破乳剂分子膜的结构强度较低，在乳滴间碰撞、挤压、变形的过程中，乳滴极易聚结破乳脱出连续的游离水相，从而降低脱气原油乳液的稳定性。

超临界 CO$_2$ 处理剥离了沥青质的溶剂化层，使沥青质极性更强，油分散性更差，这促进了沥青质向油水界面的吸附，使所形成的乳滴粒径减小，并且所形成的沥青质吸附膜结构致密、膜强度较高。该沥青质吸附膜抑制了破乳剂分子的界面驱替作用，降低破乳剂分子对界面膜强度的破坏程度，从而使乳滴在碰撞过程中能够保持滴形相对稳定，不易聚结破乳、脱出游离水，提高了原油乳液的稳定性。因此，AP125 破乳剂对超临界 CO$_2$ 处理后脱气原油乳液的作用效果变差。

# 参 考 文 献

[1] 米剑锋, 马晓芳. 中国 CCUS 技术发展趋势分析[J]. 中国电机工程学报, 2019, 39(9): 2537-2544.

[2] 张贤, 李阳, 马乔, 等. 我国碳捕集利用与封存技术发展研究[J]. 中国工程科学, 2021, 23(6): 70-80.

[3] 费维扬, 艾宁, 陈健. 温室气体 $CO_2$ 的捕集和分离——分离技术面临的挑战与机遇[J]. 化工进展, 2005(1): 1-4.

[4] 张卫东, 张栋, 田克忠. 碳捕集与封存技术的现状与未来[J]. 中外能源, 2009, 14(11): 7-14.

[5] 李俊, 张双蕾, 李亮, 等. 二氧化碳储存技术[J]. 天然气与石油, 2011, 29(2): 15-17, 4.

[6] 李新春, 孙永斌. 二氧化碳捕集现状和展望[J]. 能源技术经济, 2010, 22(4): 21-26.

[7] 袁士义, 马德胜, 李军诗, 等. 二氧化碳捕集、驱油与埋存产业化进展及前景展望[J]. 石油勘探与开发, 2022, 49(4): 828-834.

[8] 秦积舜, 李永亮, 吴德彬, 等. CCUS 全球进展与中国对策建议[J]. 油气地质与采收率, 2020, 27(1): 20-28.

[9] 中国石油经济技术研究院. 2015 年国内外油气行业发展报告[R]. 北京: 中国石油经济技术研究院, 2016.

[10] 苏玉亮. 油藏驱替机理[M]. 北京: 石油工业出版社, 2006: 46-59.

[11] 雷友忠. 低渗透油藏注 $CO_2$ 提高采收率技术与应用[D]. 成都: 西南石油大学, 2006.

[12] 巢清尘, 陈文颖. 碳捕获和存储技术综述及对我国的影响[J]. 地球科学进展, 2006(3): 291-298.

[13] 孙枢. $CO_2$ 地下封存的地质学问题及其对减缓气候变化的意义[J]. 中国基础科学, 2006 (3): 17-22.

[14] 沈平平, 江怀友. 温室气体提高采收率的资源化利用及地下埋存[J]. 中国工程科学, 2009, 11(5): 54-59.

[15] 曾荣树, 孙枢, 陈代钊, 等. 减少二氧化碳向大气层的排放——二氧化碳地下储存研究[J]. 中国科学基金, 2004(4): 6-10.

[16] HORNAFIUS K Y, HORNAFIUS J S. Carbon negative oil: A pathway for $CO_2$ emission reduction goals[J]. International Journal of Greenhouse Gas Control, 2015, 37: 492-503.

[17] LEI H, YANG S L, ZU L H, et al. Oil recovery performance and $CO_2$ storage potential of $CO_2$ water-alternating-gas injection after continuous $CO_2$ injection in a multilayer formation[J]. Energy & Fuels, 2016, 30 (11): 8922-8931.

[18] EZUBER H M. Influence of temperature and thiosulfate on the corrosion behavior of steel in chloride solutions saturated in $CO_2$[J]. Materials & Design, 2009, 30(9): 3420-3427.

[19] ABEDINI A, TORABI F. Oil Recovery performance of immiscible and miscible $CO_2$ huff-and-puff processes[J]. Energy & Fuels, 2014, 28(2): 774-784.

[20] 付美龙, 欧阳传湘, 喻高明. 稠油与高凝油油藏提高采收率技术[M]. 北京: 石油工业出版社, 2013: 244-249.

［21］ TRAN T Q，NEOGI P，BAI B. Stability of $CO_2$ displacement of an immiscible heavy oil in a reservoir［J］. SPE Journal，2017，22(2)：539-547.

［22］ 祝春生，程林松. 低渗透油藏 $CO_2$ 驱提高原油采收率评价研究［J］. 钻采工艺，2007，30(6)：55-57，60.

［23］ 刘炳官，朱平，雍志强，等. 江苏油田 $CO_2$ 混相驱现场试验研究［J］. 石油学报，2002(4)：56-60，3.

［24］ KOOTTUNGAL L. 2014 worldwide EOR survey［J］. Oil & Gas Journal，2014，112(4)：79-91.

［25］ 徐婷，杨震，周体尧，等. 中美二氧化碳捕集和驱油发展状况分析［J］. 国际石油经济，2016，24(4)：12-16，28.

［26］ 吕雷，王珂. 二氧化碳驱油在我国的发展现状及应用前景［J］. 精细石油化工进展，2012，13(12)：26-29.

［27］ 彭龙，尹恒飞，仲崇明. 二氧化碳驱油的现状与发展的调研［J］. 广东化工，2017，44(12)：143-144.

［28］ 钟显东，金佩强. EOR 采油项目的经济评价：衰竭油田中的 $CO_2$ 埋存［J］. 国外油田工程，2009，25(9)：1-5.

［29］ WHORTON L P，BROWNSCOMBE E R，DYES A B. Method for producing oil by means of carbon dioxide：US 2623596［P］. 1952-12-30.

［30］ 何江川，廖广志，王正茂. 油田开发战略与接替技术［J］. 石油学报，2012，33(3)：519-525.

［31］ 秦积舜，韩海水，刘晓蕾. 美国 $CO_2$ 驱油技术应用及启示［J］. 石油勘探与开发，2015，42(2)：209-216.

［32］ 罗二辉，胡永乐，李保柱，等. 中国油气田注 $CO_2$ 提高采收率实践［J］. 特种油气藏，2013，20(2)：1-7，42.

［33］ KOK M V，ORS O. The evaluation of an immiscible-$CO_2$ enhanced oil recovery technique for heavy crude oil reservoirs［J］. Energy Sources，Part A：Recovery，Utilization and Environmental Effects，2012，34：673-681.

［34］ ABEDINI A，TORABI F. Parametric study of the cyclic $CO_2$ injection process in light oil systems［J］. Industrial & Engineering Chemistry Research，2013，52(43)：15211-15223.

［35］ MA D S，ZHANG K，QIN J S. Flow properties of $CO_2$/crude oil in miscible phase flooding［J］. Petroleum Science and Technology，2010，28(14)：1427-1433.

［36］ 秦积舜，张可，陈兴隆. 高含水后 $CO_2$ 驱油机理的探讨［J］. 石油学报，2010，31(5)：797-800.

［37］ 郭平，苑志旺，廖广志. 注气驱油技术发展现状与启示［J］. 天然气工业，2009，29(8)：92-96，143-144.

［38］ HAWTHORNE S B，MILLER D J. A comparison of crude oil hydrocarbon mobilization by vaporization gas drive into methane，ethane，and carbon dioxide at 15.6MPa and 42℃［J］. Fuel，2019，249(AUG. 1)：392-399.

［39］ YANG D Y，GU Y G. Determination of Diffusion coefficients and interface mass-transfer coefficients of the crude oil-$CO_2$ system by analysis of the dynamic and equilibrium interfacial tensions［J］. Industrial & Engineering Chemistry Research，2008，47(15)：5447-5455.

[40] NASERI A, GhareSheikhloo A, Kamari A, et al. Experimental measurement of equilibrium interfacial tension of enriched miscible gas-crude oil systems[J]. Journal of Molecular Liquids, 2015, 211: 63-73.

[41] 任双双, 杨胜来, 杭达震. 非纯 CO$_2$ 对 MMP 和驱油效率影响的实验研究[J]. 中国矿业大学学报, 2010, 39(2): 249-253.

[42] 杨学锋. 油藏注气最小混相压力研究[D]. 成都: 西南石油学院, 2003.

[43] 王庆峰. CO$_2$混相驱最小混相压力确定方法研究进展[J]. 化工进展, 2011, 30(增刊 1): 805-808.

[44] Hemmati-Sarapardeh A, Ayatollahi S, Ghazanfari M H, et al. Experimental determination of interfacial tensionand miscibility of the CO$_2$ - crude oil system: temperature, pressure, and composition effects[J]. Journal of Chemical & Engineering Data, 2014, 59(1): 61-69.

[45] 赵明国, 赵宇. CO$_2$驱油中沥青质沉积条件及对驱油效果影响的研究[J]. 科学技术与工程, 2011, 11(4): 729-731, 748.

[46] 端祥刚, 侯吉瑞, 赵凤兰, 等. CO$_2$在原油中的扩散及引起的沥青质沉积[J]. 油田化学, 2011, 28(4): 410-413.

[47] 张钧溢, 赵凤兰, 侯吉瑞, 等. CO$_2$驱替过程中沥青质沉积及其对原油采收率的影响[J]. 特种油气藏, 2012, 19(2): 107-109, 141.

[48] PENG D Y, ROBINSON D B. A new two-constant equation of state[J]. Industrial & Engineering Chemistry Fundamentals, 1976, 15(1): 59-63.

[49] STARING K E, HAN M S. Thermodynamic properties of liquefied petroleum gas mixtures[J]. Hydrocarbon Processing, 1972, 51(5): 129.

[50] SAITO S, ARai Y(1986). [Z] Kagaku Kogyo Sha Co, Tokyo, 8.

[51] 王磊. 超临界二氧化碳剥蚀原油机理的分子模拟研究[D]. 青岛: 中国石油大学 (华东), 2014.

[52] 刘青林, 权忠舆. 含蜡原油热处理过程中若干组分的作用[J]. 石油学报, 1986, 7(1): 15-22.

[53] EHSAN M, FATEMEH S Z, VAHID T, et al. Effects of paraffinic group on interfacial tension behavior of CO$_2$-asphaltenic crude oil systems [J]. Journal of Chemical & Engineering Data, 2014, 59(8): 2563-2569.

[54] LOUREIRO T S, PALERMO L C M, SPINELLI L S. Influence of precipitation conditions ( n-heptane or carbon dioxide gas ) on the performance of asphaltene stabilizers [J]. Journal of Petroleum Science & Engineering, 2015, 127: 109-114.

[55] SADEQIMOQADAM M, FIROOZINIA H, KHARRAT R, et al. The impact of CO$_2$ injection and pressure changes on asphaltene molecular weight distribution in a heavy crude oil an experimental study [J]. Petroleum Science and Technology, 2010, 28(17): 1728-1739.

[56] DEO M, PARRA M. Characterization of Carbon - Dioxide - Induced Asphaltene Precipitation [J]. Energy & Fuels, 2012, 26(5): 2672-2679.

[57] 王阳, 毕胜山, 崔军卫, 等. CO$_2$/正己烷体系质扩散系数和黏度的分子动力学模拟研究[J]. 工程热物理学报, 2020, 41(7): 1579-1584.

[58] 夏明珠, 严莲荷, 雷武, 等. 二氧化碳的分离回收技术与综合利用[J]. 现代化工, 1999(5): 48-50.

[59] BAYAT A E, JUNIN R, HEJRI S, et al. Application of $CO_2$-based vapor extraction process for high pressure and temperature heavy oil reservoirs [J]. Journal of Petroleum Science & Engineering, 2015, 135: 280-290.

[60] SHARBATIAN, ABEDINI A, ZHENBANG Qi, et al. Full characterization of $CO_2$-oil properties on-chip: solubility, diffusivity, extraction pressure, miscibility, and contact angle [J]. Analytical chemistry, 2018, 90 (4): 2461-2467.

[61] 王杰. 超临界流体萃取致密介质中原油的可行性研究[D]. 成都: 西南石油大学, 2015.

[62] 王玉珍, 王树众, 李艳辉, 等. 超临界 $CO_2$ 萃取油泥砂中柴油的可行性及经济性分析 [J]. 西安交通大学学报, 2015, 49(5): 128-133.

[63] 杨俊兰, 马一太, 曾宪阳, 等. 超临界压力下 $CO_2$ 流体的性质研究[J]. 流体机械, 2008 (1): 53-57, 13.

[64] 何岩. 超临界 $CO_2$ 体系的扩散性质和微观结构的分子动力学研究[D]. 天津: 天津大学, 2007.

[65] 王舒华. 超临界 $CO_2$ 对原油性质影响规律研究[D]. 青岛: 中国石油大学(华东), 2014.

[66] 王冠华. 超临界 $CO_2$ 泡沫调驱技术研究[D]. 青岛: 中国石油大学(华东), 2011.

[67] 杨子浩, 林梅钦, 董朝霞, 等. 超临界 $CO_2$ 在有机液体中的分散[J]. 石油学报(石油加工), 2015, 31(2): 596-602.

[68] MA B, WANG R H, NI H J, et al. Experimental study on harmless disposal of waste oil based mud using supercritical carbon dioxide extraction [J]. Fuel, 2019, 252: 722-729.

[69] RUDYK S N, SPIROV P. Three-dimensional scheme of supercritical carbon dioxide extraction of heavy hydrocarbon mixture in (Pressure; Temperature; Recovery) coordinates[J]. Energy & Fuels, 2013, 27(10): 5996-6001.

[70] DUAN Z H, SUN R. An improved model calculating $CO_2$ solubility in pure water and aqueous NaCl solutions from 273 to 533 K and from 0 to 2000 bar [J]. Chemical Geology, 2003, 193 (3/4): 257-271.

[71] DUAN Z H, SUN R, ZHU C, et al. An improved model for the calculation of $CO_2$ solubility in aqueous solutions containing $Na^+$, $K^+$, $Ca^{2+}$, $Mg^{2+}$, $Cl^-$, and $SO_4^{-2}$[J]. Marine Chemistry, 2006, 98(2/3/4): 131-139.

[72] KENNETH S, PITZER J, CHRISTOPHER P. Thermodynamic properties of aqueous sodium chloride solutions [J]. Journal of Physical and Chemical Reference Data, 1984, 13 (1): 1-13.

[73] 蒋秀, 屈定荣, 刘小辉. 超临界 $CO_2$ 管道输送与安全[J]. 油气储运, 2013, 32(8): 809-813.

[74] 宁雯宇, 陈磊, 韩喜龙, 等. $CO_2$ 管道输送技术现状研究[J]. 当代化工, 2014, 43(7): 1280-1282.

[75] MALLISON B T, GERRITSEN M G, JESSEN K, et al. High Order upwind schemes for two-phase, multicomponent flow[J]. SPE Journal, 2005, 10(3): 297-311.

[76] 喻西崇, 李志军, 郑晓鹏, 等. 含杂质 $CO_2$ 体系相态特性及 $CO_2$ 低温液态储存蒸发特性实验研究[J]. 中国海上油气, 2009, 21(3): 196-199.

[77] WINTER C, NITSCH T. Hydrogen as an energy carrier: technologies, systems, economy [M]. Berlin: Springer-verlag, 1988.

［78］王艳辉，吴迪塘，迟建．氢能及制氢的应用技术现状及发展趋势［J］．化工进展，2001，20（1）：6-8.

［79］RAM B，GUPTA．Hydrogen fuel：production，transport，and storage［M］．Boca Raton：CRS Press，
2008.

［80］尼瓦费林，亚波布拉诺夫．液体低温系统［M］．北京：低温工程编辑部，1993.

［81］YOUSEF S，NAJJAR H．Hydrogen safety：The road toward green technology［J］．International Journal of Hydrogen Energy，2013，38（25）：10716-10728.

［82］STEPHAN K，HILDWEIN H．DECHEMA Chemistry Data Series，Volume Ⅳ［M］．Germany：Gesellschaft für Chemische Technik und Biotechnologie e. Ⅴ.，1987.

［83］黄泽，罗日萍，张志光．低温液体罐箱的发展趋势［J］．石化技术，2015，22（6）：40-41.

［84］王磊，厉彦忠，程向华．气枕压力对液氢贮箱热分层的影响规律［J］．低温工程，2009（6）：18-22.

［85］汪艳，孙培杰，崑锐，等．大型液氧储罐停放过程中热分层特征分析［J］．低温与超导，2015，43（11）：1-5.

［86］程向华，厉彦忠．低温液体热分层特性分析［J］．低温工程，2011（5）：32-36.

［87］GERMELES A E．A model for LNG tank rollover［J］．Advances in Cryogenic Engineering，1960，21：326-336.

［88］SUGAWARA Y，KUBOTa A，MURAKI S．Rollover test in LNG storage tank and simulation model［M］．Advances in Cryogenic Engineering，1984.

［89］SHI J Q，MURRAYSMITH R，TITTERINGTON D M．Hierarchical gaussian process mixtures for regression［J］．Statistics & Computing，2005，15（1）：31-41.

［90］SHI J Q，BEDUZ C，SCURLOCK R G．Numerical modelling and flow visualization of mixing of stratifiedlayers and rollover in LNG［J］．Cryogenics，1993，33（12）：1116-1124.

［91］BATES S．The cambridge dictionary of philosophy. by robert audi［J］．Analytic Philosophy，2010，37（3）：183-183.

［92］DEAN M，FOJO T，BATES S．Tumour stem cells and dryg resistance［J］．Nature Reviews Cancer，2005，5（4）：275.

［93］ROBBINS J H，ROGERS A C．An analysis on predicting thermal stratification in liquid hydrogen［J］．PlantPhysiology，2015，67（3）：489-493.

［94］谢立军，陈友龙．环境温度对低温容器蒸发率影响的实验研究［C］//全国低温工程大会暨中国航天低温专业信息网2007年度学术交流会，2007.

［95］朱丽芳，沈德利．LNG常压储罐蒸发率测量及影响因素分析［J］．煤气与热力，2014，34（2）：11-16.

［96］金明皇，许克军，程松民，等．大型LNG储罐静态日蒸发率的计算方法［J］．油气储运，2016，35（4）：386-390.

［97］曹学文，彭文山，王萍，等．大型LNG储罐罐壁隔热层保冷性能及其优化［J］．油气储，2016，35（4）：369-375.

［98］吴文海，岳鹏，马文庆．大型LNG低温储罐保冷标准与性能计算［J］．石油工业技术监督，2015，31（12）：31-33.

［99］施雯，邱源海，张彪，等．大型 LNG 储罐三维温度场模拟研究［J］．广东石油化工学院学报，2017，27(3)：54-56.

［100］MORSE T L, KYTIMAA H K. The effect of turbulence on the rate of evaporation of LNG on water［J］. Journal of Loss Prevention in the Process Industries, 2011, 24(6)：791-797.

［101］YANG J H, YANG G S. The temperature field research for large LNG cryogenic storage tank wall［J］. Applied Mechanics & Materials, 2014, 6(2)：733-736.

［102］ABDULKAREEM M A. Heat transfer in cryogenic vessels：analytical solution & numerical simulation［M］. Uganda：Scholars' Press, 2017.

［103］TANYUN Z, ZHONGPING H, Li S. Numerical simulation of thermal stratification in liquid hydrogen［J］. Advances in Cryogenic Engineering：Part A, 1996：155-161.

［104］TATOM J W, BROW W H, KNIGHT L H, et al. Analysis of thermal stratification of $LH_2$ in rocket propellant tank［J］. Advances in Cryogenic Engineering, 1964, 9：265-272.

［105］BAILEY T E, FEARM R F. Analytical and experimental determination of $LH_2$ temperature stratification［J］. Advances in Cryogenic Engineering, 1964, 9：254-264.

［106］DAS S P, CHAKRABORTY, DUTTA P, Studies on thermal stratification phenomenon in $LH_2$ storage vessel［J］. Heat transfer engineering, 2004, 25(4)：54-66.

［107］林文胜，顾安忠，李品友．液化天然气的分层与漩涡研究进展［J］．真空与低温，2000，6(3)：125-132.

［108］程栋，顾安忠．液化天然气的贮存分层现象［J］．深冷技术，1997(1)：13-15.

［109］江春波，马强，付清潭．二维温度分层流的数值模拟［J］．水力发电，2003(2)：24-26.

［110］程向华，厉彦忠，陈二峰．火箭液氧贮箱热分层现象数值模拟［J］．低温工程，2008(2)：10-13.

［111］程向华，厉彦忠，陈二峰，等．新型运载火箭射前预冷液氧贮箱热分层的数值研究［J］．西安交通大学学报，2008(9)：1132-1136.

［112］MOHAMMED R A, BAILEY A I, LUCKHAM P F, et al. Dewatering of crude oil emulsions 2. Interfacial properties of the asphaltic constituents of crude oil［J］. Colloids and Surfaces A：Physicochemical and Engineering Aspects, 1993, 80(2-3)：237-242.

［113］B. P. 蒂索，D. H. 韦尔特，熊寿生，等．原油的组成、分类及地质因素对原油组成的影响［J］．石油地质实验，1978(4)：50-116.

［114］SVETGOFF J A. Demulsification key to production efficiency［J］. Petroleum Engineer International, 1988, 61(8).

［115］SJÖBLOM J, ASKE N, AUFLEM I H, et al. Our current understanding of water-in-crude oil emulsions［J］. Advances in Colloid & Interface Science, 2003, 100(2)：399-473.

［116］SAUERER B, STUKAN M, BUITING J, et al. Dynamic Asphaltene-Stearic Acid Competition at the Oil-Water Interface［J］. Langmuir, 2018, 34(19), 5558-5573.

［117］SPIECKER P M, GAWRYS K L, TRAIL C B, et al. Effects of petroleum resins on asphaltene aggregation and water-in-oil emulsion formation［J］. Colloids and surfaces A：Physicochemical and engineering aspects, 2003, 220(1-3)：9-27.

［118］VARADARAJ R, BRONS C. Molecular origins of crude oil interfacial activity part 3：characterization of the complex fluid rag layer formed at crude oil-water interfaces［J］. Energy & Fuels, 2007, 21(3)：1617-1621.

[119] VARADARAJ R, BRONS C. Molecular origins of crude oil interfacial activity. Part 4: oil - water interface elasticity and crude oil asphaltene films[J]. Energy & fuels, 2012, 26(12): 7164-7169.

[120] 李传宪, 杨飞, 杨爽, 等. 一种超临界二氧化碳处理原油的设备及其处理方法: 山东, CN105004838A[P]. 2015-10-28.

[121] 李鼎. CO$_2$与原油体系最小混相压力的模拟预测[D]. 济南: 山东大学, 2020.

[122] KUZNICKI T, MASLIYAH J H, BHATTACHARJEE S. Molecular Dynamics Study of Model Molecules Resembling Asphaltene - Like Structures in Aqueous Organic Solvent Systems [J]. Energy Fuels, 2008, 22(4): 2379-2389.

[123] 国家能源局. 石油沥青四组分测定法: NB/SH/T 0509—2010[S]. 北京: 中国标准出版社, 2010.

[124] 国家能源局. 原油凝点测定法: SY/T 0541—2009[S]. 北京: 中国标准出版社, 2009.

[125] 梁文杰, 阙国和, 刘晨光, 等. 石油化学[M]. 东营: 中国石油大学出版社, 2009: 239-244.

[126] 陈宗淇, 王光信, 徐桂英. 胶体与界面化学[M]. 北京: 高等教育出版社, 2009: 166-172, 228-231, 261-276.

[127] 赵振国. 应用胶体与界面化学[M]. 北京: 化学工业出版社, 2008: 53-57, 99-104, 182-195.

[128] 秦匡宗, 郭绍辉. 石油沥青质[M]. 北京: 石油工业出版社, 2002: 58-60.

[129] DIOGO E V. ANDRADE, ANA C B. DA CRUZ, et al. Influence of the initial cooling temperature on the gelation and yield stress of waxy crude oils [J]. Rheologica Acta An International Journal of Rheology, 2015, 54(2): 149-157.

[130] BAI C Y, ZHANG J J. Effect of carbon number distribution of wax on the yield stress of waxy oil gels [J]. Industrial & Engineering Chemistry Research, 2013, 52(7): 2732-2739.

[131] YANG F, LI C, LI C X, et al. Scaling of structural characteristics of gelled model waxy oils [J]. Energy & Fuels, 2013, 27(7): 3718-3724.

[132] 杨皓天. 劣质重油正庚烷和正戊烷沥青质的分离、表征和热分解动力学研究[D]. 武汉: 武汉工程大学, 2017.

[133] BEVERUNG C J, RADKE C J, BLANCH H W. Protein adsorption at the oil/water interface: Characterization of adsorption kinetics by dynamic interfacial tension measurements [J]. Biophysical Chemistry, 1999, 81(1): 59-80.

[134] RANE J P, HARBOTTLE D, PAUCHARD V, et al. Adsorption kinetics of asphaltenes at the oil-water interface and nanoaggregation in the bulk [J]. Langmuir, 2012, 28 (26): 9986-9995.

[135] WANG X, ZHANG S, GU Y. Four important onset pressures for mutual interactions between each of three crude oils and CO$_2$[J]. Journal of Chemical & Engineering Data, 2010, 55 (10): 4390-4398.

[136] PAUCHARD V, RANE J P, ZARKAR S, et al. Long-term adsorption kinetics of asphaltenes at the oil-water interface: A random sequential adsorption perspective [J]. Langmuir, 2014, 30 (28): 8381-8390.

[137] SPIECKER P M, GAWRYS K L, TRAIL C B, et al. Effects of petroleum resins on

asphaltene aggregation and water-in-oil emulsion formation[J]. Colloids and surfaces A: Physicochemical and engineering aspects, 2003, 220(1-3): 9-27.

[138] PENG D Y, ROBINSON D B. A new two-constant equation of state [J]. Industrial EngineeringChemistry Research Fundamentals, 1976, 15(1): 59-64.

[139] 权忠舆. 有关原油流变性与石油化学的讨论[J]. 油气储运, 1996(10): 1-6, 3.

[140] YAO B, WANG L, YANG F, et al. Effect of vinyl-acetate moiety molar fraction on the performance of poly (octadecyl acrylate-vinyl acetate) pour point depressants: experiments and mesoscopic dynamics simulation[J]. Energy & Fuels, 2017, 31(1): 448-457.

[141] 宋昭峥, 葛际江, 张贵才, 等. 高蜡原油降凝剂发展概况[J]. 石油大学学报(自然科学版), 2001(6): 117-122.

[142] YANG F, ZHAO Y S, SJÖBLOM J, et al. Polymeric wax inhibitors and pour point depressants for waxy crude oils: A critical review [J]. Journal of Dispersion Science and Technology, 2015, 36(2): 213-225.

[143] 李传宪. 原油流变学[M]. 东营: 中国石油大学出版社, 2007: 117-118.

[144] PU H Y, AI M Y, ZHANG P, et al. Effect of thermal history on the thixotropy of waxy crude [J]. Petroleum Science and Technology, 2016, 34(1): 1-5.

[145] Franco, Admilson, T, et al. Influence of the initial cooling temperature on the gelation and yield stress of waxy crude oils[J]. Rheologica Acta An International Journal of Rheology, 2015, 54(2): 149-157.

[146] ZHU H R, LI C X, YANG F, et al. Effect of thermal treatment temperature on the flowability and wax deposition characteristics of changqing waxy crude oil [J]. Energy & Fuels, 2018, 32(10): 10605-10615.

[147] 代晓东, 贾子麒, 孙伶, 等. 利用 RC1e 反应量热仪研究含蜡原油热处理机理[J]. 油气储运, 2011, 30(5): 359-361.

[148] 聂岚, 袁宗明, 周子誉, 等. 热处理作用对含蜡原油流变性的影响[J]. 石油化工应用, 2014, 33(1): 74-79.

[149] TINSLEY J F, JAHNKE J P, DETTMAN H D, et al. Waxy gels with asphaltenes 1: characterization of precipitation, gelation, yield stress, and morphology [J]. Energy & Fuels, 2009, 23(4): 2056-2064.

[150] DIMITRIOU C J, MCKINLEY G H. A comprehensive constitutive law for waxy crude oil: a thixotropic yield stress fluid [J]. Soft Matter, 2014, 10: 6619-6644.

[151] VIEIRA L C, BUCHUID M B, LUCAS E F. Effect of pressure on the crystallization of crude oil waxes. I. selection of test conditions by microcalorimetry [J]. Energy & Fuels, 2010, 24(4): 2208-2212.

[152] VIEIRA L C, BUCHUID M B, LUCAS E F. Effect of pressure on the crystallization of crude oil waxes. II. Evaluation of crude oils and condensate [J]. Energy & Fuels, 2010, 24(4): 2213-2220.

[153] 李传宪, 王峰, 范原搏, 等. 管输温度对 EVA 型防蜡剂防蜡效果的影响[J]. 石油学报(石油加工), 2020, 36(3): 525-532.

[154] ALVES B F, PEREIRA P H R, Rita de Cássia P. Nunes, et al. Influence of solvent solubility parameter on the performance of EVA copolymers as pour point modifiers of waxy model-

systems［J］. Fuel, 2019, 258：1-8.

［155］YU H L, SUN Z N, JING G L, et al. Effect of a magnetic nanocomposite pour point depressant on the structural properties of daqing waxy crude oil［J］. Energy & Fuels, 2019, 33(7)：6069-6075.

［156］李传宪, 杨飞, 吴建, 等. 带压饱和溶气原油凝点测量装置：山东, CN101776626A［P］. 2010-07-14.

［157］杨飞, 李传宪, 吴建, 等. 带压饱和溶气原油流变性测量装置：山东, CN201773053U［P］. 2011-03-23.

［158］杨爽, 李传宪, 李庆一, 等. 超临界CO₂处理后草桥稠油流动性能及沥青质缔合状态的变化［J］. 石油学报(石油加工), 2016, 32(6)：1171-1177.

［159］YANG S, LI C X, YANG F, et al. Effect of polyethylene-vinyl acetate pour point depressants on the flow behavior of degassed changqing waxy crude oil before/after scCO₂ extraction［J］. Energy & Fuels, 2019, 33 (6)：4931-4938.

［160］YANG F, CAI J Y, LI C, et al. Development of asphaltene-triggered two-layer waxy oil gel deposit under laminar flow：an experimental study［J］. Energy & Fuels, 2016, 30 (11)：9922-9932.

［161］杨爽, 李传宪, 杨飞, 等. 两亲物官能团极性对沥青质缔结状态及草桥稠油流动性能的影响［J］. 石油学报(石油加工), 2015, 31(4)：978-982.

［162］李平, 郑晓宇, 朱建民. 原油乳状液的稳定与破乳机理研究进展［J］. 精细化工, 2001(2)：89-93.

［163］杨小莉, 陆婉珍. 有关原油乳状液稳定性的研究［J］. 油田化学, 1998(1)：88-97.

［164］夏立新. 油水界面膜与乳状液稳定性关系的研究［D］. 中国科学院研究生院(大连化学物理研究所), 2003.

［165］KILPATRICK P K. Water-in-crude oil emulsion stabilization：review and unanswered questions［J］. Energy & Fuels, 2012, 26(7)：4017-4026.

［166］WONG S F, LIM J S, DOL S S. Crude oil emulsion：A review on formation, classification and stability of water-in-oil emulsions［J］. Journal of Petroleum Science and Engineering, 2015, 135：498-504.

［167］UMA A A, SAAID I B M, SULAIMON A A, et al. A review of petroleum emulsions and recent progress on water-in-crude oil emulsions stabilized by natural surfactants and solids［J］. Journal of Petroleum Science and Engineering, 2018：673-690.

［168］GUO J X, LIU Q, LI M Y, et al. The effect of alkali on crude oil/water interfacial properties and the stability of crude oil emulsions［J］. Colloids and Surfaces A：Physicochemical and Engineering Aspects, 2006, 273(1/2/3)：213-218.

［169］MORADI M, ALVARADO V, HUZURBAZAR S. Effect of salinity on water-in-crude oil emulsion：evaluation through drop-size distribution proxy［J］. Energy & Fuels, 2010, 25(1)：260-268.

［170］DALMAZZONE C, NOIK C, KOMUNJER L. Mechanism of crude-oil/water interface destabilization by silicone demulsifiers［J］. SPE Journal, 2005, 10(1)：44-53.

［171］YANG F, TCHOUKOV P, PENSINI E, et al. Asphaltene subfractions responsible for stabilizing water-in-crude oil emulsions. Part 1：interfacial Behaviors［J］. Energy & Fuels, 2014, 28

(11)：6897-6904.

［172］QIAO P Q, HARBOTTLE D, TCHOUKOV P, et al. Asphaltene subfractions responsible for stabilizing water-in-crude oil emulsions. Part 3. effect of solvent aromaticity［J］. Energy & Fuels, 2017, 31(9)：9179-9187.

［173］YANG F, TCHOUKOV P, DETTMAN H, et al. Asphaltene subfractions responsible for stabilizing water-in-crude oil emulsions. Part 2：molecular representations and molecular dynamics simulations［J］. Energy & Fuels, 2015, 29(8)：4783-4794.

［174］王众. 聚醚类原油破乳剂的改性及其性能的研究［D］. 石河子：石河子大学, 2019.

［175］田军. 原油破乳剂的研究应用与发展方向探析［J］. 中国石油和化工标准与质量, 2017, 37(4)：83-84.

［176］高连真, 刘月娥. 复合型原油破乳剂的发展现状与展望［J］. 广州化工, 2016, 44(2)：25-27.

［177］熊兆忠. 反相破乳剂与破乳剂的配伍性［J］. 油气田地面工程, 2013, 32(1)：17-19.

［178］魏学福, 曲东江, 高在海, 等. AP系列破乳剂在海洋油田的应用［J］. 日用化学品科学, 2000(增刊1)：133-135.

［179］王博涛, 杨江月, 郭睿, 等. 聚醚改性苯基含氢硅油PMPS的破乳机理［J］. 精细石油化工, 2017, 34(1)：26-30.

［180］李丽艳, 朱肖晶, 唐娜, 等. 破乳剂对原油乳状液界面膜作用机理研究进展［J］. 天津化工, 2008(1)：6-9.

［181］任卓琳, 牟英华, 崔付义. 原油破乳剂机理与发展趋势［J］. 油气田地面工程, 2005(7)：16-17.

［182］康万利, 张红艳, 李道山, 等. 破乳剂对油水界面膜作用机理研究［J］. 物理化学学报, 2004(2)：194-198.

［183］付越群, 郭继香, 戴振华, 等. 原油化学破乳研究进展［J］. 四川化工, 2016, 19(2)：31-35.

［184］康万利, 单希林, 龙安厚, 等. 破乳剂对复合驱乳状液的破乳机理研究［J］. 高等学校化学学报, 1999(5)：3-5.

［185］DALMAZZONE C, NOIK C, KOMUNJER L. Mechanism of crude oil/water interface destabilization by silicone demulsifiers［J］. SPE Journal, 2005, 10(1)：44-53.

［186］Audrey, Drelich, and, et al. Evolution of water-in-oil emulsions stabilized with solid particles：Influence of added emulsifier［J］. Colloids and Surfaces A：Physicochemical and Engineering Aspects, 2010, 365(1-3)：171-177.

［187］DRELICH A, GOMEZ F, CLAUSSE D, et al. Evolution of water-in-oil emulsions stabilized with solid particles：Influence of added emulsifier［J］. Colloids & Surfaces A：Physicochemical & Engineering Aspects, 2010, 365(1-3)：171-177.

［188］孙广宇, 李传宪, 杨飞, 等. 一种带压溶气原油乳化测粘一体化设备及测粘方法：山东, CN106198316B［P］. 2019-01-01.

［189］国家石油和化学工业局. 原油破乳剂使用性能检测方法(瓶试法)：SY/T 5281—2000［S］. 北京：中国标准出版社, 2000.

［190］DICHARRY C, ARLA D, SINQUIN A, et al. Stability of water/crude oil emulsions based on interfacial dilatational rheology［J］. Journal of Colloid and Interface Science, 2006, 297(2)：

785–791.

[191] 王巧平. 原油乳状液界面性质与油水分离的研究[D]. 青岛：中国石油大学(华东), 2018.

[192] 孙成香. 原油及其组分乳状液界面性质与稳定性的研究[D]. 青岛：中国石油大学, 2010.

[193] 李明远, 甄鹏, 吴肇亮, 等. 原油乳状液稳定性研究Ⅵ. 界面膜特性与原油乳状液稳定性[J]. 石油学报(石油加工), 1998(3)：3–5.

[194] HURON M, VIDAL J. New mixing rules in simple equations of state for representing vapour-liquid equilibria of strongly non-ideal mixtures [J]. Fluid Phase Equilibria, 1979, 3(4)：255–271.

[195] CAGNA A, ESPOSITO G, ANNE-SOPHIE QUINQUIS, et al. On the reversibility of asphaltene adsorption at oil-water interfaces [J]. Colloids and Surfaces A：Physicochemical and Engineering Aspects, 2018, 548：46–53.

[196] LIU D W, LI C X, LI L, et al. Effect of the interactions between asphaltenes and amphiphilic dodecylbenzenesulfonic acid on the stability and interfacial properties of model oil emulsions [J]. Energy & Fuels, 2020, 34(6)：6951–6961.

[197] HE L, LIN F, LI X G, et al. Interfacial sciences in unconventional petroleum production：from fundamentals to applications [J]. Chemical Society Reviews, 2015, 44(15)：5446–5494.

[198] Langevin, Dominique, Argillier, et al. Interfacial behavior of asphaltenes[J]. Advances in Colloid & Interface Science, 2016, 233：83–93.

[199] 刘亚洁. CO₂处理对乳状液稳定性和破乳的影响规律研究[D]. 青岛：中国石油大学(华东), 2017.

[200] 倪良, 蒋文华, 韩世钧. 电导法研究硝基苯/水/十二烷基硫酸钠乳状液的稳定性[J]. 化工学报, 2001(12)：1104–1108.

[201] OPAWALE F O, BURGESS D J. Influence of interfacial properties of lipophilic surfactants on water-in-oil emulsion stability [J]. Journal of Colloid & Interface Science, 1998, 197(1)：142–150.

[202] DRELICH A, GOMEZ F, CLAUSSE D, et al. Evolution of water-in-oil emulsions stabilized with solid particles：Influence of added emulsifier [J]. Colloids & Surfaces A Physicochemical & Engineering Aspects, 2010, 365(1-3)：171–177.

[203] 杨飞, 刘宏业, 朱浩然, 等. 热处理温度对长庆原油蜡沉积特性的影响[J]. 石油学报(石油加工), 2019, 35(5)：892–898.

[204] KLIMECK J, KLEINRAHM R, WAGNER W. Measurements of the (p, ρ, T) relation of methane and carbon dioxide in the temperature range 240K to 520K at pressures up to 30MPa using a new accurate single-sinker densimeter[J]. The Journal of Chemical Thermodynamics, 2001, 33(3)：251–267.

[205] 徐明进, 李明远, 彭勃, 等. 油包水乳状液中胶质和沥青质的界面剪切黏度和乳状液稳定性的关系[J]. 石油学报(石油加工), 2007, (3)：107–110.